11	12	13	14	15	16	17	18	族 / 周期
		原子量の値は国際純正および応用化学連合の原子量委員会が教育用に作成した資料に基づいて表示した。（ ）をつけた値は，既知の同位体のうち代表的な同位体の質量数である。					₂He ヘリウム 4.0	1
		₅B ホウ素 11	₆C 炭素 12	₇N 窒素 14	₈O 酸素 16	₉F フッ素 19	₁₀Ne ネオン 20	2
		₁₃Al アルミニウム 27	₁₄Si ケイ素 28	₁₅P リン 31	₁₆S 硫黄 32	₁₇Cl 塩素 35.5	₁₈Ar アルゴン 40	3
₂₉Cu 銅 63.5	₃₀Zn 亜鉛 65.4	₃₁Ga ガリウム 70	₃₂Ge ゲルマニウム 73	₃₃As ヒ素 75	₃₄Se セレン 79	₃₅Br 臭素 80	₃₆Kr クリプトン 84	4
₄₇Ag 銀 108	₄₈Cd カドミウム 112	₄₉In インジウム 115	₅₀Sn スズ 119	₅₁Sb アンチモン 122	₅₂Te テルル 128	₅₃I ヨウ素 127	₅₄Xe キセノン 131	5
₇₉Au 金 197	₈₀Hg 水銀 201	₈₁Tl タリウム 204	₈₂Pb 鉛 207	₈₃Bi ビスマス 209	₈₄Po ポロニウム (210)	₈₅At アスタチン (210)	₈₆Rn ラドン (222)	6
₁₁₁Rg レントゲニウム (280)	₁₁₂Cn コペルニシウム (285)		₁₁₄Fl フレロビウム (289)		₁₁₆Lv リバモリウム (293)			

	₆₄Gd ガドリニウム 157	₆₅Tb テルビウム 159	₆₆Dy ジスプロシウム 163	₆₇Ho ホルミウム 165	₆₈Er エルビウム 167	₆₉Tm ツリウム 169	₇₀Yb イッテルビウム 173	₇₁Lu ルテチウム 175	ランタノイド
	₉₆Cm キュリウム (247)	₉₇Bk バークリウム (247)	₉₈Cf カリホルニウム (252)	₉₉Es アインスタイニウム (252)	₁₀₀Fm フェルミウム (257)	₁₀₁Md メンデレビウム (258)	₁₀₂No ノーベリウム (259)	₁₀₃Lr ローレンシウム (262)	アクチノイド

河合塾
SERIES

らくらくマスター
化学基礎・化学

河合塾講師
生田泰朗・宮原正樹 共著

河合出版

は じ め に

　本書のタイトルのように「化学をたのしくマスターしたい」，「化学をたやすくマスターしたい」と多くの諸君が望んでいることと思います。そんな諸君の希望をかなえるためにつくられたのが本書です。化学の学習の第一歩を日常生活の中の身近な物質や自然現象に対して興味や疑問をもつことから始めてみよう。その興味を増幅させたりまた疑問を解決する鍵の多くが化学の基本事項の中にあるはずです。

　厳選された良質問題の演習を通じて化学の基本事項をマスターすることを目的として本書は次のような構成になっています。

基本問題（198題）

　問題を解いていくうちに基本事項や重要法則の理解ができ，化学の基礎力が身につきます。**198題**を掲載しています。

例題問題（100題）

　基本問題を発展させたもので**100題**掲載しています。これを確実に解けるようにすれば，入試突破の実力を十分に養成することができます。

　化学は決して難しい科目ではありません。本書を利用すれば，化学の苦手意識はなくなり，たのしく，かつ，たやすく化学がマスターできることを保証します。

··· *How to use* ···

　学習指導要領の改訂にともない，化学は化学基礎と化学に分割され，化学を学ぶ人にとって，若干学習しにくい分野が生じています。本書は，化学を最も体系的に理解できるとされている従来の「理論・無機・有機」という流れを受け継ぎながら，内容は新課程用に一新するという基本方針で編集しました。

高等学校の授業と平行して活用したい君！

　化学基礎の項目から，章の順番に沿って学習してください。系統的に化学基礎の項目が理解できるようにしてあります。化学基礎のみが必要な人は，これを繰り返し行えば効果的です。

入試化学を想定して，分野ごと体系的に化学を学びたい君！

　「理論」「無機」「有機」という分野毎に，じっくりと学習してください。未履修の分野につきあたった場合でも，本書の解説をしっかりと読んでいただければ，必ず理解できるようになります！

$$\text{基本問題}\begin{cases} 1.\ 2.\ 3.\ \cdots\cdots \longrightarrow \text{化学基礎の範囲} \\ 136.\ 137.\ \cdots \longrightarrow \text{化学の範囲} \end{cases}$$

$$\text{例　　題}\begin{cases} \boldsymbol{1.\ 2.\ 3.}\ \cdots\cdots \longrightarrow \text{化学基礎の範囲} \\ 69.\ 70.\ \cdots\cdots \longrightarrow \text{化学の範囲} \end{cases}$$

執筆者

生田泰朗　　　宮原正樹

目　次

■は化学基礎
□は化学

理論	**1**	単体，分子と物質量	6
	2	原子	16
	3	化学結合	22
	4	イオンからなる物質	34
	5	反応式と反応量	42
	6	溶液濃度	50
	7	酸・塩基・塩	56
	8	酸化・還元	72
	9	電池	84
	10	電気分解	94
	11	状態変化と蒸気圧	102
	12	気体の性質	108
	13	溶液	120
	14	熱化学	128
	15	反応速度と化学平衡	138
	16	電離平衡	150
無機	17	周期表と元素の性質	156
	18	非金属元素とその化合物	160
	19	金属元素とその化合物	172
有機	20	脂肪族炭化水素	186
	21	アルコールとその誘導体	200
	22	カルボン酸とその誘導体	216
	23	芳香族化合物	230
	24	合成高分子化合物	246
	25	糖・アミノ酸・タンパク質	256

— 5 —

1 単体, 分子と物質量

1. 物質 次の文中の空欄を適当な語句で埋めよ。

物質には純物質と〔 1 〕があり, 純物質には1つの元素だけでできた〔 2 〕と複数の元素でできた〔 3 〕がある。同じ元素で性質の異なる〔 2 〕は互いに〔 4 〕とよぶ。

---

2. 物質の量 1円玉は1gのアルミニウム Al である。アルミニウムは, 単体の密度が 2.7 g/cm³ で, 原子1個の質量は 4.5×10^{-23} g である。したがって, 1枚が 1.0 g の1円玉の体積は〔 1 〕cm³ であり, そこに含まれている Al 原子の個数は〔 2 〕個である。

また, Al 原子を 6.02×10^{23} 個集めると〔 3 〕g になる。

2200万倍に拡大すると

解答 ▼ 解説

1. (1) 混合物 (2) 単体 (3) 化合物 (4) 同素体

例 炭素には黒鉛，ダイヤモンド，無定形炭素などの同素体がある。

◇ と ▱ は，同じ炭素原子からできている。

参考 数値の表記法

大きな数や小さな数は □×10^□ の形で表すことが多い。

例
$1000 = 1 \times 10 \times 10 \times 10 = 1 \times 10^3$

$1200 = 1.2 \times 1000 = 1.2 \times 10^3$

$602000000000000000000000 = 6.02 \times 10^{23}$

↑ 10^{23} ↑ 10^{20} ↑ 10^{16} ↑ 10^{12} ↑ 10^{8} ↑ 10^{4} ↑ 10^{0}
　垓　　京　　兆　　億　　万
　ガイ　ケイ　チョウ　オク　マン

$0.002 = 2 \times \dfrac{1}{1000} = 2 \times \dfrac{1}{10^3} = 2 \times 10^{-3}$

$0.000000000000000000000045 = 4.5 \times 10^{-23}$

↑ 10^0　↑ 10^{-5}　↑ 10^{-10}　↑ 10^{-15}　↑ 10^{-20}　↑ 10^{-23}

---

2. (1) 質量を密度で割れば体積となる。$\dfrac{1.0}{2.7} \fallingdotseq \underline{0.37}$ (cm³)

(2) $\dfrac{1.0}{1.5 \times 10^{-23}} = \dfrac{1.0}{1.5} \times \dfrac{1}{10^{-23}} = \dfrac{1.0}{1.5} \times 10^{23} = 2.22 \times 10^{22} \fallingdotseq \underline{2.2 \times 10^{22}}$(個)

2.2×10^{22} 個という数は，1秒間に15万個という猛スピードで勘定しても，46億年(地球の年齢)かかってしまうという，途方もない個数である。

(3) $4.5 \times 10^{-23} \times 6.02 \times 10^{23} \fallingdotseq \underline{27}$ (g)

3. 物質の変化

ダイヤモンドは酸素とともに高温に加熱すると燃焼して二酸化炭素に変化してしまう。

ダイヤモンド + 酸素 ——(高温で燃焼)→ 二酸化炭素

次の空欄に,「原子」または「分子」の語を入れよ。

ダイヤモンドは無数の炭素 [1] が結合してできた無色透明の固体である。酸素は,2個の酸素 [2] が結合してできている酸素 [3] が,空中を自由に飛び回っている気体である。

これらを高温にすると,燃焼とよばれる化学反応が起こり,1個の炭素 [4] と1個の酸素 [5] から1個の二酸化炭素 [6] ができる。この二酸化炭素 [6] は,1個の炭素 [7] と2個の酸素 [8] からできており,常温で気体として存在する。

4. 化学式

ダイヤモンドは炭素原子だけが無数に結合してできているので組成式 [1] で表す。酸素は酸素原子2個の結合でできた分子なので分子式 [2] で表す。二酸化炭素の分子式は [3] である。

5. 化学反応式

ダイヤモンドと酸素が反応して二酸化炭素を生じる変化を,化学反応式で表せ。

6. 原子量とモル

原子は,その大きさも質量も極めて小さいので,6.02×10^{23} 個集めた集団でその量を表す。この個数の集団を **1 モル** とよぶ。(単位は mol と書き,モルと読む。)

ある元素の原子を 1 mol(すなわち 6.02×10^{23} 個)集めたときの g 単位の質量の数値を,その元素の **原子量** とよぶ(巻頭の周期表参照)。

(1) 炭素,酸素,アルミニウムの原子量は,それぞれいくらか。
(2) 酸素原子1個の質量は何 g か。

> **1 mol あたりの質量〔g〕をモル質量〔g/mol〕という**

1 単体，分子と物質量

3.

(図：酸素（気体）、ダイヤモンド（固体）、化学反応、二酸化炭素（気体）)

答 (1) 原子　(2) 原子　(3) 分子　(4) 原子
(5) 分子　(6) 分子　(7) 原子　(8) 原子

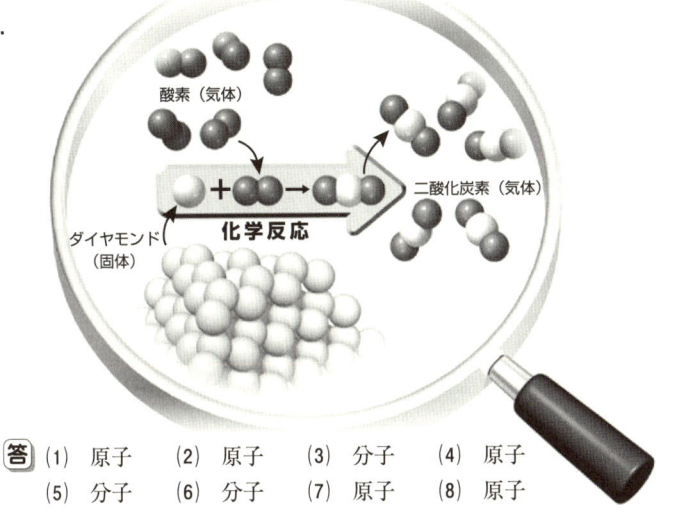

4. 単体と化合物は，元素記号を用いた化学式で表せる。このとき，分子は**分子式**で，その他は**組成式**で表す。

答 (1) C　(2) O$_2$　(3) CO$_2$

---

5. 化学式（組成式や分子式）で変化を表す。（詳しくは，42頁で）

答 C ＋ O$_2$ ⟶ CO$_2$

---

6. (1) 炭素（C），酸素（O），アルミニウム（Al）はそれぞれ周期表の6, 8, 13番目の元素であり，原子量は順に <u>12</u>, <u>16</u>, <u>27</u> である。
(2) 原子量が16だから，O原子 1 mol（すなわち 6.02×10^{23} 個）の質量は 16 g である。

$$1\text{個の質量(g)} = \frac{16}{6.02 \times 10^{23}} = \frac{16}{6.02} \times \frac{1}{10^{23}} = 2.65 \times 10^{-23} \fallingdotseq \underline{2.7 \times 10^{-23}} \text{ (g)}$$

「**1モルあたりの個数**」の単位は「個/mol」だが，「個」という物理単位はないので「/mol」または「mol^{-1}」と表す。

> アボガドロ定数 ＝ 6.02×10^{23}/mol

— 9 —

7. **分子量とモル**　酸素の原子量は[1]だから，酸素原子 1 mol の質量は[2]である。酸素分子の分子式は O_2 だから，酸素分子 1 mol の質量は[3]である。この質量〔g〕の数値を**分子量**とよぶ。すなわち，O_2 の分子量は O の原子量の[4]倍の[5]である。

---

8. **式量とモル**　分子として存在しない物質は組成式と**式量**で表す。アルミニウムの組成式は[1]であり，式量は原子量と同じ[2]である。また，ダイヤモンドと黒鉛の組成式はどちらも[3]であり，式量は[4]である。

---

9. **物質量〔mol〕**　物質の量は質量や体積で表せるが，化学反応は原子や分子の個数で考えるので，mol を単位とした量で表すのが便利である。これを**物質量**とよぶ。

   (1) 1円玉1枚(1.0 g)のアルミニウムの物質量は何 mol か。
   (2) 0.50 mol の酸化アルミニウム(Al_2O_3)の質量は何 g か。
   (3) 11 g の二酸化炭素の分子数は何個か。また，そこに含まれている酸素原子は何個か。（アボガドロ定数 ＝ $6.02×10^{23}$/mol）

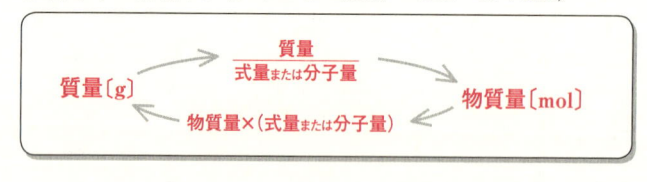

   質量〔g〕　→　質量／式量または分子量　→　物質量〔mol〕
   質量〔g〕　←　物質量×(式量または分子量)　←　物質量〔mol〕

---

10. **気体の体積と物質量**　気体の体積は温度と圧力と気体分子の物質量で決まる。**標準状態の気体 1 mol の体積は 22.4 L**

    (1) 4.0 g の気体の酸素の体積は，標準状態で何 L か。
    (2) 標準状態で 5.6 L の二酸化炭素の質量は何 g か。
    (3) 18 g の液体の水の体積は，標準状態で何 L か。

1 単体，分子と物質量

7. 酸素原子 🔴 1 mol すなわち 6.02×10^{23} 個は 16 g だから，酸素分子 🔴🔴 1 mol すなわち 6.02×10^{23} 個は 32 g である。原子量や分子量には単位がつかない。（モル質量〔g/mol〕なら単位がつく）

答 (1) 16　(2) 16 g　(3) 32 g　(4) 2　(5) 32

....

8. アルミニウム（単体）は無数の Al 原子が結合しており，分子は存在しないので組成式で Al と表す。ダイヤモンドと黒鉛はどちらも無数の C 原子だけが結合してできており，分子は存在しない。

答 (1) Al　(2) 27　(3) C　(4) 12

....

9. (1) 組成式 Al，式量 27，すなわち Al は 27 g で 1 mol である。

$$\frac{1.0}{27} \fallingdotseq \underline{3.7 \times 10^{-2}} \text{ (mol)}$$

(2) 組成式 Al_2O_3，式量 $(27 \times 2 + 16 \times 3 =) 102$，すなわち Al_2O_3 1 mol は 102 g である。　　$102 \times 0.50 = \underline{51}$ (g)

(3) 分子式 CO_2，分子量 $(12 + 16 \times 2 =) 44$ だから，

$$\text{物質量} = \frac{11}{44} = 0.25 \text{ (mol)}$$

1 mol で 6.02×10^{23} 個だから，

$$\text{分子数} = 0.25 \times 6.02 \times 10^{23} \fallingdotseq \underline{1.5 \times 10^{23}} \text{(個)}$$

CO_2 1 分子に含まれる O 原子は 2 個だから，求める O 原子の数は，CO_2 の分子数の 2 倍である。$\underline{3.0 \times 10^{23}}$(個)

....

10. 標準状態は 0 ℃，1.013×10^5 Pa の状態である。

(1) O_2 の物質量 $= \frac{4.0}{32} = 0.125$ (mol)，体積 $= 0.125 \times 22.4 = \underline{2.8}$ (L)

(2) CO_2 の物質量 $= \frac{5.6}{22.4} = 0.250$ (mol)，質量 $= 0.250 \times 44 = \underline{11}$ (g)

(3) 水 H_2O の分子量は 18 なので，18 g の水は 1 mol である。しかし，液体の体積は物質量では決まらない。水の密度は，1.0 g/cm³ だから，

18 g の液体の水の体積 $= \frac{18}{1.0} = 18$ cm³ $= 18$ mL $= \underline{0.018}$ (L)

22.4 L を使えるのは，気体の場合だけだよ！

— 11 —

例題 1

元素名と単体名は同じものが多い。次の記述①～⑤の下線部が，単体ではなく，元素の意味に用いられているものを一つ選べ。

① <u>アルミニウム</u>はボーキサイトを原料としてつくられる。
② アンモニアは<u>窒素</u>と水素から合成される。
③ 競技の優勝者に<u>金</u>のメダルが与えられた。
④ 負傷者が<u>酸素</u>吸入を受けながら，救急車で運ばれていった。
⑤ <u>カルシウム</u>は歯や骨に多く含まれている。

(センター試験)

解

元素名が出てきたとき，実際に存在する具体的な物質の名称として用いられていれば，それは，その元素の単体を意味する。

歯や骨は，カルシウムを含む化合物でできている。⑤は元素名である。

> カルシウムの単体は，水と反応しちゃう金属だよ

★ 参考

単体の化学式と状態 気体　液体　固体

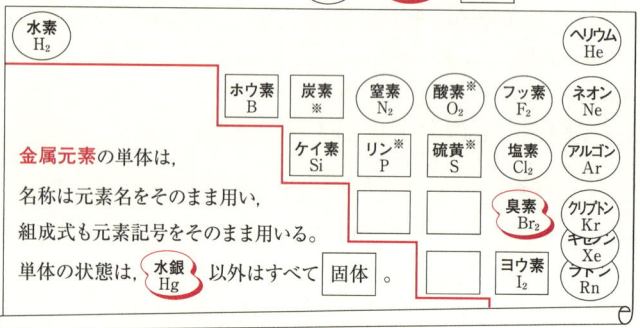

水素 H_2|					|ヘリウム He
		ホウ素 B	炭素 ※	窒素 N_2	酸素※ O_2	フッ素 F_2	ネオン Ne
			ケイ素 Si	リン※ P	硫黄※ S	塩素 Cl_2	アルゴン Ar
					|臭素 Br_2|クリプトン Kr キセノン Xe
					|ヨウ素 I_2|ラドン Rn

金属元素の単体は，名称は元素名をそのまま用い，組成式も元素記号をそのまま用いる。

単体の状態は，水銀 Hg 以外はすべて 固体。

※炭素の同素体：黒鉛(C)，ダイヤモンド(C)，フラーレン(C_{60})
　酸素の同素体：酸素(O_2)，オゾン(O_3)
　リンの同素体：黄リン(P_4)，赤リン(P)【同素体を区別しないで，リン(P)とよぶことも多い】
　硫黄の同素体：斜方硫黄(S_8)，単斜硫黄(S_8)，ゴム状硫黄(S)【同素体を区別しないで，硫黄(S)とよぶことも多い】

1 単体，分子と物質量

例題 2

(1) 次の金属の中で，1gに含まれる原子の数が最も多いものはどれか。
　　亜鉛　　アルミニウム　　カルシウム　　鉄　銅
(2) 次の気体の中で，分子1個の質量が最も大きいものはどれか。
　　アンモニア　塩化水素　二酸化炭素　メタン　硫化水素

(上智大)

解

(1) 巻頭の周期表より，元素記号と原子量は次のとおりである。
　　Zn(65.4)，Al(27)，Ca(40)，Fe(56)，Cu(63.5)
金属単体の組成式は元素記号と同じであるから，その式量は原子量に等しい。

原子量を M とすれば，原子1molの質量は M g である。したがって，
　　原子量 M の金属単体1gの物質量 $= \dfrac{1}{M}$ (mol)

アボガドロ定数を N_A/mol とすれば，
　　原子量 M の金属単体1gの原子数 $= \dfrac{1}{M} \times N_A$ (個)

すなわち，原子量 M が最も小さいアルミニウム原子の数が最も多い。

> **ここがポイント**
> 原子量 M の金属単体1molの質量は M 〔g〕
> 金属単体1molの原子数はアボガドロ数個

(2) まず，物質名から分子式を書く。次に，分子式に含まれる原子の原子量から，分子量を算出する。

　アンモニア　　NH_3　　分子量 $= 14 + 1.0 \times 3 = 17$
　塩化水素　　　HCl　　分子量 $= 1.0 + 35.5 = 36.5$
　二酸化炭素　　CO_2　　分子量 $= 12 + 16 \times 2 = 44$
　メタン　　　　CH_4　　分子量 $= 12 + 1.0 \times 4 = 16$
　硫化水素　　　H_2S　　分子量 $= 1.0 \times 2 + 32 = 34$

（分子の名称は42頁で学習するよ）

分子量 M の分子1mol(N_A個)の質量は M g であるから，1個の分子の質量が最も大きいのは，分子量が最も大きい二酸化炭素である。

> **ここがポイント**
> 分子量 M の分子1molの質量は M 〔g〕
> 分子1molの分子数はアボガドロ数個

例題 3

十円玉は，1個4.5gのうち銅（原子量63.5）が質量パーセントで95.0%，亜鉛(65.4)が3.5%，スズ(119)が1.5%である。

アボガドロ定数を6.0×10^{23}/molとして，**有効数字2桁**で答えよ。

(1) 1個の十円玉に含まれている銅の質量は何gか。
(2) 1個の十円玉に含まれている銅の物質量は何molか。
(3) 1個の十円玉に含まれている銅原子の個数は何個か。
(4) 1個の十円玉は全部で何個の原子からできているか。
(5) 十円玉の全原子のうち，個数でみるとスズ原子は何%になるか。

解

(1) 4.275となるが，有効数字4桁目は無視する

$$4.5\times\frac{95.0}{100}=\underline{4.27}\fallingdotseq 4.3\ (\text{g})$$

有効数字3桁

ここがポイント　有効数字は1桁余分に計算する

(2) 前の答の4.3を用いると，計算誤差が大きくなるので，有効数字3桁の値を用いる

$$\frac{4.27}{63.5}=0.0672=0.0672\times10^{2}\times10^{-2}=\underline{6.72}\times10^{-2}\fallingdotseq \underline{6.7}\times10^{-2}\ (\text{mol})$$

有効数字3桁　　　　　　　　　　有効数字3桁

(3) $6.72\times10^{-2}\times6.0\times10^{23}=40.3\times10^{21}=4.03\times10^{22}\fallingdotseq 4.0\times10^{22}$（個）

$10^{-2}\times10^{23}=10^{-2+23}=10^{21}$

(4) 亜鉛原子の個数は，(1)～(3)と同様の計算をまとめて，

または，94.5

$$4.5\times\frac{3.5}{100}\times\frac{1}{65.4}\times6.0\times10^{23}=\frac{4.5\times3.5\times6.0\times10^{23}}{100\times65.4}=\frac{94.2}{65.4}\times\frac{10^{23}}{10^{2}}=1.44\times10^{21}\text{（個）}$$

スズ原子の個数も同様に計算すると，3.40×10^{20}個となる。

位取りの桁を揃えて和をとる。

最も大きな数に桁を揃える　　　最も大きな数の有効数字3桁目の位までを残して，それより下の位は無視する

```
   4.03×10²²          4.03  ×10²²         4.03×10²²
   1.44×10²¹          0.144 ×10²²         0.14×10²²
+) 3.40×10²⁰       +) 0.0340×10²²      +) 0.03×10²²
                                          4.20×10²²≒4.2×10²²（個）
```

(5) $\dfrac{3.40\times10^{20}}{4.20\times10^{22}}\times100=\dfrac{3.40}{4.20}\times10^{20}\times10^{-22}\times10^{2}=0.809\times10^{0}=0.809\fallingdotseq \underline{0.81}\ (\%)$

　　　　　　　　　　　　　　　　　$10^{20-22+2}=10^{0}$　　　　$10^{0}=1$

1 単体，分子と物質量

例題 4

7.1×10^{-5} g の物質A(分子量 = 284)を，ある適当な方法によって水面上に滴下した。すると，物質Aの分子は重なり合うことも，すき間もなく水面上に並んだ。また，その広がりは 319 cm² の面積を占めた。物質A 1分子あたりでは 2.2×10^{-15} cm² の面積を占めるものとして，物質A 1.0 mol 中の分子数(アボガドロ定数)を求めよ。

(近畿大)

解

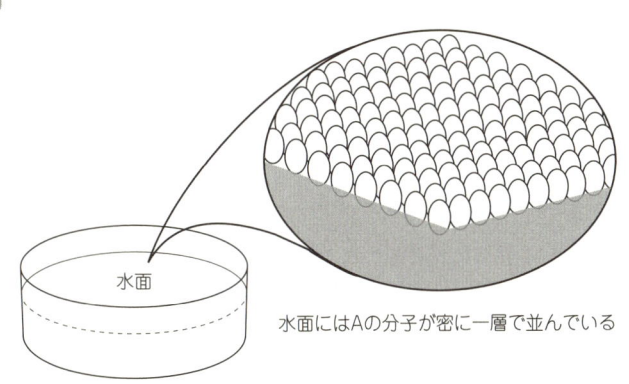

水面にはAの分子が密に一層で並んでいる

① 滴下した物質Aの物質量を求める。

$$\frac{7.1 \times 10^{-5}}{284} = 2.50 \times 10^{-7} \text{ (mol)}$$

② 滴下した物質Aの分子数を求める。

$$\frac{319}{2.2 \times 10^{-15}} = 1.45 \times 10^{17} \text{(個)}$$

③ ①，②の結果より，アボガドロ定数を求める。

$$\text{アボガドロ定数} = \frac{1.45 \times 10^{17}}{2.50 \times 10^{-7}} = \underline{5.8 \times 10^{23}} \text{ (/mol)}$$

ここがポイント

アボガドロ定数 = 分子の個数 / 物質量　(/mol または mol⁻¹)

2 原子

11. 原子 原子は正の電荷をもつ 1 と負の電荷をもつ 2 からなり， 1 は正の電荷をもつ 3 と電荷をもたない 4 からできている。原子番号は 5 の数に等しく，質量数は 5 の数と 6 の数の和に等しい。同じ原子番号で質量数が異なる原子を互いに 7 というが，そのうち，放射線を放出するものは 8 という。

$$\begin{smallmatrix}\text{質量数}\\ \text{原子番号}\end{smallmatrix}\text{元素記号} \quad \text{または} \quad {}^{\text{質量数}}\text{元素記号}$$

12. 電子配置 K殻は最大 1 個まで，L殻は最大 2 個まで，M殻は最大 3 個まで電子を受け入れることができ，まずK殻が，次にL殻が，さらにM殻が電子で満たされていく。ただし，最外殻の電子数が 4 を越えることはない。

13. 最外殻電子，価電子 最も外側の電子殻の電子を**最外殻電子**という。これは原子の結合に深くかかわるので**価電子**ともいう。

(1) 右図の原子の元素記号を記せ。
(2) 右図にならって，Al原子の電子配置を示せ。
(3) 第2周期の元素について，価電子の数が最大の原子と最小の原子を，元素記号で記せ。

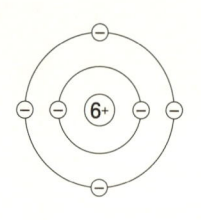

解答 ▼ 解説

11. 原子は，陽子と中性子からなる原子核と，そのまわりに存在する電子からできている。

> 原子番号 ＝ 陽子数，　質量数 ＝ 陽子数 ＋ 中性子数

答 (1) 原子核　(2) 電子　(3) 陽子
(4) 中性子　(5) 陽子　(6) 中性子
(7) 同位体（アイソトープ）
(8) 放射性同位体（ラジオアイソトープ）

----

12. 原子核を取り囲む電子は，いくつかの電子殻に分かれて配置している。電子殻は内側（原子核に近い方）から順に，K殻，L殻，M殻，N殻……のようによぶ。また，電子を収容している最も外側の電子殻は最外殻ともいう。電子殻への電子の入り方には規則性がある。

答 (1) 2　(2) 8　(3) 18　(4) 8

> n 番目の電子殻に入る電子の最大数 ＝ $2n^2$

----

13. (1) 陽子数6，電子数6の炭素原子 C である。
(2) アルミニウムの原子番号（陽子数）は13である。中性の原子では，陽子数と電子数は等しい。
(3) 18族の元素（**希ガス**）は結合をつくりにくいので，結合にかかわる電子すなわち価電子の数をゼロとみなす。

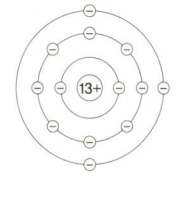

族	1	2	13	14	15	16	17	18
元素	Li	Be	B	C	N	O	F最大	Ne最小
最外殻電子	1	2	3	4	5	6	7	8
価電子	1	2	3	4	5	6	7	0

14. イオンの生成とエネルギー 気体状態の原子から1個の電子を取り去って1価の[1]イオンにするために必要なエネルギーを[2]という。同じ周期の中で比較すれば，[2]が最も大きいのは[3]族，最も小さいのは[4]族の元素の原子である。

一方，原子が1個の電子を受け取って1価の[5]イオンになるときに放出するエネルギーを[6]という。同じ周期で[6]が最も大きいのは[7]族の元素である。

> 希ガス型の電子配置は安定！

---

15. 電気陰性度 イオン化エネルギーの大きな原子は[1]イオンになり[2]い。

電子親和力の大きな原子は[3]イオンになり[4]い。

イオン化エネルギーも電子親和力も大きな元素は[5]が大きい。

> 自分の電子は渡さない　　他人の電子は欲しがる
> （F）
> イオン化エネルギー 大　　電子親和力 大

---

16. 金属と非金属 一般に，電気陰性度の小さな元素は[1]性が強く，[2]元素に分類される。電気陰性度の大きな元素は[3]性が強く，[4]元素に分類される。

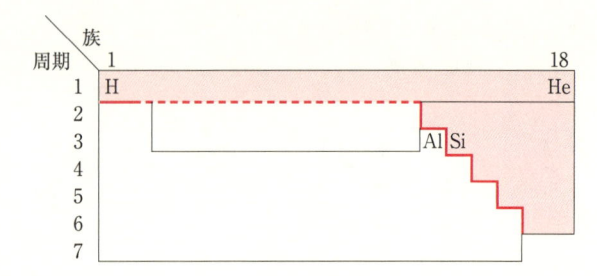

2 原子

14. 最外殻の電子が1個取られて1価の(1)<u>陽</u>イオンになるために必要なエネルギーを(2)<u>イオン化エネルギー</u>という。特に安定な電子配置をとっている(3)<u>18</u>族の希ガス原子から電子を取り去るためには大きなエネルギーが必要となる。逆に，(4)<u>1</u>族(アルカリ金属)の原子の場合は，1個の電子を取り去れば一つ上の周期の希ガスと同じ電子配置になれるので，イオン化エネルギーが小さい。

1個の電子を受け取って1価の(5)<u>陰</u>イオンになるときに放出されるエネルギーを(6)<u>電子親和力</u>という。(7)<u>17</u>族(ハロゲン)の原子は，1個の電子を受け取れば希ガス型の安定な電子配置になれるので，その電子親和力は大きい。

15. イオン化エネルギーは，電子を取り去って陽イオンにするために必要なエネルギーである。したがって，これの大きな原子は(1)<u>陽</u>イオンになり(2)<u>にくい</u>。電子親和力は，電子を与えて陰イオンにするときに放出されるエネルギーである。したがって，これの大きな原子は(3)<u>陰</u>イオンになり(4)<u>やすい</u>。イオン化エネルギーも電子親和力も大きな原子は，他の原子と結合をつくった場合も電子を引きつける力が強い。元素の(5)<u>電気陰性度</u>はその強さの尺度である。

16. 周期表および元素の詳しい分類については第17章を参照せよ。

答 (1) 陽　　(2) 金属　　(3) 陰　　(4) 非金属

電気陰性度は，希ガスを除き，周期表の右上に位置する元素ほど大きくなる。非金属元素は金属元素よりも電気陰性度が大きい。

例題 5

塩素の同位体の 75 % は相対質量 34.96 の ^{35}Cl であり，25 % は相対質量 36.96 の ^{37}Cl である。
(1) 塩素の原子量を小数第 2 位まで求めよ。
(2) 同位体を区別すると，塩素分子には $^{35}Cl_2$，$^{35}Cl^{37}Cl$，$^{37}Cl_2$ の 3 種類の分子が存在する。これらの存在比を簡単な整数比で求めよ。

(千葉大)

解

(1) 原子量は，同位体の存在比を考慮した相対質量の平均値である。相対質量の差に注目して，$36.96 = (34.96 + 2)$ と書き直すと，計算が簡単になる。

$$原子量 = 34.96 \times \frac{75}{100} + (34.96 + 2) \times \frac{25}{100}$$

$$= 34.96 \times \frac{75 + 25}{100} + 2 \times \frac{25}{100} = 34.96 + 0.50 = \underline{35.46}$$

> テストの結果：クラスの75%は60点
> 25%は80点。平均点は？
> **答** $60 \times \frac{75}{100} + 80 \times \frac{25}{100} = 65$ （点）

(2) 数学の「確率」で考える。1 つの Cl 原子を選んだとき，^{35}Cl である確率は 75 % ($\frac{3}{4}$)，^{37}Cl である確率は 25 % ($\frac{1}{4}$) であるから，

1 つめ　　2 つめ　　続けて選ぶ確率（両方の確率の積に等しい）

$$^{35}Cl \begin{cases} ^{35}Cl & \cdots\cdots \quad \frac{3}{4} \times \frac{3}{4} = \frac{9}{16} \\ ^{37}Cl & \cdots\cdots \quad \frac{3}{4} \times \frac{1}{4} = \frac{3}{16} \end{cases}$$

$$^{37}Cl \begin{cases} ^{35}Cl & \cdots\cdots \quad \frac{1}{4} \times \frac{3}{4} = \frac{3}{16} \\ ^{37}Cl & \cdots\cdots \quad \frac{1}{4} \times \frac{1}{4} = \frac{1}{16} \end{cases} \quad \frac{6}{16}$$

$^{35}Cl^{37}Cl$ と $^{37}Cl^{35}Cl$ は同じ分子だから，

$$^{35}Cl_2 : {}^{35}Cl^{37}Cl : {}^{37}Cl_2 = \underline{9 : 6 : 1}$$

例題 6

(1) 下図においてイオン化エネルギーが急激に減少している原子 x, y, z に該当する元素を元素記号で記せ。

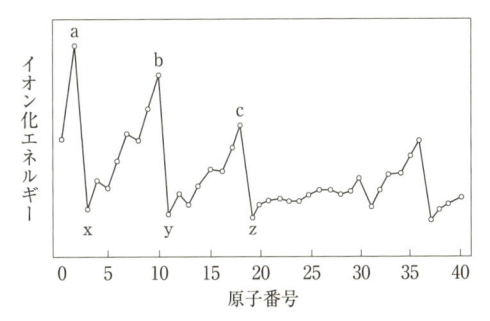

(2) 上図においてイオン化エネルギーが極大値を示す原子 a, b, c に該当する元素の名称を記せ。

(関西学院大)

解

(1) アルカリ金属の原子は電子を1個放出して1価の陽イオンになり，安定な電子配置になる。したがって，アルカリ金属のイオン化エネルギーは同一周期中で最も小さい。すなわち，図中の極小値を示す原子 x, y, z は，それぞれ，Li，Na，K である。

> **ここがポイント** アルカリ金属の原子は1価の陽イオンになりやすい

(2) 希ガスの電子配置は安定であり，原子から電子を1個取り去って1価の陽イオンにするには，大きなエネルギーが必要である。よって，希ガスのイオン化エネルギーは同一周期中で最も大きい。すなわち，図中の極大値を示す原子 a, b, c は，それぞれ，ヘリウム，ネオン，アルゴンである。

> **ここがポイント** 希ガス型の電子配置は安定

3 化学結合

17. 電気陰性度　電気陰性度が大きい[1]元素の原子と電気陰性度が小さい[2]元素の原子では，[3]元素の原子の方が，電子を引き寄せやすい。

18. 電気陰性度と化学結合　電気陰性度が大きい非金属元素の原子どうしは，互いに，相手の不対電子を引き合って共有し，[1]結合を形成する。

電気陰性度が小さい金属元素の場合は，多数の原子が価電子を出し合い，これを自由電子として多数の原子が共有して[2]結合を形成する。

金属元素と非金属元素の原子の場合は，電気陰性度の差が大きいため，金属原子から非金属原子に電子が移動して[3]結合を形成する。

19. 元素と化学結合　下の物質を形成している結合を，(1)共有結合，(2)金属結合，(3)イオン結合，に分類し，化学式で記せ。
亜鉛，塩化マグネシウム，カルシウム，酸化アルミニウム，チタン，二酸化硫黄，フッ化水素，ヨウ化カリウム，ヨウ素，硫化水素

3　化学結合

解答 ▼ 解説

17. 非金属元素は電気陰性度が大きく，金属元素は電気陰性度が小さい(18頁参照)。

電子よこせー　　　電子あげるよー
Cl　　　　　　　　Na

答 (1) 非金属　(2) 金属　(3) 非金属

18. (1) 非金属原子どうしは不対電子を共有して共有結合を形成する。

不対電子　　　　　　　　　共有電子対
Cl・　・Cl　→　Cl:Cl
　　　　　　　　　　　　　非共有電子対

(2) 金属原子の価電子が自由電子となって金属結合を形成する。自由電子でできた海の中に金属イオンが配列したような構造になる。

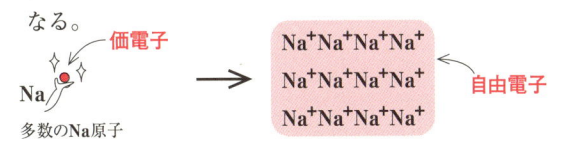

価電子
Na・　→　$Na^+Na^+Na^+Na^+$
　　　　　　$Na^+Na^+Na^+Na^+$　自由電子
多数のNa原子　　$Na^+Na^+Na^+Na^+$

(3) 金属原子は陽イオンに，非金属原子は陰イオンとなりイオン結合を形成する。陽イオンと陰イオンはクーロン力で引き合っている。

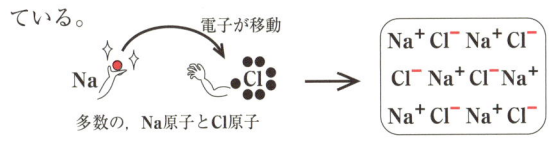

電子が移動
Na・　　・Cl　→　$Na^+\ Cl^-\ Na^+\ Cl^-$
　　　　　　　　　　$Cl^-\ Na^+\ Cl^-\ Na^+$
多数の，Na原子とCl原子　$Na^+\ Cl^-\ Na^+\ Cl^-$

19. 1種または2種の元素からなる物質の場合，非金属元素どうしでは共有結合，金属元素どうしでは金属結合，金属元素と非金属元素どうしではイオン結合を形成する。

答 (1) SO_2, HF, I_2, H_2S　(2) Zn, Ca, Ti　(3) $MgCl_2$, Al_2O_3, KI

— 23 —

20. 電子式　下の電子式の書き方を参考にして，次の(1)〜(8)について，分子中の各原子の最外殻電子の配置を表す電子式を記せ。

(1) HCl　(2) CH$_4$　(3) NH$_3$　(4) H$_2$O
(5) CO$_2$　(6) N$_2$　(7) CO　(8) SO$_2$

分子中の各原子は，安定な希ガス型の電子配置をとることが多い。したがって，電子式は次のようにして書くことができる。

> **電子式の書き方**
> ① 分子中の原子を並べて，各原子の価電子数をメモする。
> ② 端の原子について，希ガス型（電子8個，ただしHは2個）になるために足りない電子を，隣の原子から借りる。
> ③ 中央の原子について，②と同様に，足りない電子を，隣の原子から借りる。（不対電子はつくらない）
> ④ 互いに提供した電子を共有電子対とし，各原子に余った電子はその原子の非共有電子対とする。

21. 配位結合　一方の原子の［ 1 ］電子対を，他方の原子やイオンに対して，［ 2 ］電子対として提供することで形成された共有結合は，特に［ 3 ］結合とよぶ。たとえば，水分子やアンモニア分子はH$^+$と［ 3 ］結合を形成して，それぞれ，［ 4 ］や［ 5 ］を生じる。

22. 電子配置と分子の形　電子配置には方向性があり，それによって分子の形が決まる。次の分子やイオンの形を記せ。

CH$_4$，NH$_4^+$，NH$_3$，H$_3$O$^+$，H$_2$O，CO$_2$，SO$_2$，HCN

> 4方向の電子配置 :Ċ: は **正四面体形**
> 3方向の電子配置 Ċ:: は **三角形（平面）**
> 2方向の電子配置 ::C::, :C::: は **直線形**

分子の形は電子式で決まるんだ！

3 化学結合

20. 前頁の説明①〜④を CO_2 と SO_2 について示すと，次のようになる。

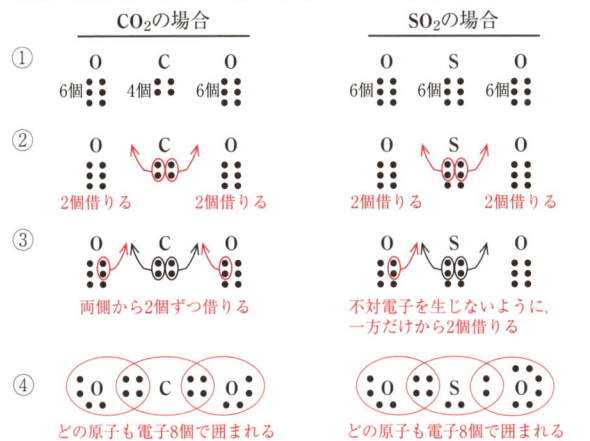

	CO_2の場合	SO_2の場合
①	O 6個　C 4個　O 6個	O 6個　S 6個　O 6個
②	2個借りる　　2個借りる	2個借りる　　2個借りる
③	両側から2個ずつ借りる	不対電子を生じないように，一方だけから2個借りる
④	どの原子も電子8個で囲まれる	どの原子も電子8個で囲まれる

答 (1) H:Cl: (2) H:C:H (H上下) (3) H:N:H (H下) (4) H:O:H (5) O::C::O
(6) :N⋮⋮N: または :N:::N: (7) :C⋮⋮O: または :C:::O: (8) O::S:O:

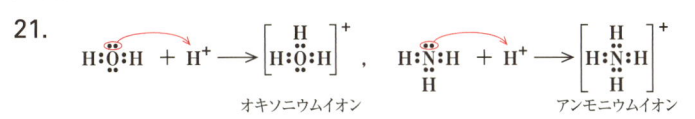

---

21. H:O:H + H⁺ ⟶ [H:O:H with H]⁺ 　オキソニウムイオン，　H:N:H + H⁺ ⟶ [H:N:H with H]⁺ 　アンモニウムイオン

答 (1) 非共有　 (2) 共有　 (3) 配位　 (4) オキソニウムイオン
(5) アンモニウムイオン

---

22. 中心原子の周りの電子は，互いにできるだけ離れて配置し，特定の方向性をもつ。したがって，電子式をみれば分子の形がわかる。

CH_4 と NH_4^+ は中心原子の電子配置が4方向なので**正四面体形**である。電子配置が4方向であっても，NH_3 と H_3O^+ は結合しているHが3個なので**三角錐形**，H_2O はHが2個なので**折れ線形**となる。CO_2 は電子配置が2方向なので**直線形**，SO_2 は電子配置は3方向だがOが2個なので**折れ線形**，HCN(H:C⋮⋮N:)は2方向なので**直線形**となる。

— 25 —

23. 分子の極性 次のうち，極性分子をすべて選べ。

(ア) HCl　(イ) CO_2　(ウ) CH_4　(エ) NH_3　(オ) H_2O
(カ) SO_2　(キ) CCl_4　(ク) CH_3Cl　(ケ) CH_2Cl_2

分子の極性は分子の形で考えよう！

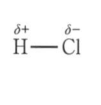

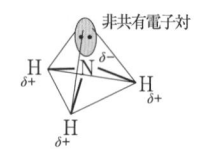

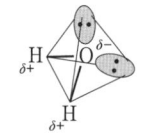

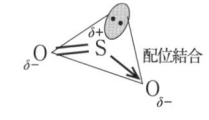

$\overset{\delta+}{H}—\overset{\delta-}{Cl}$　　　$\overset{\delta-}{O}=\overset{\delta+}{C}=\overset{\delta-}{O}$　　　H–N(δ−)–H（非共有電子対）H

H–O(δ−)–H　　　O(δ−)–S(δ+)–O(δ−)（配位結合）

---

24. 分子間にはたらく引力 次の図は，ハロゲン元素の単体の融点および，ハロゲン化水素の沸点を示したものである。

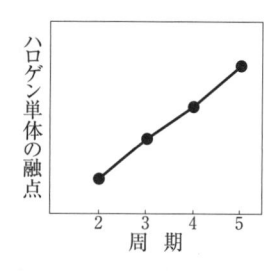

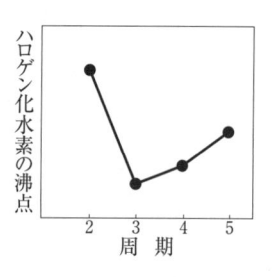

（左図：ハロゲン単体の融点 vs 周期 2〜5、右図：ハロゲン化水素の沸点 vs 周期 2〜5）

図に示したハロゲン単体のうちで，融点が最も低いのは ___1___ ，高いのは ___2___ である。これは，分子間に働く ___3___ が，分子量の増加とともに ___4___ くなるためである。

図に示したハロゲン化水素のうちで，沸点が最も低いのは ___5___ である。___6___ の沸点が異常に高いのは，___6___ の分子間に ___7___ が形成されているためである。

— 26 —

3 化学結合

23. 分子全体として電荷の偏りがあるものを極性分子，そうでないものを無極性分子とよぶ。

H:Cl: の場合，共有電子対は電気陰性度のより大きい Cl の方へ偏っているため，Cl がやや負($\delta-$)の，H がやや正($\delta+$)の電荷をもち，極性分子となる。 O::C::O の場合も共有電子対の偏りはあるが，直線分子であるため，分子全体として電荷の偏りは打ち消され，無極性分子となる。 CH_4 も CO_2 と同様に無極性分子となる。

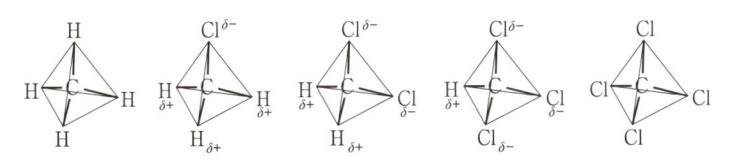

答 (ア), (エ), (オ), (カ), (ク), (ケ)

---

24. 近接した分子の間には**ファンデルワールス力**とよばれる弱い力が働く。これは，二つの分子中の電子間に生じる特殊な力で，分子中の電子の総数が多いほど，言い換えれば，分子量が大きいほど強くなる。分子間に働く力が強くなるほど，融点や沸点は高くなる。

フッ素の電気陰性度は特に大きいため，HF 分子中の H 原子を取り囲んでいた電子を強く引き寄せてしまい，H の原子核（陽子）がむき出し状態になる。そのため，この陽子と，別の F 原子上の非共有電子対との間に静電気的な引力が働く。この結びつきを**水素結合**とよぶ。

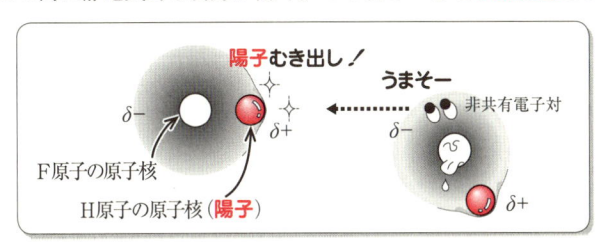

答 (1) F_2　(2) I_2　(3) ファンデルワールス力　(4) 大き(強)
(5) HCl　(6) HF　(7) 水素結合

25. 金属結晶の単位格子　次に示す単位格子(イ)の名称は[1]格子である。(ロ)の名称は[2]格子であるが，球を密に充填した最密構造になることから，その結晶構造は[3]構造ともよばれる。また，(ハ)の格子による結晶も最密構造になるので[4]構造とよばれる。

　金属の単体の結晶構造は，これらの単位格子で表される。たとえば，6頁に示したアルミニウムの結晶構造は，次の(イ)〜(ハ)のうち[5]で表される。

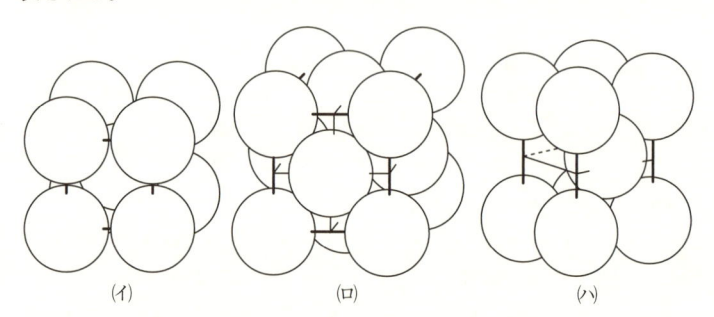

(イ)　　　　　　(ロ)　　　　　　(ハ)

　(イ)の格子による金属結晶では，結晶中の各原子は[6]個の原子に囲まれている。(ロ)および(ハ)の金属結晶では，次のように形は異なるが，どちらの場合も各原子は[7]個の原子に囲まれている。

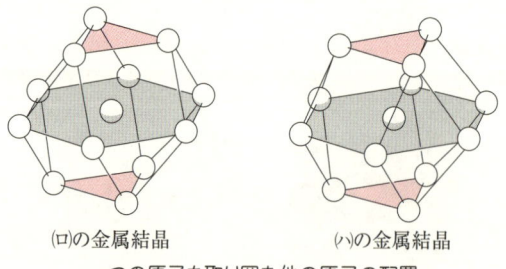

(ロ)の金属結晶　　　　(ハ)の金属結晶
一つの原子を取り囲む他の原子の配置

---

26. 単位格子中の原子数　金属の体心立方構造では単位格子一つあたり[1]個の原子が含まれる。また，面心立方格子には[2]個の原子が含まれる。

3 化学結合

25. **答** (1) 体心立方 (2) 面心立方 (3) 立方最密
(4) 六方最密 (5) (ロ) (6) 8 (7) 12

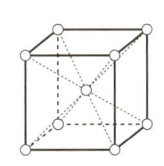

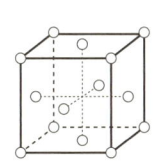

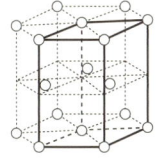

(イ) **体心立方格子**   (ロ) **面心立方格子**   (ハ) **六方最密構造**

　6頁に示したアルミニウムの結晶構造は，次の図に太線で示す単位格子の繰り返しで表される。よ～く見ると，面心立方格子(立方最密充填)であることがわかるだろう。

赤く塗った部分が単位格子(ロ)

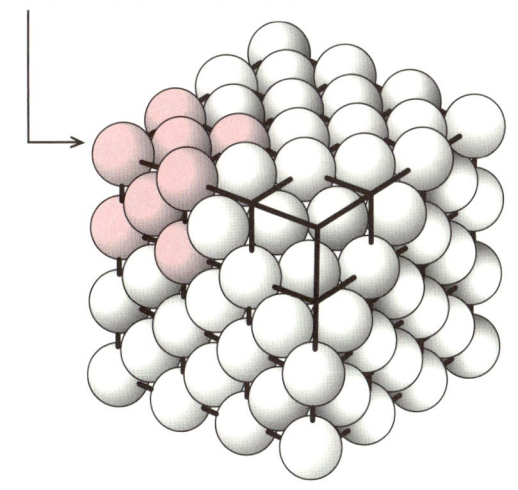

26. 頂点は $\frac{1}{8}$，辺上は $\frac{1}{4}$，面上は $\frac{1}{2}$ で考えればよい。

$$\frac{1}{8} \times 8 + 1 =_{(1)} \underline{2}, \quad \frac{1}{8} \times 8 + \frac{1}{2} \times 6 =_{(2)} \underline{4}$$

— 29 —

例題 7

例にならって表の空欄を埋め，極性分子をすべて選べ。

分　子	分子式	電子式	構造式	分子の形
(例)水	H_2O	H:Ö:H	H−O−H	◯◯◯
アンモニア	NH_3	(ア)	(イ)	(ウ)
窒　素	N_2	(エ)	(オ)	(カ)
二酸化炭素	CO_2	(キ)	(ク)	(ケ)
ホルムアルデヒド	CH_2O	(コ)	(サ)	(シ)

(関西学院大)

解

原子の並びを考え，価電子数から電子式を書けば，電子配置の方向性から分子の形が決まり，分子の極性が判断できる。

ここがポイント!

① 価電子数から電子式を書く（基本問題 20）
② 電子配置から分子の形を決める（基本問題 22）
③ 分子の形から極性を判断する（基本問題 23）

アンモニア，窒素，二酸化炭素については，すでに基本問題に示してある。ホルムアルデヒドの場合，有機化学の知識がなくても，Hは共有結合をつくる手が1本，Cは4本，Oは2本であることから，分子中の原子の並びは，
H C O　以外にないことがわかる。そして，各原子の価電子数をもとに電
H
子式を書くと，H:C::Ö のようになる。ここで，中心のCの周りの電子配
　　　　　　 H
置は3方向であるから，分子の形は三角形の平面構造となり，分子中の4個の原子はすべて同一平面上に位置している。

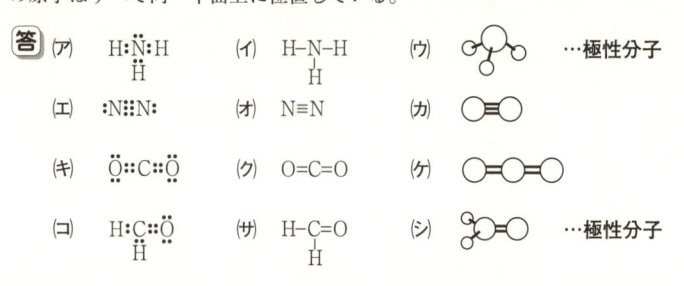

答

(ア) H:N̈:H　　(イ) H−N−H　　(ウ) ◯◯◯ …**極性分子**
　　　H　　　　　　　　H

(エ) :N⋮⋮N:　　(オ) N≡N　　(カ) ◯◯◯

(キ) Ö::C::Ö　　(ク) O=C=O　　(ケ) ◯◯◯

(コ) H:C::Ö　　(サ) H−C=O　　(シ) ◯◯◯ …**極性分子**
　　　H　　　　　　　H

例題 ❽

右の図は，16族元素の水素化合物の沸点を比較したものである。 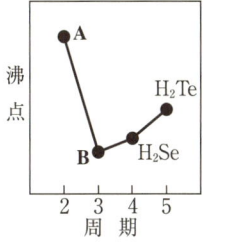
(1) 化合物 A，B の分子式を記せ。
(2) B，H_2Se，H_2Te の順に沸点が高くなっている理由を述べよ。
(3) A の沸点はなぜ特に高いのか。その理由を述べよ。
(4) A の液体は A の固体よりも密度が大きい。その理由を述べよ。

(富山大)

解

(1) **A** H_2O **B** H_2S
(2) 分子量が大きくなるとともに，分子間にはたらくファンデルワールス力が強くなるから。
(3) 酸素の電気陰性度が大きいため，水分子の O－H 結合の極性が大きく，水の分子間には水素結合が形成されるから。

ここがポイント！ HF，H_2O，NH_3 の分子間には水素結合が形成される

(4) 氷は，すべての水分子が正四面体型に水素結合を形成し，極めてすきまの大きな構造をとっている。融解すると，水素結合の一部が切れてすきまが減少するため，液体の方が密度が大きくなる。

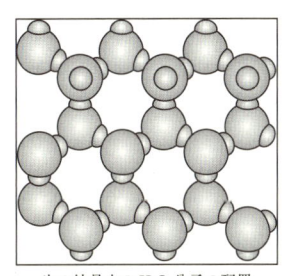

氷の結晶中の H_2O 分子の配置 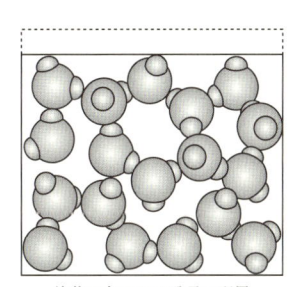　　　液体の水の H_2O 分子の配置

例題 ❾

次の空欄を埋めよ。アボガドロ定数 = 6.0×10^{23}/mol, 1 nm = 10^{-7}cm

室温の鉄は α 鉄とよばれ，その結晶は一辺 0.29 nm の体心立方格子で表される。鉄の原子量 56 より，α 鉄の密度は [1] g/cm³ と求められる。また，鉄原子を半径 r の球とすれば $r =$ [2] nm である。

α 鉄は約 900 ℃ まで加熱すると γ 鉄に変化する。γ 鉄の結晶は面心立方格子で表され，密な構造であることから [3] 構造ともよばれる。この単位格子の一辺の長さは，r を用いて [4] と表せる。

(神戸大)

解

体心立方格子と面心立方格子の図は 29 頁 (上の図) に示してある。

(1) 1 個の体心立方格子中には 2 個の鉄原子が含まれる。鉄原子 1 個の質量は，

$$\frac{56}{6.0 \times 10^{23}} \text{ (g)}$$

だから，単位格子 1 個の質量はその 2 倍である。1 nm = 10^{-7} cm より，

$$\text{密度} = \frac{\text{単位格子の質量}}{\text{単位格子の体積}} = \frac{56 \times 2}{6.0 \times 10^{23} \times (0.29 \times 10^{-7})^3} \fallingdotseq \underline{7.7} \text{ (g/cm}^3\text{)}$$

ここがポイント

$$\text{結晶の密度} = \frac{\text{単位格子の質量〔g〕}}{\text{単位格子の体積〔cm}^3\text{〕}} \text{ 〔g/cm}^3\text{〕}$$

(2) 単位格子一辺の長さを a とすれば，立方体の頂点と中心にある原子が接しており，その 2 点間の距離は半径 r の 2 倍に等しい。

$$\frac{\sqrt{3}a}{2} = 2r \quad \text{または，} \quad a = \frac{4r}{\sqrt{3}}$$

ここに，$a = 0.29$ を代入して，$r \fallingdotseq \underline{0.13}$ (nm)

(3) 立方最密

(4) 面心立方格子の一辺の長さを b とすれば，頂点と面心にある原子が接しており，その 2 点間の距離は r の 2 倍に等しい。

$$\frac{\sqrt{2}b}{2} = 2r \quad \text{より，} \quad b = \underline{2\sqrt{2}r}$$

例題 10

塩化セシウム(CsCl)型の結晶構造(図の単位格子)をとる化合物MXについて以下の問に答えよ。根号はそのまま用いてよい。

(1) 単位格子の一辺の長さをa〔nm〕,MXの式量をM,アボガドロ定数をN_A〔/mol〕として,MXの密度d〔g/cm³〕を文字式で表せ。

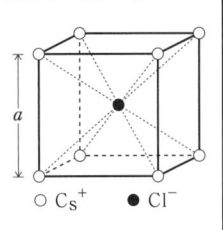

(2) M^+のイオン半径をr_+〔nm〕,X^-のイオン半径をr_-〔nm〕とする。結晶中で接触するイオンがM^+とX^-,M^+とM^+,X^-とX^-となるそれぞれの場合について,aをr_+とr_-で表せ。

○ Cs^+　● Cl^-

(3) 結晶中のM^+とX^-,およびX^-とX^-が同時に接触している場合,イオン半径の比r_+/r_-の値を求めよ。　　　(お茶の水女子大)

解

(1) $1\,\text{nm} = 10^{-9}\,\text{m} = 10^{-7}\,\text{cm}$である。

単位格子1個あたりM^+1個とX^-1個が含まれるから,

$$d = \frac{M}{N_A(a \times 10^{-7})^3} = \underline{\frac{10^{21}M}{N_A a^3}} \quad \text{〔g/cm}^3\text{〕}$$

(2) M^+とX^-:立方体の頂点にあるM^+と中心にあるX^-が接触し,そのイオン間距離は$r_+ + r_-$であるから,

$$\frac{\sqrt{3}\,a}{2} = r_+ + r_- \quad \text{より,} \quad a = \underline{\frac{2\sqrt{3}(r_+ + r_-)}{3}} \quad \cdots\cdots ①$$

M^+とM^+:イオン間距離は$2r_+$だから,　$a = \underline{2r_+}$　　$\cdots\cdots ②$

X^-とX^-:隣接する単位格子の各中心のX^-が接触するから,

$$a = \underline{2r_-} \quad \cdots\cdots ③$$

(3) M^+とX^-が接触していると同時にX^-とX^-も接触している場合は,①と③が同時に満たされるので,

$$\frac{2\sqrt{3}(r_+ + r_-)}{3} = 2r_- \quad \text{より,} \quad r_+/r_- = \underline{\sqrt{3} - 1}$$

r_+/r_-の値がこれよりも小さくなると,M^+とX^-が接触できなくなる。

4 イオンからなる物質

27. イオン 電気陰性度が［ 1 ］い金属元素の原子は，電子を失って［ 2 ］イオンになりやすい。電気陰性度が［ 3 ］い非金属元素の原子は，電子を受け取って［ 4 ］イオンになりやすい。

---

28. 周期表とイオンの価数 原子は，電子を受け取ったり失ったりして，原子番号が最も近い希ガス型の安定な電子配置をとる傾向がある。次の原子(いずれも第3周期)はどのようなイオンになりやすいか。イオン式で示せ。

(1) Na (2) Mg (3) Al (4) S (5) Cl

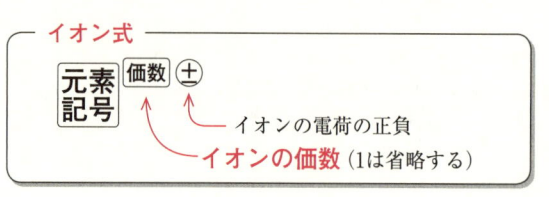

```
─ イオン式 ─
 元素記号  価数 ±
              ↑ イオンの電荷の正負
           イオンの価数 (1は省略する)
```

---

29. 陽イオンの名称とイオン式
(1) H^+，Mg^{2+}，Fe^{3+} の名称を記せ。
(2) カルシウムイオンと鉄(Ⅱ)イオンのイオン式を記せ。

```
─ 価数が決まっている陽イオン ─
  H⁺, Li⁺, Na⁺, K⁺ ……1族
  Mg²⁺, Ca²⁺, Sr²⁺, Ba²⁺ ……2族
  Ag⁺, Al³⁺, Zn²⁺, Cd²⁺
```

解答 ▼ 解説

27. 金属元素の原子は負電荷の電子を失って陽イオンになりやすく，逆に，非金属元素の原子は電子を受け取って陰イオンになりやすい。

答 (1) 小さ　(2) 陽　(3) 大き　(4) 陰

---

28. Na，Mg，Al は電子を失って希ガスの Ne と同じ安定な電子配置の陽イオンになり，S，Cl は電子を受け取って希ガスの Ar と同じ安定な電子配置の陰イオンになる。

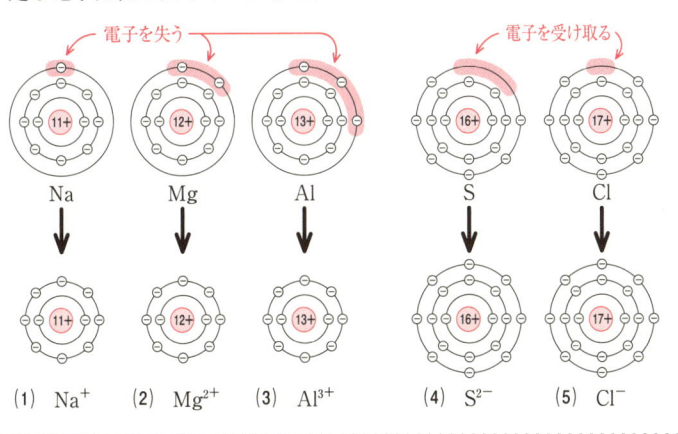

(1) Na^+　(2) Mg^{2+}　(3) Al^{3+}　(4) S^{2-}　(5) Cl^-

---

29. 価数が決まっている陽イオンの名称は，『元素名イオン』とする。ただし，鉄や銅のように複数の価数をとりうる陽イオンの場合は，ローマ数字（Ⅰ，Ⅱ，Ⅲ，Ⅳ，Ⅴ，Ⅵ，Ⅶ）を用いてイオンの価数を示す。

答 (1) 水素イオン，マグネシウムイオン，鉄(Ⅲ)イオン
　　(2) Ca^{2+}，Fe^{2+}

30. 陰イオンの名称とイオン式 次の陰イオンの名称を記せ。ただし、(2)の陰イオンはいずれも、酸の名称と関連している。

(1) O^{2-}, OH^-
(2) SO_4^{2-}, HCO_3^-, Cl^-, S^{2-}

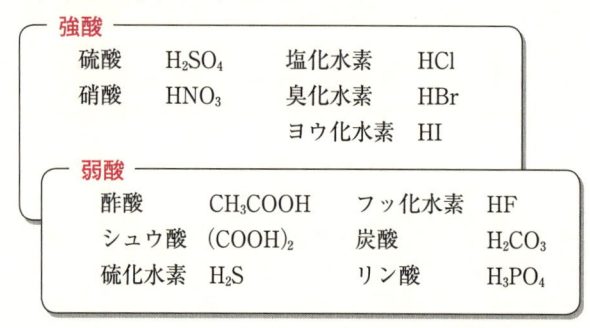

> **強酸**
> 硫酸　　H_2SO_4　　塩化水素　HCl
> 硝酸　　HNO_3　　　臭化水素　HBr
> 　　　　　　　　　　ヨウ化水素　HI
>
> **弱酸**
> 酢酸　　　CH_3COOH　　フッ化水素　HF
> シュウ酸　$(COOH)_2$　　　炭酸　　　　H_2CO_3
> 硫化水素　H_2S　　　　　リン酸　　　H_3PO_4

（シュウ酸は$H_2C_2O_4$と書くこともある）

酸の名前を覚えると，陰イオンの名前がわかるんだ！

---

31. イオンからなる物質の名称と組成式 陽イオンと陰イオンが+と-の電荷を打ち消すように組み合わされて、多数の化合物ができる。

(1) $NaOH$, $MgCl_2$, $CaCO_3$, FeS の名称をそれぞれ記せ。
(2) 硫酸マグネシウム，炭酸水素ナトリウム，酸化鉄(Ⅲ)，硫酸アルミニウムをそれぞれ組成式で記せ。

> **イオンからなる物質**
> 名称は 陰イオン 陽イオン の順
> 組成式は 陽イオン 陰イオン の順で記す
> +と-の電荷を打ち消すように組み合わす

化学式がどんどん書けるぞ！

4 イオンからなる物質

30. (1) O^{2-} は酸化物イオン,OH^- は水酸化物イオンという。

(2) 酸は電離して陰イオンになる。陰イオンの多くは酸に関連。

> 酸が『〜酸』の場合は,『〜酸 イオン』または『〜酸 水素イオン』
> 酸が『〜化水素』の場合は,『〜化 物イオン』

例

酸		陰イオン	
H_2SO_4	硫酸	SO_4^{2-}	硫酸イオン
		HSO_4^-	硫酸水素イオン
HNO_3	硝酸	NO_3^-	硝酸イオン
H_2CO_3	炭酸	CO_3^{2-}	炭酸イオン
		HCO_3^-	炭酸水素イオン
HCl	塩化水素	Cl^-	塩化物イオン
H_2S	硫化水素	S^{2-}	硫化物イオン

31. (1) $NaOH$ はナトリウムイオンと水酸化物イオンでできているから,水酸化ナトリウムという。$MgCl_2$ はマグネシウムイオンと塩化物イオンで塩化マグネシウム。$CaCO_3$ はカルシウムイオンと炭酸イオンで炭酸カルシウム。FeS の陰イオンは S^{2-} だから,陽イオンの方は Fe^{2+} とわかる。鉄(Ⅱ)イオンと硫化物イオンで硫化鉄(Ⅱ)となる。

(2) 硫酸マグネシウムは硫酸イオン SO_4^{2-} とマグネシウムイオン Mg^{2+} でできているから $MgSO_4$ となる。炭酸水素ナトリウムはナトリウムイオン Na^+ と炭酸水素イオン HCO_3^- で $NaHCO_3$ となる。酸化鉄(Ⅲ)は酸化物イオン O^{2-} と鉄(Ⅲ)イオン Fe^{3+} であるが,+と−の電荷を打ち消すように O^{2-} : $Fe^{3+} = 3:2$ で組み合わせれば,Fe_2O_3 となる。硫酸アルミニウムも同様に $SO_4^{2-} : Al^{3+} = 3:2$ であるが,SO_4^{2-} が一つのかたまりなので,$Al_2(SO_4)_3$ とする。

32. イオンからなる物質の物質量

(1) 水酸化ナトリウム 0.10 mol の質量は何 g か。
(2) 酸化アルミニウム 5.1 g の物質量は何 mol か。

名称 ⟹ 組成式 ⟹ 式量

33. イオンからなる物質の水溶液

イオンからなる物質の多くは下図の NaCl の例のように，陽イオンと陰イオンに分かれて水に溶ける。

ここに塩化マグネシウム（固体）19 g を水に溶かした水溶液がある。

(1) 溶かした塩化マグネシウム（固体）の物質量は何 mol か。
(2) 水に溶けているマグネシウムイオンと塩化物イオンの物質量はそれぞれ何 mol か。
(3) 水に溶けている塩化マグネシウムの物質量は何 mol か。

例 食塩（塩化ナトリウム）を水に溶かした場合

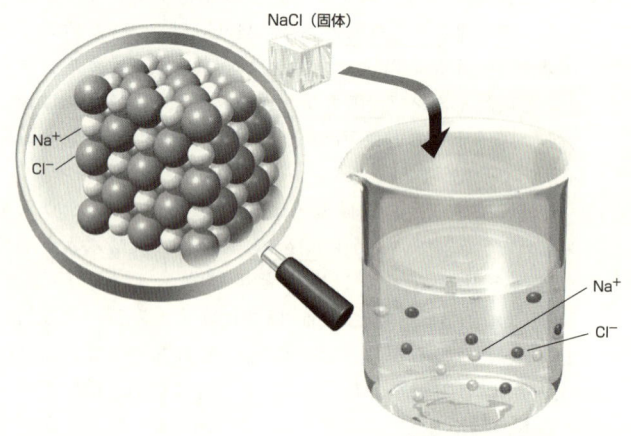

塩化ナトリウム水溶液
（Na^+とCl^-は実際には水分子にとり囲まれている）

4 イオンからなる物質

32. (1) 水酸化ナトリウムの組成式は NaOH である。したがって，式量は，$23+16+1.0 = 40$ であるから，
$40 \times 0.10 = \underline{4.0}$ (g)

(2) 酸化アルミニウムの組成式は Al_2O_3 である。したがって，式量は，$27 \times 2 + 16 \times 3 = 102$ であるから，

$$\frac{5.1}{102} = \underline{0.050} \text{ (mol)}$$

---

33. 塩化マグネシウムの組成式は $MgCl_2$ であり，式量は 95 である。

(1) $MgCl_2$ の物質量 $= \dfrac{19}{95} = \underline{0.20}$ (mol)

(2) 組成式，分子式，イオン式をまとめて化学式という。
<u>物質量は常に化学式で考える</u>。$MgCl_2$ という粒は固体中にも水溶液中にも存在しないが，Mg^{2+} 1 個と Cl^- 2 個をまとめて 1 つのセットとしたとき，このセットを 1 mol すなわち 6.02×10^{23} セット集めた量が，$MgCl_2$ 1 mol である。

$MgCl_2$ 1 mol には Mg^{2+} が 1 mol 含まれるから，
Mg^{2+} の物質量 $=$ $MgCl_2$ の物質量 $= \underline{0.20}$ (mol)
Cl^- の物質量 $=$ ($MgCl_2$ の物質量) $\times 2 = \underline{0.40}$ (mol)

(3) 水溶液中には Mg^{2+} 0.20 mol と Cl^- 0.40 mol の，合計 0.60 mol のイオンが存在するが，水に溶けている塩化マグネシウム $MgCl_2$ としては $\underline{0.20}$ (mol) である。

物質量〔mol〕は粒じゃなくて，化学式で考えるんだね！

例題 11

(1) 次の5つの原子，O, F, Ne, Na, Mg のうち，価電子の数が最も大きいのはどれか。また，その価電子数はいくらか。

(2) Ne 原子と同じ電子配置をもつイオンに O^{2-}，F^-，Na^+，Mg^{2+} があるが，これらのイオンの大きさを比べるとどの様な順になると予想されるか，大きい順に不等号で示せ。 （立教大）

解

(1) 一般に，最外殻電子が価電子である。典型元素の価電子数は，族番号の一の位の数字に等しい。

ただし，希ガス原子の場合，最外殻電子は極めて安定で反応に関与しないので，希ガス原子の価電子数はゼロとみなされる。

族 番 号	16	17	18	1	2
原 子	O	F	Ne	Na	Mg
価電子数	6	7	0	1	2

ここがポイント　希ガス原子の価電子数はゼロ

(2) 原子番号が小さい O^{2-} から大きい Mg^{2+} について，陽子の数が 8, 9, 11, 12 と増加して原子核の正電荷が増す。そのため電子がより強く原子核に引き付けられて，イオン半径が減少する。

	O^{2-}	F^-	Na^+	Mg^{2+}
原子核中の陽数	8個	9個	11個	12個
電子が原子核に引き付けられる強さ	小 →→→→→→→→→→→ 大			

よって，イオンの大きさは，$O^{2-} > F^- > Na^+ > Mg^{2+}$ である。

ここがポイント　一般に，同じ電子配置のイオンのイオン半径は，陽イオンよりも陰イオンの方が大きい

例題 12

次の A～C の塩に関する問に，有効数字 2 桁で答えよ。

A 塩化カルシウム　　**B** 硝酸カリウム　　**C** 硫酸ナトリウム

(1) それぞれ 1.0 g に含まれる塩の物質量が最も多いのはどれか。また，それは何 mol か。

(2) それぞれ 1.0 g を水に溶かしたとき，溶けているイオンの総数が最も多いのはどれか。また，それは何個か。ただし，アボガドロ定数は 6.0×10^{23}/mol とする。

（芝浦工業大）

解

(1) まず，塩の名称からイオンを考えて，組成式を書く。

A 塩化物イオン Cl^- とカルシウムイオン Ca^{2+} だから，組成式は $CaCl_2$

B 硝酸イオン NO_3^- とカリウムイオン K^+ だから，組成式は KNO_3

C 硫酸イオン SO_4^{2-} とナトリウムイオン Na^+ だから，組成式は Na_2SO_4

巻頭の原子量より，各組成式の式量は，**A** 111，**B** 101，**C** 142 となる。

A $CaCl_2$ の物質量 $= \dfrac{1.0}{111}$ (mol)

B KNO_3 の物質量 $= \dfrac{1.0}{101} \fallingdotseq \underline{9.9 \times 10^{-3}}$ (mol)

C Na_2SO_4 の物質量 $= \dfrac{1.0}{142}$ (mol)

ここがポイント
① 塩の名称からイオンを考えて組成式を書く
② 原子量を用いて，組成式の式量を求める
③ 質量と式量から物質量を算出する

(2) 38 頁でも見たように，これらの塩は陽イオンと陰イオンに分かれて溶けている。イオンの総物質量は塩の物質量の 2 倍，3 倍など整数倍となる。

A イオンの総数 $= \dfrac{1.0}{111} \times 3 \times 6.0 \times 10^{23} \fallingdotseq \underline{1.6 \times 10^{22}}$ (個)

B イオンの総数 $= \dfrac{1.0}{101} \times 2 \times 6.0 \times 10^{23}$

C イオンの総数 $= \dfrac{1.0}{142} \times 3 \times 6.0 \times 10^{23}$

5 反応式と反応量

34. 非金属どうしの化合物の名称 たとえば，CO_2 は二酸化炭素とよぶ。化学式は電気陰性度の小さい方の元素を先に書いて，その元素名を 元素名 とすれば，化合物の名称は，

　　　数 ～化 数 元素名

のようによぶ。ここで 数 は，分子の場合は分子中の原子数であり，分子でない場合は組成比を表す数である。ただし，数 を省略しても化合物を特定できる場合は，これを省略する。次の化合物の名称を答えよ。

　　CO　　NO_2　　N_2O_4　　CCl_4　　HCl　　H_2O

---

35. 化学反応式 (1)～(3)の変化を化学反応式で表せ。

(1) 塩素1分子と水素1分子が反応して，塩化水素2分子が生じる。
(2) 水素と酸素が反応すると水ができる。
(3) 木炭が不完全燃焼すると，一酸化炭素が発生する。

> **反応式の書き方**
> ① 物質を化学式（分子式または組成式）で表す
> ② 反応物（左辺）と生成物（右辺）を化学式で並べる
> ③ 左辺と右辺で，登場する原子の数が等しくなるように，反応式の係数を決定する。係数は最も簡単な整数の比になるようにし，1の場合は省略する。

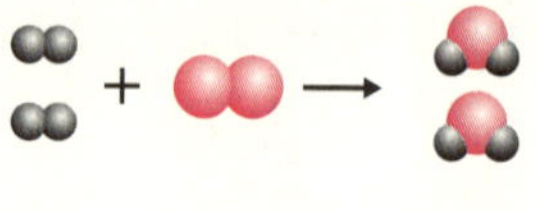

$$2H_2 + O_2 \longrightarrow 2H_2O$$

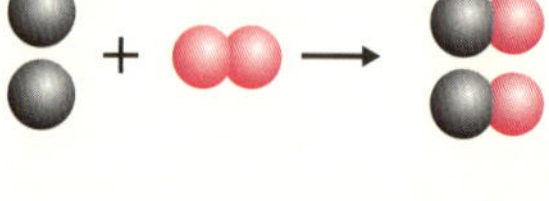

$$2C + O_2 \longrightarrow 2CO$$

解答 ▼ 解説

34. CO 一酸化炭素
NO₂ 二酸化窒素
N₂O₄ 四酸化二窒素
CCl₄ 四塩化炭素
HCl 塩化水素
H₂O 水

水素の化合物は，次のように慣用名でよばれるものが多い。
　　H₂O 水，　NH₃ アンモニア，　CH₄ メタン

35. (1) 塩素分子 Cl₂ 1個と水素分子 H₂ 1個から塩化水素分子 HCl 2個が生じるのであるから，

$$\underline{Cl_2 + H_2 \longrightarrow 2\,HCl}$$

(2) 水素と酸素は，具体的な物質をさしているので単体名であり，分子式は H₂ と O₂ である。また，水の分子式は H₂O である。反応式の係数を a, b, c とすれば，

$$a\,H_2 + b\,O_2 \longrightarrow c\,H_2O$$

となる。ここで，各分子式を1個の分子とみなして，左辺と右辺で原子の個数が等しくなるように係数を決定する。

まず，H 原子に着目すると，$a = c$ とわかる。次に，O 原子に着目すると，$2b = c$ である。したがって，$a:b:c = 2:1:2$ となるので，

$$\underline{2\,H_2 + O_2 \longrightarrow 2\,H_2O}$$

(3) 木炭は炭素なので，組成式 C で表す。燃焼は，酸素 O₂ との反応であるから，

$$a\,C + b\,O_2 \longrightarrow c\,CO$$

ここで，$a:b:c = 2:1:2$ のとき，C 原子と O 原子はそれぞれ両辺で原子数が等しくなる。

$$\underline{2\,C + O_2 \longrightarrow 2\,CO}$$

36. 化学反応と反応量(Ⅰ)
天然ガスの主成分はメタン(CH_4)である。メタンを燃焼させると，二酸化炭素と水が生じる。

(1) メタンの燃焼反応を化学反応式で記せ。
(2) 0.25 mol のメタンを燃焼させたとき，生じる水の物質量は何 mol か，また，生じる二酸化炭素の体積は標準状態で何 L か。

> 反応式の係数は，
> 反応量および生成量のモル比を表す

37. 化学反応と反応量(Ⅱ)
反応容器に 0.30 mol のメタンと 0.80 mol の酸素を封入して，燃焼反応を完全に進めた。反応後の容器内に存在するすべての物質の化学式とその物質量を答えよ。

> 反応物の量に過不足があるときは，
> 一方が無くなるまで反応が進む

38. 化学反応と反応量(Ⅲ)
水溶液中で Cl^- と Ag^+ を混合すると塩化銀の白色沈殿を生じる。

Cl^-(水溶液) + Ag^+(水溶液) ⟶ AgCl(沈殿)

Cl^- を 1 mol 含む水溶液に，Ag^+ を 2 mol まで，少しずつ加えていったとき，水溶液中に残っている Cl^- と Ag^+ および，生じた AgCl の物質量は，どのように変化するか。次のうちからそれぞれ選べ。

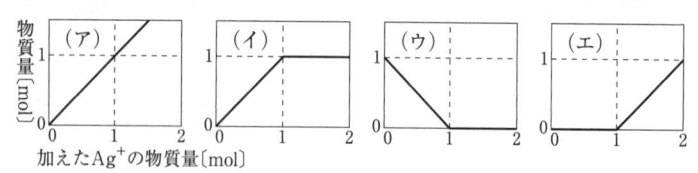

5 反応式と反応量

36. (1) 反応式の係数は，以下のようにして決めることもできる。
$$a\,CH_4 + b\,O_2 \longrightarrow c\,CO_2 + d\,H_2O$$
$a = 1$ とすれば，C 原子の個数から，$c = 1$ となり，H 原子の個数から，$d = 2$ となる。最後に，O 原子については，$2b = 2c + d$ であるから，$b = 2$ と決まる。

$$\underline{CH_4 + 2\,O_2 \longrightarrow CO_2 + 2\,H_2O}$$

(2) 反応式の係数より，反応した CH_4 と生じた H_2O の物質量の比は 1：2 であるから，生じた水の物質量は，$0.25 \times 2 = \underline{0.50}$ (mol)

生じる CO_2 の物質量は反応した CH_4 の物質量に等しい。したがって，$0.25 \times 22.4 = \underline{5.6}$ (L)

----

37. 0.30 mol の CH_4 と反応する O_2 は 0.60 mol であるから，CH_4 はすべて反応して，未反応の O_2 が残る。物質量の変化は，次のようになる。

	CH_4	+	$2\,O_2$	$\longrightarrow$	CO_2	+	$2\,H_2O$
反応前	0.30		0.80		0		0
反応量	-0.30		-0.60		$+0.30$		$+0.60$
反応後	0		0.20		0.30		0.60

答 O_2 0.20 mol, CO_2 0.30 mol, H_2O 0.60 mol

----

38. 加えた Ag^+ は Cl^- と結合して $AgCl$ に変化して沈殿する。よって，加えた量が 1 mol までは Ag^+ はすべて Cl^- と反応し，Cl^- が減少しながら，$AgCl$ が増加する。Cl^- が無くなると，$AgCl$ は一定となり，加えた Ag^+ が増加する。

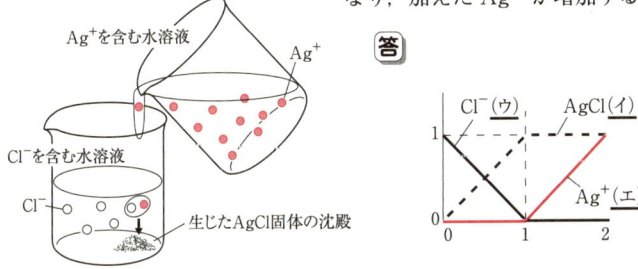

— 45 —

例題 13

亜鉛に希塩酸を加えると,次のように反応して水素を発生し,亜鉛は塩化亜鉛となる。

$$Zn + 2HCl \longrightarrow ZnCl_2 + H_2$$

(1) アルミニウムに希塩酸を加えると水素を発生し,アルミニウムは塩化アルミニウムとなる。この反応を化学反応式で記せ。

(2) 次の3種類の金属について,それぞれ1.0 gに希塩酸を加えて完全に反応させたとき,発生する水素の量が最も多いのはどれか。また,その金属で発生する水素は,標準状態で何Lか。

　　亜鉛　　アルミニウム　　マグネシウム　　　　（日本大）

解

(1) アルミニウムイオンは Al^{3+} なので,塩化アルミニウムの組成式は $AlCl_3$ である。したがって,アルミニウムと希塩酸の反応式は,

$$\underline{2Al + 6HCl \longrightarrow 2AlCl_3 + 3H_2}$$

ここがポイント　イオンの価数(34頁,37頁)を覚えていると組成式が書ける！

(2) マグネシウムイオンは Mg^{2+} なので,塩化マグネシウムの組成式は $MgCl_2$ である。したがって,マグネシウムと希塩酸の反応式は,

$$Mg + 2HCl \longrightarrow MgCl_2 + H_2$$

文中の反応式とこの反応式からわかるように,ZnとMgはそれらと等しい物質量の H_2 を発生する。

一方,Alは,2 molのAlから3 molの H_2 が発生するので,Alの物質量の $\frac{3}{2}$ 倍の H_2 が発生することになる。したがって,それぞれ1.0 gから発生する H_2 は,Znは $\frac{1.0}{65.4}$ mol,Alは $\frac{1.0}{27} \times \frac{3}{2}$ mol,Mgは $\frac{1.0}{24}$ mol となり,<u>アルミニウム</u>が最も多くの H_2 を発生する。また,その体積は,

$$\frac{1.0}{27} \times \frac{3}{2} \times 22.4 = 1.24 \fallingdotseq \underline{1.2} \text{ (L)}$$

ここがポイント　反応式の係数は,反応量および生成量のモル比を表す

5 反応式と反応量

例題 14

エタンとプロパンの混合気体を完全に燃焼させたところ，0.70 mol の二酸化炭素と 1.00 mol の水が生成した。

(1) エタン(C_2H_6)とプロパン(C_3H_8)の燃焼を化学反応式で記せ。
(2) 初めの混合気体に含まれていたエタンとプロパンの物質量は，それぞれ何 mol か。
(3) 混合気体の燃焼に要した空気の体積は，標準状態で何 L か。ただし，空気中の酸素は体積パーセントで 20 % とする。

(島根大)

解

(1) エタンはエタン，プロパンはプロパンで独立して燃焼反応が起こる。したがって，反応式は別々に書かなくてはいけない。

$$2\,C_2H_6 + 7\,O_2 \longrightarrow 4\,CO_2 + 6\,H_2O$$
$$C_3H_8 + 5\,O_2 \longrightarrow 3\,CO_2 + 4\,H_2O$$

ここがポイント！ 混合気体の燃焼は，反応式を別々に書いて考える

(2) エタンの物質量を x〔mol〕とすれば，エタンの燃焼で生じる CO_2 は $2x$〔mol〕，生じる H_2O は $3x$〔mol〕である。また，プロパンの物質量を y〔mol〕とすれば，プロパンからは $3y$〔mol〕の CO_2 と $4y$〔mol〕の H_2O が生じる。したがって，

$$2x + 3y = 0.70$$
$$3x + 4y = 1.00$$

これを解いて，x(エタン) = $\underline{0.20}$ (mol)，y(プロパン) = $\underline{0.10}$ (mol)

(3) 反応に要した酸素 O_2 の物質量は，

$$0.20 \times \frac{7}{2} + 0.10 \times 5 = 1.2 \text{ (mol)}$$

酸素の体積は，1.2×22.4 L であるから，

$$空気の体積 = 1.2 \times 22.4 \times \frac{100}{20} = 134 \fallingdotseq \underline{1.3 \times 10^2} \text{ (L)}$$

〈別解〉 反応に要した O_2 の物質量は，生成物の CO_2 と H_2O に含まれる O 原子の物質量から，$\dfrac{0.70 \times 2 + 1.00}{2} = 1.2$ (mol) と算出できる。

例題 15

室温において，一酸化窒素（気体）は酸素と反応して，すべて二酸化窒素（気体）となる。いま，1 mol の一酸化窒素が容器に入っている。この容器に酸素を導入した場合について，問に答えよ。

(1) 一酸化窒素と酸素の反応を反応式で記せ。
(2) 1 mol の一酸化窒素をすべて二酸化窒素とするために必要な酸素の物質量は何 mol か。
(3) 容器に導入する酸素の物質量を 0 mol から 2 mol まで変化させたとき，反応後の容器内の全気体の総物質量の変化をグラフに描け。

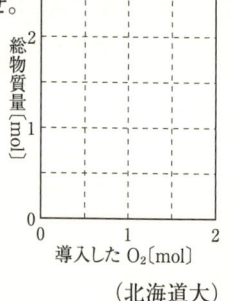

(北海道大)

解

(1) $2NO + O_2 \longrightarrow 2NO_2$

(2) 0.5 mol

(3) 加えた酸素の物質量を x mol とすれば，$0 \leq x \leq 0.5$ の範囲では，

	$2NO$	$+$	O_2	$\longrightarrow$	$2NO_2$
反応前	1		x		0
反応量	$-2x$		$-x$		$+2x$
反応後	$1-2x$		0		$2x$

この範囲での，反応後の気体の総物質量は，$(1-2x)+0+2x = 1$ (mol) となり，一定である。しかし，$0.5 < x$ の範囲では，NO がなくなっているため，0.5 mol を越えて導入した O_2 は反応しないでそのまま容器内に残る。

したがって，その O_2 の分だけ，気体の総物質量は増加していく。

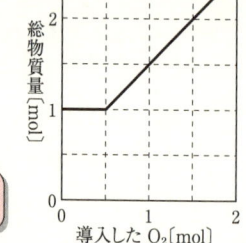

ここがポイント　反応物の過不足に注意しよう

例題 16

空欄に適する数値や比を記し，(1)～(5)に適する法則名を答えよ。

(1) 水素1gと酸素 ア g が反応すると イ g の水が生成する。
(2) 水を構成する水素と酸素の質量比は常に ウ である。
(3) 一定量の酸素と化合している水素の質量比は，水と過酸化水素で比較すると エ である。
(4) 高温で考えたとき，(1)で反応する水素と酸素および生成する水蒸気の体積比は，同温・同圧で オ のような簡単な整数比になる。
(5) オ の整数比は水素，酸素，水蒸気の各分子数の比に等しい。

(近畿大)

解

化学の基礎法則である。まずは反応式を書いて考えてみる。

$$2H_2 + O_2 \longrightarrow 2H_2O$$

| 物質量 | 2 mol | 1 mol | 2 mol | モル比 = 2：1：2 |
| 質 量 | 4 g | 32 g | 36 g | 質量比 = 1：8：9 |

(1) 水素1gと酸素(ア) 8 g が反応すれば，1 + 8 =(イ) 9 g の水が生成する。これはラボアジエの(1) 質量保存の法則。

(2) すべての水の水素と酸素の質量比は(ウ) 1：8 である。これはプルーストの(2) 定比例の法則。

(3) H_2O と H_2O_2 を比較する。それぞれ2gの水素と化合している酸素は16gと32gだから，求める比は $\dfrac{2}{16} : \dfrac{2}{32} =$ (エ) 2：1 である。これはドルトンの(3) 倍数比例の法則であり，原子説の論拠となった。

> **ここがポイント** 同じ元素からなる複数の化合物の質量比は倍数比例の法則

(4) (オ) 2：1：2。反応に関係する気体の体積の簡単な整数比はゲーリュサックの(4) 気体反応の法則。

(5) オ の整数比は，同温・同圧なら，気体の体積比は分子数の比に等しいという(5) アボガドロの法則(または仮説)と分子説で説明される。

6 溶液濃度

39. 溶液 溶液は溶媒と溶質からなる。たとえば，砂糖水という溶液の溶媒は [1] で，溶質は [2] である。

100 g の水が入っているビーカーに 50 g の食塩を入れてかき混ぜると，14 g の食塩が溶け残った。このビーカー中の溶液は [3] g であり，そのうち溶質は [4] g，溶媒は [5] g である。

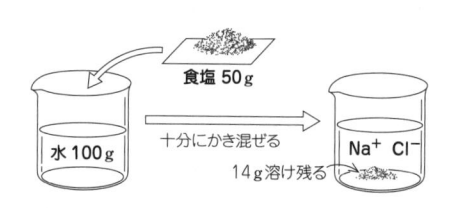

食塩 50 g
水 100 g →十分にかき混ぜる→ Na⁺ Cl⁻
14 g 溶け残る

---

40. 溶液濃度の単位 次の溶液について，(1)，(2)の各濃度を文字式で表せ。

溶液の体積；V 〔L〕　　溶液の密度；d 〔g/cm³〕
溶質の質量；w 〔g〕　　溶質の分子量（式量）；M

(1) 質量パーセント濃度〔%〕
(2) モル濃度〔mol/L〕

溶質は固体？液体？気体？

水には，食塩（固体），エタノール（液体），二酸化炭素（気体）など，さまざまな物質が溶解し，水溶液となる。これらの水溶液に溶けている溶質（Na⁺ と Cl⁻，C_2H_5OH，CO_2 など）は，いずれも「溶液」という液体の一部になっている。

解答 ▼ 解説

39. 水に砂糖が溶けているのだから，溶けている物質(溶質)は砂糖，溶かしている物質(溶媒)は水である。

溶液は液体部分であり，溶け残りの固体は溶液ではない。したがって，溶液(液体)の質量は $100+50-14 = 136$(g)，溶液中の溶質(NaCl)の質量は $50-14 = 36$(g) である。

$$\boxed{\text{溶液}[g] = \text{溶媒}[g] + \overset{\text{溶液中の}}{\text{溶質}}[g]}$$

答 (1) 水　(2) 砂糖　(3) 136　(4) 36　(5) 100

濃度計算に使う「溶質[g]」は，溶液に溶けている溶質だよ！

---

40. (1) 100 g の溶液中に溶けている溶質の質量[g]で表された濃度を，質量パーセント濃度という。

$$\boxed{\text{質量パーセント濃度} = \frac{\text{溶質の質量}[g]}{\text{溶液の質量}[g]} \times 100 \ [\%]}$$

答 質量パーセント濃度 $= \dfrac{w}{V \times 10^3 \times d} \times 100 = \dfrac{w}{10dV}$ [%]

(2) 1 L の溶液中に溶けている溶質の物質量[mol]で表された濃度をモル濃度という。溶質の物質量は $\dfrac{w}{M}$ [mol] である。

$$\boxed{\text{モル濃度} = \frac{\text{溶質の物質量}[mol]}{\text{溶液の体積}[L]} \ [mol/L]}$$

答 モル濃度 $= \dfrac{\dfrac{w}{M}}{V} = \dfrac{w}{MV}$ [mol/L]

41. 濃度の計算

(1) 100 g の水にスクロース（ショ糖）を 25 g 溶かした。質量パーセント濃度は何 % か。

(2) 水酸化ナトリウム 12 g を水に溶かして 200 mL の水溶液とした。モル濃度は何 mol/L か。

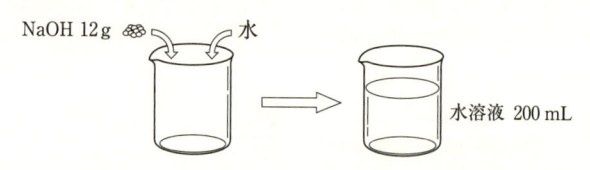

42. 密度の計算

(1) 密度 1.2 g/cm^3 の水溶液 50 mL の質量は何 g か。
(2) 密度 0.79 g/cm^3 のエタノール 10 g の体積は何 mL か。

1 cm^3 は 1 mL だよ！

43. 溶液濃度と物質量

(1) 質量パーセント濃度 12 % の水酸化ナトリウム水溶液 50 g に含まれている水酸化ナトリウムの物質量は何 mol か。
(2) 5.0 mol/L の塩酸（塩化水素 HCl の水溶液）30 mL に含まれている塩化水素の物質量は何 mol か。

6 溶液濃度

41. (1) 溶液〔g〕= 溶媒〔g〕+ 溶質〔g〕= 100 + 25 = 125 (g)

質量パーセント濃度〔%〕= $\dfrac{溶質〔g〕}{溶液〔g〕} \times 100 = \dfrac{25}{125} \times 100 = \underline{20}$ (%)

(2) 水酸化ナトリウムの組成式は NaOH だから,式量は 40 である。

溶質(NaOH)の物質量は $\dfrac{12}{40}$ mol で,溶液の体積は $\dfrac{200}{1000}$ L だから,

モル濃度 = $\dfrac{溶質物質量〔mol〕}{溶液体積〔L〕}$ = 溶質物質量〔mol〕÷ 溶液体積〔L〕

= $\dfrac{12}{40} \div \dfrac{200}{1000} = \dfrac{12}{40} \times \dfrac{1000}{200} = \underline{1.5}$ (mol/L)

・・・

42. 体積の単位で cm³ と mL は同じ量を表す。

(1) **質量〔g〕= 体積〔cm³〕× 密度〔g/cm³〕** = 50 × 1.2 = $\underline{60}$ (g)

(2) **体積〔cm³〕= $\dfrac{質量〔g〕}{密度〔g/cm³〕}$** = $\dfrac{10}{0.79}$ = 12.6 ≒ $\underline{13}$ (mL)

・・・

43. (1) 溶液に含まれている NaOH の質量(g)を式量 40 で割る。

$50 \times \dfrac{12}{100} \times \dfrac{1}{40} = \underline{0.15}$ (mol)

(2) モル濃度(mol/L)に L 単位の溶液体積をかける。

$5.0 \times \dfrac{30}{1000} = \underline{0.15}$ (mol)

$$\boxed{溶質〔mol〕= モル濃度〔mol/L〕\times 溶液体積〔L〕= モル濃度〔mol/L〕\times \dfrac{溶液体積〔mL〕}{1000}}$$

例題 17

塩化ナトリウム 29.0 g を密度 1.00 g/cm³ の水 100 cm³ に溶かした水溶液の密度は 1.16 g/cm³ である。この水溶液中の塩化ナトリウムについて，つぎの濃度を求めよ。(NaClの式量 = 58.5)

(1) 質量パーセント濃度
(2) モル濃度
(3) 質量モル濃度

(明治大)

解

溶媒は水，溶質は NaCl，溶液は NaCl 水溶液(食塩水)。

溶質質量 = 29.0 (g)，　　溶質物質量 = $\dfrac{29.0}{58.5}$ (mol)

溶媒質量 = 100 (cm³) × 1.00 (g/cm³) = 100 (g) = 0.100 (kg)

溶液質量 = 29.0 + 100 = 129 (g)，溶液体積 = $\dfrac{129 \,(\text{g})}{1.16\,(\text{g/cm}^3)}$ (mL) = $\dfrac{129 \times 10^{-3}}{1.16}$ (L)

ここがポイント

溶液質量 [g] = 溶媒質量 [g] + 溶質質量 [g]

溶液体積 [mL] = $\dfrac{\text{溶液質量 [g]}}{\text{溶液密度 [g/cm}^3\text{]}}$

質量パーセント濃度 [%] = $\dfrac{\text{溶質質量 [g]}}{\text{溶液質量 [g]}} \times 100$

モル濃度 [mol/L] = $\dfrac{\text{溶質物質量 [mol]}}{\text{溶液体積 [L]}}$

質量モル濃度 [mol/kg] = $\dfrac{\text{溶質物質量 [mol]}}{\text{溶媒質量 [kg]}}$

まずは，
- 溶質質量 [g]
- 溶質物質量 [mol]
- 溶媒質量 [g]
- 溶液質量 [g]
- 溶液体積 [L]

が必要！

(1) 質量パーセント濃度 = $\dfrac{29.0}{129} \times 100 = 22.48 \fallingdotseq \underline{22.5}$ (%)

(2) モル濃度 = $\dfrac{\dfrac{29.0}{58.5}}{\dfrac{129 \times 10^{-3}}{1.16}} = \dfrac{29.0}{58.5} \times \dfrac{1.16}{129 \times 10^{-3}} = 4.457 \fallingdotseq \underline{4.46}$ (mol/L)

(3) 質量モル濃度 = $\dfrac{\dfrac{29.0}{58.5}}{0.100} = \dfrac{29.0}{58.5} \times \dfrac{1}{0.100} = 4.957 \fallingdotseq \underline{4.96}$ (mol/kg)

例題 18

スクロース(ショ糖)水溶液(ア)〜(ウ)に含まれるスクロースの物質量〔mol〕が大きいものから順に並べたものはどれか。(スクロースの分子量 = 342)

(ア) 質量パーセント濃度 25 %のスクロース水溶液 250 g
(イ) 0.76 mol/L のスクロース水溶液 250 mL
(ウ) 0.76 mol/L で密度 1.1 g/cm³ のスクロース水溶液 250 g

(1) (ア)>(イ)>(ウ)　　(2) (ア)>(ウ)>(イ)　　(3) (イ)>(ア)>(ウ)
(4) (イ)>(ウ)>(ア)　　(5) (ウ)>(ア)>(イ)　　(6) (ウ)>(イ)>(ア)

(昭和大, 薬)

解

(ア)に含まれるスクロースの物質量は、質量を分子量で割って求める。

$$250 \times \frac{25}{100} \times \frac{1}{342} = 0.182 \text{ (mol)}$$

(イ)に含まれるスクロースの物質量は、モル濃度〔mol/L〕×溶液体積〔L〕から求める。

$$0.76 \times \frac{250}{1000} = 0.19 \text{ (mol)}$$

ここがポイント

溶質物質量〔mol〕= モル濃度〔mol/L〕× $\dfrac{\text{溶液体積〔mL〕}}{1000}$

(ウ)のスクロース水溶液の体積は、$\dfrac{250}{1.1} = 227 \text{ (mL)}$ であるから、含まれる物質量は、

$$0.76 \times \frac{227}{1000} = 0.172 \text{ (mol)}$$

答 (3)

7 酸・塩基・塩

44. 酸と塩基（Ⅰ） アレニウスの定義では，水溶液中で電離して[1]を放出する物質が酸，[2]を放出する物質が塩基である。したがって，その中和反応では次式のように，塩とともに[3]が生成する。

$$HNO_3 + NaOH \longrightarrow NaNO_3 + [\ 4\ ]$$

水溶液中の[1]は，実際には[5]として存在している。

---

45. 酸と塩基（Ⅱ） 酸・塩基といえば，通常は次のブレンステッドの定義で考える。この定義では，**酸**とは[1]を与える物質であり，**塩基**とは[2]を受け取る物質である。したがって，塩化水素（気体）とアンモニア（気体）から塩化アンモニウム（固体）を生じる反応，

$$NH_3 + [\ 3\ ] \longrightarrow [\ 4\ ]$$

のように，水を生じない中和反応もある。

濃塩酸と濃アンモニア水のビンを並べてフタを取ると，強い刺激臭をもった塩化水素（気体）とアンモニア（気体）が飛び出していき，塩化アンモニウムの白煙が生じる。

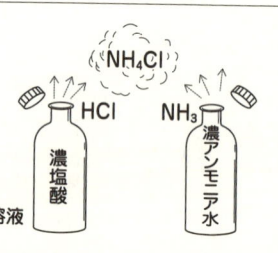

塩酸は塩化水素の水溶液

---

46. 酸・塩基の電離 水溶液中で酸（HCl）や塩基（NH_3）が電離すると，オキソニウムイオンや水酸化物イオンが生成する。次の場合，水分子はそれぞれ酸，塩基のどちらとしてはたらいているか。

(1) $HCl + H_2O \longrightarrow Cl^- + H_3O^+$
(2) $NH_3 + H_2O \rightleftharpoons NH_4^+ + OH^-$

解答 ▼ 解説

44. 水溶液中のアレニウスの酸と塩基の中和反応は、水を生じる反応である。
$$H^+ + OH^- \longrightarrow H_2O$$

答 (1) 水素イオン　(2) 水酸化物イオン　(3) 水
(4) H_2O　(5) オキソニウムイオン(H_3O^+)

---

45. 気体の塩化水素と気体のアンモニアが反応すると、固体の塩化アンモニウムの微粒子が生じて、白煙に見える。この反応では、HClが与える H^+ を NH_3 が受け取っている。

$$NH_3 + HCl \longrightarrow NH_4Cl$$
気体分子　気体分子　　固体の微粒子

答 (1) 水素イオン（プロトン）　(2) 水素イオン（プロトン）
(3) HCl　(4) NH_4Cl

水溶液中に存在するオキソニウムイオン H_3O^+ は通常、H^+ と略記して水素イオンとよぶ。

水素原子から電子を取れば陽子(proton)となる。酸と塩基がやり取りする H^+ はこの陽子だから、これを**プロトン**とよんで、水溶液中の H^+（実際は H_3O^+）と区別することも多い。

---

46. ブレンステッドの定義で考える。

(1) $HCl + H_2O \longrightarrow Cl^- + H_3O^+$　(2) $NH_3 + H_2O \rightleftarrows NH_4^+ + OH^-$

反応式を $\rightleftarrows$ で示すのは、左右どちらにでも進む可逆反応である。

答 (1) 塩基　(2) 酸

47. 酸・塩基の強さ 水溶液の酸性の強さは水素イオンの濃度で決まる。0.1 mol/L の塩酸では，塩化水素分子が完全に電離しているので，この溶液1Lに含まれる水素イオンは　1　mol である。

しかし，同じ濃度 0.1 mol/L の酢酸水溶液では，酢酸分子の約1%しか電離していないので，溶液1Lに含まれる水素イオンは約　2　mol である。

塩酸のように，この程度の濃度の水溶液で，ほぼ完全に電離する酸を　3　，酢酸のように一部しか電離しない酸を　4　とよぶ。

塩基も，完全電離する　5　と一部電離する　6　に分類される。

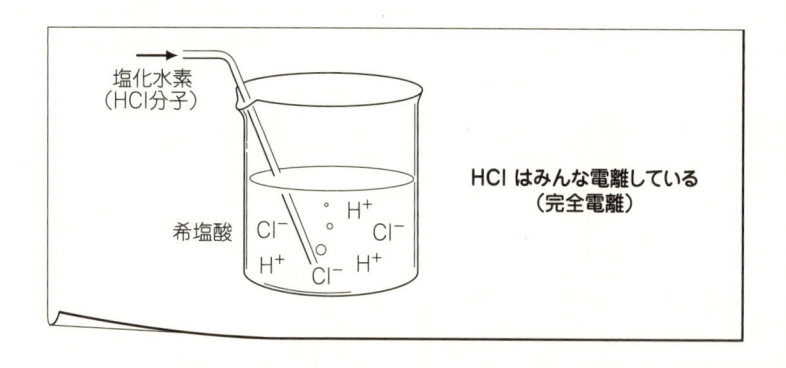

48. 酸・塩基の価数 中和反応で酸1分子が与えることのできる H^+ の数を酸の価数という。同様に，塩基については受け取れる H^+ の数を塩基の価数という。

次の化合物を強酸，弱酸，強塩基，弱塩基に分類して化学式で表し，それぞれ価数を答えよ。

(ア) 塩化水素　　(イ) 硝酸　　(ウ) 硫酸　　(エ) 酢酸
(オ) シュウ酸　　(カ) 硫化水素　(キ) リン酸　(ク) アンモニア
(ケ) 水酸化カリウム　　　(コ) 水酸化ナトリウム
(サ) 水酸化バリウム　　　(シ) 水酸化カルシウム
(ス) 水酸化マグネシウム　(セ) 水酸化鉄（Ⅲ）

47. 電離を考えなければ,0.1 mol/Lの塩酸(塩化水素の水溶液)1L中には,0.1 mol の HCl が存在することになる。しかし,塩酸は強酸であり,水に溶けた HCl 分子は次のように完全に電離している。

$$HCl \longrightarrow H^+ + Cl^-$$

したがって,「0.1 mol/L の塩酸」に HCl 分子は存在せず,この塩酸 1L 中には H^+ と Cl^- が 0.1 mol ずつ存在している。

酢酸は弱酸であり,水溶液中では以下のように,酢酸分子の一部だけが電離した状態になっている。0.1 mol/L の酢酸水溶液 1L 中では 0.1 mol の酢酸分子のうち 1 %が電離しているから,CH_3COO^- と H^+ が 0.001 mol ずつ存在する。

$$CH_3COOH \rightleftharpoons CH_3COO^- + H^+$$
$$\text{0.099 mol} \qquad \text{0.001 mol} \qquad \text{0.001 mol}$$

答 (1) 0.1 (2) 0.001 (3) 強酸 (4) 弱酸 (5) 強塩基 (6) 弱塩基

> 強酸は完全電離,弱酸は一部電離

48. 無機化合物の場合,化学式の頭に示すHの数が,その酸の価数。シュウ酸 $H_2C_2O_4$ は有機化合物であり,$(COOH)_2$ と表すこともある。

答

	強酸	弱酸	強塩基	弱塩基
1価	(ア) HCl (イ) HNO₃	(エ) CH₃COOH	(ケ) KOH (コ) NaOH	(ク) NH₃
2価	(ウ) H₂SO₄	(オ) (COOH)₂ (カ) H₂S	(サ) Ba(OH)₂ (シ) Ca(OH)₂	(ス) Mg(OH)₂
3価		(キ) H₃PO₄		(セ) Fe(OH)₃

(オ)は $H_2C_2O_4$ とも書く

アルカリ金属とアルカリ土類金属の水酸化物は強塩基だよ!

49. 中和の反応式 水溶液中で実際に起きている変化は、イオン反応式で表される。たとえば、希塩酸(濃度の薄い塩酸)と水酸化ナトリウム水溶液を混合したとき、化学反応式では、

| 1 |

となる。ここで左辺の HCl と NaOH、そして右辺の NaCl は、それぞれ完全に電離している。それらをイオン式で書き直せば、

$$H^+ + Cl^- + Na^+ + OH^- \longrightarrow Na^+ + Cl^- + H_2O$$

ここで、両辺で共通のイオンを消去すれば、イオン反応式が完成する。

| 2 |

実際に起きている変化は、この反応だけである。

----

50. イオン反応式 (1)〜(3)を(a)化学反応式、(b)イオン反応式で記せ。

― イオン反応式の書き方 ―
① 化学反応式を書く
② 強酸、強塩基、水に溶けている塩
　これらだけは電離させてイオン式に書き直す
③ 両辺で共通のイオンを消去する

(1) 希塩酸に水酸化バリウム水溶液を加える。
(2) 希硫酸に水酸化バリウム水溶液を加える。
(3) 酢酸水溶液に水酸化ナトリウム水溶液を加える。

----

51. 中和反応と物質量(Ⅰ) 1 mol の HCl を含む水溶液に、1.5 mol の NaOH を含む水溶液を少しずつ混合していった。混合溶液中の(1)〜(3)の物質の物質量の変化を表すグラフとして適するものを選べ。

(1) HCl　(2) NaOH　(3) NaCl

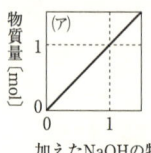

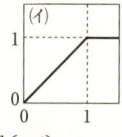

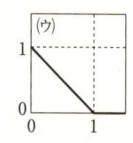

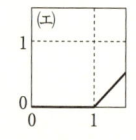

物質量 [mol]

(ア)　(イ)　(ウ)　(エ)

加えたNaOHの物質量 [mol]

49. **答** (1) HCl + NaOH ⟶ NaCl + H₂O
(2) H⁺ + OH⁻ ⟶ H₂O

> Na⁺とCl⁻は変化がないので，イオン反応式には登場しない。しかし，溶液の組成は食塩水と同じなので，化学反応式ではNaClと書く。

---

50. (1) HClとBa(OH)₂は2：1のモル比で反応する。BaCl₂は沈殿しないから，電離して水に溶けている。
(2) BaSO₄は水に溶けない塩なので，電離しないで沈殿する。
(3) 酢酸は弱酸なので，大部分は酢酸分子として存在する。しかし，塩になれば酢酸イオンとして水に溶けている。

答 (1) (a) 2 HCl + Ba(OH)₂ ⟶ BaCl₂ + 2 H₂O
 (b) H⁺ + OH⁻ ⟶ H₂O
(2) (a) H₂SO₄ + Ba(OH)₂ ⟶ BaSO₄ + 2 H₂O
 (b) 2 H⁺ + SO₄²⁻ + Ba²⁺ + 2 OH⁻ ⟶ BaSO₄ + 2 H₂O
(3) (a) CH₃COOH + NaOH ⟶ CH₃COONa + H₂O
 (b) CH₃COOH + OH⁻ ⟶ CH₃COO⁻ + H₂O

---

51. 加えたNaOHが1 molになるまでは，次式の中和反応が起こる。

HCl + NaOH ⟶ NaCl + H₂O

この間は，加えたNaOHの物質量に等しい量だけHClが反応して減少し，かわりにNaClが生成してNaOHは無くなる。1 molを越えて加えたNaOHはそのまま残る。

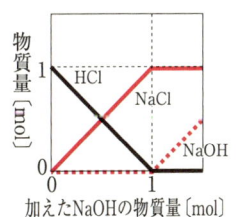

答 (1) (ウ) (2) (エ) (3) (イ)

52. 中和反応と物質量（Ⅱ） 0.1 mol/L の硫酸 10 mL を完全に中和するためには，0.1 mol/L の水酸化ナトリウム水溶液が何 mL 必要か。

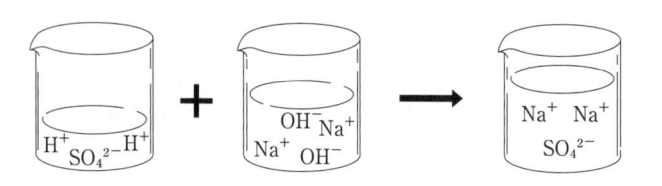

・・

53. 水のイオン積 水はごくわずか電離している。

$$H_2O \rightleftarrows H^+ + OH^-$$

ここで，H^+ と OH^- のモル濃度の積 K_w を ☐1☐ とよぶ。

K_w = ☐2☐ = 1.0×10^{-14} (mol/L)^2 　（25℃での値）

中性の水溶液の場合，$[H^+]$ と $[OH^-]$ の値が ☐3☐ ので，

$[H^+] = \sqrt{K_w}$ = ☐4☐ (mol/L)

となる。

[ ] はモル濃度(mol/L)

・・

54. pH と pOH 水溶液の水素イオン濃度$[H^+]$の値は，溶液の性質によって桁違いに異なる。そこで，

$[H^+]$ = ☐1☐$^{-pH}$

とし，pH(ピーエイチ，水素イオン指数)によって$[H^+]$の大きさを表現することが多い。同様に pOH(ピーオーエイチ)は，

$[OH^-]$ = ☐1☐$^{-pOH}$

である。ここで，水のイオン積 K_w の値から次式が成り立つ。

pH + pOH = ☐2☐

52. 中和反応が過不足なく進むとき,酸が与える H^+ の物質量と塩基が受け取る H^+ の物質量は等しいから,

> **(酸の価数)×(酸の物質量) ＝ (塩基の価数)×(塩基の物質量)**

(モル濃度 mol/L)×(体積 L) ＝ (物質量 mol)である。また,硫酸は 2 価の酸で,水酸化ナトリウムは 1 価の塩基だから,

$$2 \times 0.1 \times \frac{10}{1000} = 1 \times 0.1 \times \frac{v}{1000} \quad \therefore \quad v = \underline{20} \text{ (mL)}$$

---

53. 中性の定義は $[H^+] = [OH^-]$ である。
$$K_w = [H^+][OH^-] = [H^+]^2$$
$[H^+] > 0$ であるから,
$$[H^+] = \sqrt{K_w} = \sqrt{1.0 \times 10^{-14}} = 1.0 \times 10^{-7} \text{ (mol/L)}$$

答 (1) 水のイオン積 (2) $[H^+][OH^-]$ (3) 等しい
(4) 1.0×10^{-7}

> $[H^+] > [OH^-]$ は酸性,$[H^+] < [OH^-]$ は塩基性(アルカリ性)

---

54. 化学では数値のオーダー(位取り)がわかりやすい指数表示を用いることが多い。K_w は,
$$[H^+][OH^-] = 10^{-14}$$
ここで,
$$[H^+] = 10^{-pH},\quad [OH^-] = 10^{-pOH}$$
であるから,
$$10^{-pH} \times 10^{-pOH} = 10^{-14}$$
$$\therefore \quad pH + pOH = 14$$

答 (1) 10 (2) 14

例題 19

酸 A 〜 D は次のうちのいずれかであるが、A と B は強酸、C と D は弱酸である。また、A と C は 1 価、B と D は 2 価の酸である。

　　　塩化水素、シュウ酸、酢酸、リン酸、硫酸

(1) 酸 A 〜 D の化学式を記せ。
(2) 濃度 1×10^{-3} mol/L の A の水溶液の pH はいくらか。
(3) 濃度 1×10^{-3} mol/L の NaOH の水溶液の pH はいくらか。
(4) 濃度 1×10^{-3} mol/L の C の水溶液で、C の電離度は 0.14 である。この水溶液中の水素イオンのモル濃度を求めよ。
(5) 濃度 1×10^{-3} mol/L の C の水溶液 50 mL を中和するのに要する NaOH の物質量は何 mol か。

(武蔵工大)

解

(1) **A** HCl, **B** H$_2$SO$_4$, **C** CH$_3$COOH, **D** (COOH)$_2$

(2) 塩化水素の水溶液を塩酸とよぶ。強酸であるから完全に電離している。

$$HCl \longrightarrow H^+ + Cl^-$$

したがって、[H$^+$] = 1×10^{-3} (mol/L) であるから、pH = 3

ここがポイント　強酸、強塩基、水に溶けている塩は、完全電離

(3) NaOH は強塩基であり、完全に電離しているので、[OH$^-$] = 1×10^{-3}

$$[H^+] = \frac{K_w}{[OH^-]} = \frac{1 \times 10^{-14}}{1 \times 10^{-3}} = 1 \times 10^{-11} \quad \therefore \quad pH = 11$$

(4) 電離している割合が 0.14 であるから、

[H$^+$] = $1 \times 10^{-3} \times 0.14$ = 1.4×10^{-4} (mol/L)

ここがポイント　弱酸の [H$^+$] ＝ 弱酸の濃度 [mol/L] × 電離度

(5) この中和反応は、CH$_3$COOH + NaOH $\longrightarrow$ CH$_3$COONa + H$_2$O であるから、酢酸と等しい物質量の NaOH が必要である。

$$1 \times 10^{-3} \times \frac{50}{1000} = 5 \times 10^{-5} \text{ (mol)}$$

— 64 —

例題 20

次の記述(1)～(4)のうちから，正しいものを一つ選べ。

(1) 水溶液中で酢酸の電離度は，その濃度が小さくなるにつれて，小さくなる。
(2) 一定温度の酸や塩基のうすい水溶液では，水のイオン積はpHによらず一定である。
(3) pH 4 の塩酸と pH 12 の水酸化ナトリウム水溶液とを同体積ずつ混合すると，その溶液のpHは8となる。
(4) 酢酸水溶液に水酸化ナトリウム水溶液を加えると，溶液中の酢酸イオンの物質量が減少する。

(センター試験)

解

(1) (誤) 一般に，電解質の電離度は，濃度が小さいほど大きくなる。
(2) (正) $K_w = [H^+][OH^-]$ の値は溶液によらず，一定温度では一定。
(3) (誤) pHは対数値であるから単純な足し算や引き算では計算できない。もしこれを計算するとしたら，以下の参考のようになる。
(4) (誤) NaOHを加えると次の中和反応で CH_3COO^- が増加する。

$$CH_3COOH + OH^- \longrightarrow CH_3COO^- + H_2O$$

ここがポイント 水のイオン積 $K_w = [H^+][OH^-] = 1.0 \times 10^{-14}$ $(mol/L)^2$

参考
HClの濃度 $= [H^+] = 10^{-pH} = 10^{-4}$ (mol/L)
NaOHの濃度 $= [OH^-] = 10^{-pOH} = 10^{-14+pH} = 10^{-2}$ (mol/L)

同体積の混合であるから，物質量〔mol〕を求めなくても，中和量は濃度で計算できる。10^{-4} mol/L 分の中和が起こるので，$(10^{-2} - 10^{-4})$ mol/L 分の OH^- が残る。混合して溶液の体積が2倍になっているから，濃度はこの半分である。

$$[OH^-] = (10^{-2} - 10^{-4}) \times \frac{1}{2} \text{ (mol/L)}$$

これは 5×10^{-3} より少しだけ小さな値になり，pOHは2と3の間，したがって，pHは12と11の間の値になる。

例題 21

食酢として用いられる醸造酢の定量に関する次の文を読んで，以下の問に答えよ。ただし，醸造酢に含まれる酸はすべて酢酸とする。

市販の醸造酢 10 mL を ａ を用いて ｂ に取り出し，水を加えて 100 mL とした（これを試料溶液とする）。この試料溶液に対して，以下の操作を 3 回行った。まず， ａ を用いて試料溶液 10 mL を ｃ に取り出し，指示薬として １ を加えた。次にこれを，ｄ に入れた 0.050 mol/L 水酸化ナトリウム水溶液で滴定した。

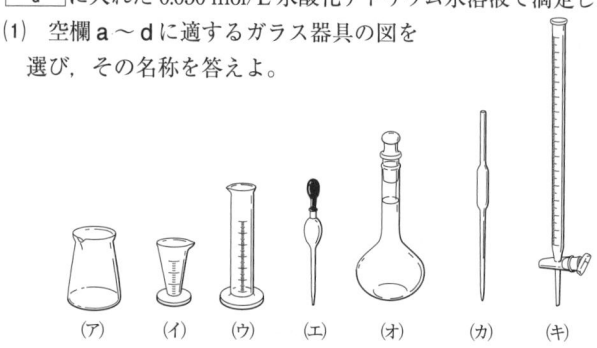

(1) 空欄 a～d に適するガラス器具の図を選び，その名称を答えよ。

　　(ア)　(イ)　(ウ)　(エ)　(オ)　(カ)　(キ)

(2) 同じガラス器具を繰り返して使用するために，手早く洗浄する必要がある場合，空欄 a～d の器具の洗浄の仕上げの操作として，それぞれ最も適するものを選べ。
　(ア) 純水で数回すすいで，そのまま使用する。
　(イ) 純水で数回すすいで，熱風で乾燥して使用する。
　(ウ) 使用する溶液を少量入れてすすぐ操作を数回繰り返し，そのまま使用する。

(3) １ に適する指示薬を選べ。ただし，（　）内は変色域である。
　(ア) メチルオレンジ(3.1～4.4)　(イ) リトマス(4.5～8.3)
　(ウ) フェノールフタレイン(8.0～9.8)

(4) 滴定 3 回の平均の滴下量は 14.6 mL であった。試料溶液の酢酸濃度をモル濃度で求めよ。

(5) 実験に用いた市販の醸造酢（密度 1.01 g/cm³）の酢酸濃度を質量パーセント濃度で求めよ。CH_3COOH の分子量 = 60　　　（埼玉大）

7 酸・塩基・塩

解

(1) a (カ) ホールピペット　　b (オ) メスフラスコ
　　c (ア) コニカルビーカー　　d (キ) ビュレット

(2) 精密な体積をはかるガラス器具を加熱してはいけない。容器に入れる溶液の濃度を変化させたくない場合は(ウ)の操作(共洗い)を行う。それ以外は(ア)の操作を行う。

答 a (ウ)　b (ア)　c (ア)　d (ウ)

(3) この滴定の中和反応は,

$$CH_3COOH + NaOH \longrightarrow CH_3COONa + H_2O$$

だから, 中和点では酢酸ナトリウムの水溶液となり, 弱塩基性を示す。したがって, 弱塩基性の領域に変色域をもつフェノールフタレインを用いる。

答 (ウ)

(4) 試料溶液の酢酸濃度を x [mol/L] とすれば,

$$1 \times x \times \frac{10}{1000} = 1 \times 0.050 \times \frac{14.6}{1000} \quad \therefore \quad x = \underline{7.3 \times 10^{-2}} \text{ [mol/L]}$$

c [mol/L] の n 価の酸 v [mL] と c' [mol/L] の n' 価の塩基 v' [mL] が完全に中和したとすれば, 次の関係式が成り立つ。

ここがポイント

$$n \times c \times \frac{v}{1000} = n' \times c' \times \frac{v'}{1000}$$

(5) 滴定した試料溶液は, 醸造酢を10倍に希釈(水を加えて溶液の体積を10倍にすること)しているので, 市販の醸造酢の濃度は試料溶液の10倍となる。

　　醸造酢のモル濃度 $= 7.3 \times 10^{-2} \times 10 = 0.73$ [mol/L]

　　醸造酢 V [L] に含まれる酢酸 [mol] $= 0.73 \times V$ [mol]

　　醸造酢 V [L] に含まれる酢酸 [g] $= 0.73 \times V \times 60$ [g]

醸造酢 V [L] の質量は,

$$V \times 10^3 \times 1.01 \text{ [g]}$$

したがって, 求める質量パーセント濃度は,

$$\frac{0.73 \times V \times 60}{V \times 10^3 \times 1.01} \times 100 = 4.33 \fallingdotseq \underline{4.3} \text{ [%]}$$

例題 22

(イ)～(ホ)に対する滴定曲線を図から選び，A－Gのように答えよ。
(Mはmol/Lの略号)

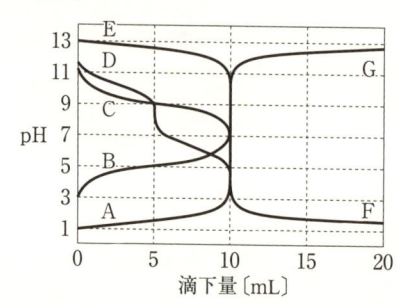

pH 対 滴下量[mL] のグラフ（曲線 A, B, C, D, E, F, G）

(イ) 0.1 M 水酸化ナトリウム水溶液を 0.1 M 塩酸で滴定する。
(ロ) 0.05 M 硫酸を 0.1 M 水酸化ナトリウム水溶液で滴定する。
(ハ) 0.1 M 酢酸を 0.1 M 水酸化ナトリウム水溶液で滴定する。
(ニ) 0.1 M アンモニア水を 0.1 M 塩酸で滴定する。
(ホ) 0.05 M 炭酸ナトリウム水溶液を 0.1 M 塩酸で滴定する。

(大阪大)

解

「○を□で滴定」といえば，コニカルビーカー(または三角フラスコ)に○を入れ，ビュレットから□を滴下する滴定を意味する。

(イ) $NaOH + HCl \longrightarrow NaCl + H_2O$
(ロ) $H_2SO_4 + 2\,NaOH \longrightarrow Na_2SO_4 + 2\,H_2O$
(ハ) $CH_3COOH + NaOH \longrightarrow CH_3COONa + H_2O$
(ニ) $NH_3 + HCl \longrightarrow NH_4Cl$
(ホ) $Na_2CO_3 + HCl \longrightarrow NaCl + NaHCO_3$
　　$NaHCO_3 + HCl \longrightarrow NaCl + H_2O + CO_2$

答 (イ) E－F　(ロ) A－G　(ハ) B－G　(ニ) C－F　(ホ) D－F

ここがポイント
弱酸や弱塩基が関与する滴定曲線の形は覚えよう

例題 23

次の塩の水溶液を pH の小さい順に並べよ。ただし，各水溶液の濃度はいずれも 0.1 mol/L で等しいものとする。

NaCl, NaHSO$_4$, NH$_4$Cl, NaHCO$_3$, Na$_2$CO$_3$

(日大)

解

中和反応では塩が生成するので，滴定の中和点(当量点，終点ともいう)は，溶液がちょうど塩の水溶液になった点である。0.1 mol/L 程度の濃度なら，滴定曲線からわかるように，CH$_3$COONa 水溶液(酢酸と NaOH の中和点)は pH 約 9，NH$_4$Cl 水溶液(アンモニア水と塩酸の中和点)は pH 約 5 である。

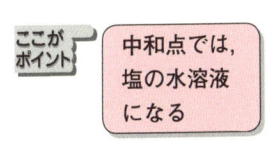

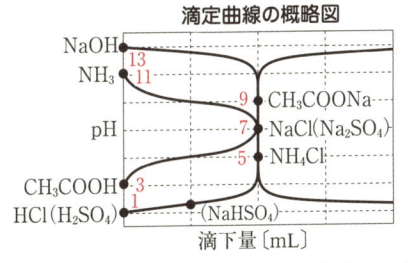

ここがポイント: 中和点では，塩の水溶液になる

滴定曲線の概略図

一般に，中和点付近では pH の変化が大きい。しかし，中和点を 2 つもつ H$_2$SO$_4$ の場合，第 1 中和点の塩である NaHSO$_4$ の水溶液の酸性がかなり強い(pH 値が硫酸と大差ない)ため，第 1 中和点は滴定曲線には表れず，上の図のように，塩酸と区別できない形となる(H$_2$SO$_4$ の物質量を HCl の半分にした場合)。

Na$_2$CO$_3$ の場合は右図のように，2 つの中和点が明瞭に表れた 2 段階の曲線となる。

答 NaHSO$_4$ < NH$_4$Cl < NaCl < NaHCO$_3$ < Na$_2$CO$_3$

例題 24

濃度未知の硫酸アンモニウム水溶液 15 mL に，過剰の濃水酸化ナトリウム水溶液を加えて加熱した。このとき発生した気体をすべて 0.10 mol/L の硫酸 50 mL に吸収させた後，この硫酸水溶液を指示薬Aを用いて 0.10 mol/L の水酸化ナトリウム水溶液で滴定したところ，中和点までに 40 mL を要した。

(1) 指示薬Aとして適切なものを下から選べ。また，それを選んだ理由を記せ。

　　フェノールフタレイン，メチルオレンジ，リトマス

(2) はじめの硫酸アンモニウム水溶液のモル濃度を求めよ。

(自治医大)

解

(1) 指示薬A　メチルオレンジ

この滴定実験では，次の二つの反応が起こっている。

$$H_2SO_4 + 2\,NH_3 \longrightarrow (NH_4)_2SO_4$$
$$H_2SO_4 + 2\,NaOH \longrightarrow Na_2SO_4 + 2\,H_2O$$

この滴定の終点は $(NH_4)_2SO_4$ と Na_2SO_4 の二つの塩の混合溶液になっており，この溶液の液性は酸性である。したがって，酸性側に変色域をもつ指示薬のメチルオレンジを用いなければならない。

(2) 　$(NH_4)_2SO_4 + 2\,NaOH \longrightarrow Na_2SO_4 + 2\,H_2O + 2\,NH_3$

はじめの $(NH_4)_2SO_4$ 水溶液を x [mol/L] とすると，上式より，発生する NH_3 は　$2 \times x \times \dfrac{15}{1000}$ (mol) である。

また，この中和反応の全体図は，下図のようになる。

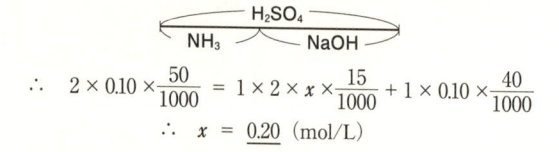

$$\underbrace{\overbrace{}^{H_2SO_4}}_{NH_3 \quad\quad NaOH}$$

∴ $2 \times 0.10 \times \dfrac{50}{1000} = 1 \times 2 \times x \times \dfrac{15}{1000} + 1 \times 0.10 \times \dfrac{40}{1000}$

∴ $x = \underline{0.20}$ (mol/L)

ここがポイント　(酸の価数 × モル)の合計 ＝ (塩基の価数 × モル)の合計

例題 25

水酸化ナトリウムと炭酸ナトリウムの混合水溶液 20 mL にフェノールフタレインを加え，0.10 mol/L の塩酸で滴定すると，<u>イ終点</u>までに 14 mL を要した。ここでメチルオレンジを加えて滴定を続けると，<u>ロ終点</u>までに，さらに 8 mL の塩酸を要した。

(1) 下線部の終点イ，ロにおける溶液の色の変化を記せ。
(2) 14 mL，8 mL の滴定時の反応を，それぞれ化学反応式で記せ。
(3) 混合水溶液に含まれていた水酸化ナトリウムと炭酸ナトリウムの物質量の比を，簡単な整数比で答えよ。　　　　　(東京大)

解

炭酸ナトリウム(Na_2CO_3)だけの水溶液を塩酸で滴定すると，例題 22 の図(69頁)の曲線 D－F のように，2 段階の滴定曲線となる。

これに NaOH が含まれている場合，塩基の強さは $OH^- > CO_3^{2-} > HCO_3^-$ の順であるため，中和は強い塩基から，NaOH，Na_2CO_3，$NaHCO_3$ の順に段階的に進む。したがって，問題の滴定曲線は右のようになる。ここで，右下の図は，滴定による各物質量の変化を表す。

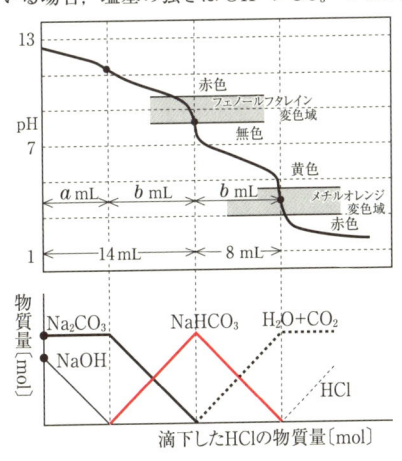

(1) イ　赤色 ⟶ 無色
　　ロ　黄色 ⟶ 赤色
(2) 前半(14 mL) $NaOH + HCl \longrightarrow NaCl + H_2O$
　　　　　　　$Na_2CO_3 + HCl \longrightarrow NaCl + NaHCO_3$
　　後半(8 mL) $NaHCO_3 + HCl \longrightarrow NaCl + H_2O + CO_2$
(3) 塩酸の滴下量より，$NaOH : Na_2CO_3 = a : b = (14-8) : 8 = \underline{3 : 4}$

8 酸化・還元

55. 酸化・還元の定義 下の表の空欄にはいる語句を〈語群〉中より選べ。

	酸素	水素	電子	酸化数
酸化(される)	もらう	(1)	(3)	(5)
還元(される)	失う	(2)	(4)	(6)

〈語群〉 もらう，　失う，　増加，　減少

---

56. 酸化数 下線をつけた元素の酸化数を記せ。

(1) $\underline{O}_2$　　(2) $\underline{Mn}O_2$　　(3) $\underline{Mn}O_4^-$　　(4) $H_2\underline{O}_2$
(5) $Na\underline{H}$　(6) $\underline{S}O_4^{2-}$　(7) $\underline{Cr}_2O_7^{2-}$　(8) $HC\underline{l}O$

> 酸化数は±1，±2……の算用数字で表すが，
> ±Ⅰ，±Ⅱ……のようにローマ数字で表すこともある

---

57. 酸化数の変化と酸化・還元 次の化学反応式中の各元素の酸化数の変化から，酸化・還元を説明せよ。

$$2\,KI\ +\ Cl_2\ \longrightarrow\ 2\,KCl\ +\ I_2$$

解答 ▼ 解説

55. 物質が酸素と化合することを酸化されたといい,物質が酸素を失うことを還元されたという。酸化および還元は酸素だけではなく,水素,電子,酸化数によっても判断することができる。

	酸素	水素	電子	酸化数
酸化（される）	もらう	失う	失う	増加
還元（される）	失う	もらう	もらう	減少

56. 酸化数の決め方
① 単体中の原子の酸化数は0とする。
② 化合物中の酸素の酸化数は−2,水素の酸化数は+1とする（ただし,H_2O_2 のような過酸化物中の酸素の酸化数は−1,NaH のような金属の水素化物中の水素の酸化数は−1 とする）。
③ 化合物中の原子の酸化数の総和は0とする。
④ 単原子イオンの酸化数はそのイオンの価数と等しくする。
⑤ 多原子イオンの原子の酸化数の総和はそのイオンの価数と等しくする。

以上の①〜⑤を考慮すれば,

答 (1) 0　　(2) +4　　(3) +7　　(4) −1
　　(5) −1　　(6) +6　　(7) +6　　(8) +1

57.

　　　　　　　　　還元された
　　　　　　┌─────────┐
　　　2 KI ＋ Cl₂ ─→ 2 KCl ＋ I₂
　　　(−1)　(0)　　　　(−1)　 (0)
　　　　　　└─────────┘
　　　　　　　　　酸化された

KI は Cl_2 により酸化され,Cl_2 は KI により還元された。
（Cl_2 は KI を酸化し,KI は Cl_2 を還元した）

58. 酸化剤・還元剤 次の(1)〜(3)の化学反応式において，酸化剤としてはたらいているものと還元剤としてはたらいているものについて，それぞれ化学式で記せ。

(1) $2H_2S + SO_2 \longrightarrow 2H_2O + 3S$
(2) $2Na + 2H_2O \longrightarrow 2NaOH + H_2$
(3) $Zn + 2H^+ \longrightarrow Zn^{2+} + H_2$

> 酸化剤……自身は還元される(酸化数は減少)
> 還元剤……自身は酸化される(酸化数は増加)

---

59. 酸化剤・還元剤の強さ ヨウ化カリウム水溶液中に塩素を通じたところ，ヨウ素が遊離して，水溶液は褐色に変化した。このことから塩素とヨウ素の酸化力の強さを比較せよ。

> ─── 酸化還元反応式 ───
> 強い酸化剤＋強い還元剤
> 　⟶弱い還元剤＋弱い酸化剤

8 酸化・還元

58. 酸化還元反応において，相手の物質を酸化する物質を**酸化剤**といい，**酸化剤自身は還元される**。また，相手の物質を還元する物質を**還元剤**といい，**還元剤自身は酸化される**。

(1) $\underset{-2}{2H_2S} + \underset{+4}{SO_2} \longrightarrow 2H_2O + \underset{0}{3S}$

　　酸化剤　　SO_2　$(+4 \longrightarrow 0)$
　　還元剤　　H_2S　$(-2 \longrightarrow 0)$

(2) $\underset{0}{2Na} + \underset{+1}{2H_2O} \longrightarrow \underset{+1}{2NaOH} + \underset{0}{H_2}$

　　酸化剤　　H_2O　$(+1 \longrightarrow 0)$
　　還元剤　　Na　$(0 \longrightarrow +1)$

(3) $\underset{0}{Zn} + \underset{+1}{2H^+} \longrightarrow \underset{+2}{Zn^{2+}} + \underset{0}{H_2}$

　　酸化剤　　H^+　$(+1 \longrightarrow 0)$
　　還元剤　　Zn　$(0 \longrightarrow +2)$

---

59. ヨウ化カリウムと塩素が反応すると塩化カリウムとヨウ素が生じる。

$$2KI + Cl_2 \rightleftharpoons 2KCl + I_2$$
$$(-1)\ \ (0)\ \ \ \ \ \ \ \ (-1)\ \ (0)$$

右向きの反応：　酸化剤　Cl_2　　還元剤　KI
左向きの反応：　酸化剤　I_2　　還元剤　KCl

　上の反応からわかるように，酸化還元反応において，酸化剤は還元剤に，還元剤は酸化剤に変化する。一般に，酸化還元反応は，**強い酸化剤と強い還元剤とが反応して，弱い還元剤と弱い酸化剤が生成する方向に進みやすい**。

　上の反応が右向きに進んだことから，酸化力(と還元力)は次のようになる。

答 酸化力　$Cl_2 > I_2$　（還元力　$KI > KCl$）

60. 半電池反応式 酸化剤や還元剤の働きを表す半電池反応式（電子を含むイオン反応式）は，次の①〜④の手順で書くことができる。

① 酸化剤（または還元剤）の変化を書き，両辺の O, H 以外の原子の数が異なる場合は係数で合わせる。

$$Cr_2O_7^{2-} \longrightarrow \boxed{(1)} \ Cr^{3+}$$

② 両辺の O 原子の数が異なる場合は H_2O で合わせる。

$$Cr_2O_7^{2-} \longrightarrow 2\,Cr^{3+} + \boxed{(2)}$$

③ 両辺の H 原子の数が異なる場合は H^+ で合わせる。

$$Cr_2O_7^{2-} + \boxed{(3)} \longrightarrow 2\,Cr^{3+} + 7\,H_2O$$

④ 両辺の電荷を電子で合わせる。

$$Cr_2O_7^{2-} + 14\,H^+ + \boxed{(4)} \longrightarrow 2\,Cr^{3+} + 7\,H_2O$$

酸化剤や還元剤の変化の前後だけを覚えていれば，以上のようにして半電池反応式を書くことができる。次の(5)〜(9)の半電池反応式を完成せよ。

(5)	Cl_2	$\longrightarrow$	Cl^-
(6)	H_2O_2	$\longrightarrow$	H_2O
(7)	MnO_4^-	$\longrightarrow$	Mn^{2+}
(8)	H_2S	$\longrightarrow$	S
(9)	SO_2	$\longrightarrow$	SO_4^{2-}

8 酸化・還元

60. 半電池反応式のつくり方

(1) 2 (2) 7 H_2O (3) 14 H^+ (4) 6 e^-

(5) $Cl_2 + 2e^- \longrightarrow 2Cl^-$

(6) $H_2O_2 + 2H^+ + 2e^- \longrightarrow 2H_2O$

(7) $MnO_4^- + 8H^+ + 5e^- \longrightarrow Mn^{2+} + 4H_2O$

(8) $H_2S \longrightarrow S + 2H^+ + 2e^-$

(9) $SO_2 + 2H_2O \longrightarrow SO_4^{2-} + 4H^+ + 2e^-$

酸化剤	電子を含む反応式
過マンガン酸カリウム（酸性水溶液中の場合）	$MnO_4^- + 8H^+ + 5e^- \longrightarrow Mn^{2+} + 4H_2O$
酸化マンガン(Ⅳ)	$MnO_2 + 4H^+ + 2e^- \longrightarrow Mn^{2+} + 2H_2O$
二クロム酸カリウム	$Cr_2O_7^{2-} + 14H^+ + 6e^- \longrightarrow 2Cr^{3+} + 7H_2O$
希硝酸	$HNO_3 + 3H^+ + 3e^- \longrightarrow NO + 2H_2O$
濃硝酸	$HNO_3 + H^+ + e^- \longrightarrow NO_2 + H_2O$
(熱)濃硫酸	$H_2SO_4 + 2H^+ + 2e^- \longrightarrow SO_2 + 2H_2O$
ハロゲンの単体	$Cl_2 + 2e^- \longrightarrow 2Cl^-$　など
過酸化水素	$H_2O_2 + 2H^+ + 2e^- \longrightarrow 2H_2O$
二酸化硫黄	$SO_2 + 4H^+ + 4e^- \longrightarrow S + 2H_2O$

還元剤	電子を含む反応式
金属の単体	$Na \longrightarrow Na^+ + e^-$　など
硫化水素	$H_2S \longrightarrow S + 2H^+ + 2e^-$
二酸化硫黄	$SO_2 + 2H_2O \longrightarrow SO_4^{2-} + 4H^+ + 2e^-$
シュウ酸	$(COOH)_2 \longrightarrow 2CO_2 + 2H^+ + 2e^-$
鉄(Ⅱ)イオン	$Fe^{2+} \longrightarrow Fe^{3+} + e^-$
ハロゲン化物イオン	$2I^- \longrightarrow I_2 + 2e^-$　など
過酸化水素	$H_2O_2 \longrightarrow O_2 + 2H^+ + 2e^-$

表の太字の部分だけ覚えれば、反応式が全部書けるようになるんだよ。

61. 酸化還元反応式

酸化剤と還元剤の半電池反応式を組み合わせれば，次の①によってイオン反応式が書け，さらに②によってイオン式を含まない化学反応式が書ける。

過酸化水素 H_2O_2 と過マンガン酸カリウム $KMnO_4$ の硫酸酸性下での反応を考える。H_2O_2 は $KMnO_4$ に対しては還元剤として働くので，半電池反応式はそれぞれ，

$$H_2O_2 \longrightarrow O_2 + 2H^+ + 2e^- \quad \cdots (i)$$
$$MnO_4^- + 8H^+ + 5e^- \longrightarrow Mn^{2+} + 4H_2O \quad \cdots (ii)$$

① **両辺の電子 e^- が消去されるように，二つの式を足し合わせる。**

(i)×5 + (ii)×2 より，

$$5H_2O_2 + 2MnO_4^- + \boxed{(1)}H^+ \longrightarrow 5O_2 + 2Mn^{2+} + 8H_2O$$

② **左辺（反応物）のイオンの相手になっていたイオンを両辺に加える。**

MnO_4^- の相手は K^+，H^+ の相手は SO_4^{2-}（硫酸酸性）であったから，

$$5H_2O_2 + 2KMnO_4 + \boxed{(2)} \longrightarrow 5O_2 + 2MnSO_4 + 8H_2O + \boxed{(3)}$$

次の酸化剤と還元剤の反応を化学反応式で記せ。

(4) H_2O_2 と KI	（硫酸酸性）
(5) $KMnO_4$ と $(COOH)_2$	（硫酸酸性）

62. 酸化剤・還元剤の量的関係

$0.20\,mol/L$ の過マンガン酸カリウム $KMnO_4$ の硫酸酸性溶液 $10\,mL$ と完全に反応するシュウ酸二水和物 $(COOH)_2 \cdot 2H_2O$（式量 126）は何 g か。

61. 酸化還元反応式は，酸化剤と還元剤の半電池反応式をつくり，e^- を消去した後，適切な陽イオンと陰イオンを組み合わせてつくることができる。

(1) 6　(2) $3H_2SO_4$　(3) K_2SO_4

(4) 酸化剤　$H_2O_2 + 2H^+ + 2e^- \longrightarrow 2H_2O$　……①
　　還元剤　$2I^- \longrightarrow I_2 + 2e^-$　……②
　①＋②より，
　　$H_2O_2 + 2H^+ + 2I^- \longrightarrow 2H_2O + I_2$
　両辺に $2K^+$，SO_4^{2-} をそれぞれ加えて，
　　$H_2O_2 + H_2SO_4 + 2KI \longrightarrow 2H_2O + I_2 + K_2SO_4$

(5) 酸化剤　$MnO_4^- + 8H^+ + 5e^- \longrightarrow Mn^{2+} + 4H_2O$　……③
　　還元剤　$(COOH)_2 \longrightarrow 2CO_2 + 2H^+ + 2e^-$　……④
　③×2＋④×5より，
　　$2MnO_4^- + 6H^+ + 5(COOH)_2 \longrightarrow 2Mn^{2+} + 8H_2O + 10CO_2$
　両辺に $2K^+$，$3SO_4^{2-}$ をそれぞれ加えて，
　　$2KMnO_4 + 3H_2SO_4 + 5(COOH)_2$
　　　$\longrightarrow 2MnSO_4 + 8H_2O + 10CO_2 + K_2SO_4$

62. 過マンガン酸カリウムとシュウ酸の反応は 前問の(5)より，次のようになる。
　　$2MnO_4^- + 6H^+ + 5(COOH)_2 \longrightarrow 2Mn^{2+} + 8H_2O + 10CO_2$
　上の反応式より，$KMnO_4$ と $(COOH)_2 \cdot 2H_2O$ は 2：5 の物質量比で過不足なく反応することがわかる。
　反応するシュウ酸二水和物の質量を x〔g〕とすると，
$$KMnO_4 : (COOH)_2 \cdot 2H_2O = 0.20 \times \frac{10}{1000} : \frac{x}{126} = 2 : 5$$
$$x = \underline{0.63}\ (g)$$

例題 26

次の(1)～(7)に示す物質(化合物またはイオン)の変化において、下線の原子の酸化数の変化を示し、この原子が酸化されたか還元されたかを答えよ。

(1) K₂<u>Cr</u>₂O₇ ⟶ <u>Cr</u>₂(SO₄)₃
(2) <u>Mn</u>O₂ ⟶ <u>Mn</u>²⁺
(3) <u>N</u>H₃ ⟶ <u>N</u>O₂
(4) <u>S</u>O₄²⁻ ⟶ <u>S</u>O₂
(5) H₂<u>O</u>₂ ⟶ H₂<u>O</u>
(6) H₂<u>O</u>₂ ⟶ <u>O</u>₂
(7) <u>S</u>O₂ ⟶ <u>S</u>

(静岡大)

解

(1) K₂<u>Cr</u>₂O₇ ⟶ <u>Cr</u>₂(SO₄)₃　還元された
　　　+6　　　　　+3

(2) <u>Mn</u>O₂ ⟶ <u>Mn</u>²⁺　還元された
　　+4　　　　+2

(3) <u>N</u>H₃ ⟶ <u>N</u>O₂　酸化された
　　-3　　　　+4

(4) <u>S</u>O₄²⁻ ⟶ <u>S</u>O₂　還元された
　　+6　　　　+4

(5) H₂<u>O</u>₂ ⟶ H₂<u>O</u>　還元された
　　-1　　　　-2

(6) H₂<u>O</u>₂ ⟶ <u>O</u>₂　酸化された
　　-1　　　　0

(7) <u>S</u>O₂ ⟶ <u>S</u>　還元された
　　+4　　　　0

ここがポイント

酸化数が増加 ⟶ 酸化された（還元剤）
酸化数が減少 ⟶ 還元された（酸化剤）

例題 27

酸性の水溶液中で，次の(ア)〜(ウ)の酸化還元反応が起こる。

(ア) 硫酸鉄(Ⅱ)の水溶液に過酸化水素水を加えると，鉄(Ⅱ)イオンは鉄(Ⅲ)イオンに変化する。

(イ) ヨウ化カリウムの水溶液に過酸化水素水を加えると，ヨウ化物イオンはヨウ素に変化する。

(ウ) ヨウ化カリウムの水溶液に硫酸鉄(Ⅲ)の水溶液を加えると，鉄(Ⅲ)イオンは鉄(Ⅱ)イオンに，ヨウ化物イオンはヨウ素に変化する。

(ア)〜(ウ)の反応から，鉄(Ⅲ)イオン(Fe^{3+})，過酸化水素(H_2O_2)，ヨウ素(I_2)の酸化剤としての強さの順序を知ることができる。Fe^{3+}, H_2O_2, I_2 が酸化剤としての強さの順に正しく並べられているものを，次の①〜⑥のうちから一つ選べ。

① $Fe^{3+} > H_2O_2 > I_2$ ② $Fe^{3+} > I_2 > H_2O_2$
③ $H_2O_2 > Fe^{3+} > I_2$ ④ $H_2O_2 > I_2 > Fe^{3+}$
⑤ $I_2 > H_2O_2 > Fe^{3+}$ ⑥ $I_2 > Fe^{3+} > H_2O_2$

(センター試験)

解

酸化還元反応において，強い酸化剤と強い還元剤が反応して，弱い還元剤と弱い酸化剤を生成する方向に反応は進みやすいので，(ア), (イ), (ウ)の記述より酸化剤の強さが比較できる。

(ア)より　　$H_2O_2 > Fe^{3+}$

(イ)より　　$H_2O_2 > I_2$

(ウ)より　　$Fe^{3+} > I_2$

以上より　　$H_2O_2 > Fe^{3+} > I_2$　　∴　③

ここがポイント

| 強い酸化剤 | → | 弱い還元剤 |
| 強い還元剤 | 反応の進む方向 | 弱い酸化剤 |

例題 28

過酸化水素の水溶液はオキシドールとよばれ，消毒，殺菌などに用いられる。これは，(a) 過酸化水素の酸化作用を利用したものである。硫酸酸性下で，過酸化水素はヨウ化カリウムのような還元剤に対して酸化剤として働き，次のように変化する。

$$H_2O_2 + H_2SO_4 + 2KI \longrightarrow \boxed{A}$$

しかし，過マンガン酸カリウムに対しては(b) 過酸化水素は還元剤として働き，次のように変化する。

$$2KMnO_4 + 3H_2SO_4 + 5H_2O_2 \longrightarrow \boxed{B}$$

(1) 下線部(a), (b)のように，過酸化水素が酸化剤として働く場合，還元剤として働く場合について，それぞれ電子授受を含むイオン反応式で示せ。

(2) $\boxed{A}$, $\boxed{B}$ をうめて，化学反応式を完成せよ。

(3) 密度 1.0 g/mL の過酸化水素水 2.0 mL を，0.050 mol/L の過マンガン酸カリウム水溶液を用い，硫酸酸性下で滴定したところ 13.0 mL を要した。この過酸化水素水の質量パーセント濃度を求めよ。数値は四捨五入により，小数点以下 1 位まで求めよ。また，この滴定の終点の判定法について説明せよ。

ただし，原子量は H = 1.0, O = 16 とする。　　　　（防衛大）

解

(1) (a) H_2O_2 が酸化剤として働く場合

$$H_2O_2 + 2H^+ + 2e^- \longrightarrow 2H_2O \quad\cdots\cdots\cdots①$$

(b) H_2O_2 が還元剤として働く場合

$$H_2O_2 \longrightarrow O_2 + 2H^+ + 2e^- \quad\cdots\cdots\cdots②$$

(2) $\boxed{A}$　I^- は H_2O_2 に対して還元剤として働くので，

$$2I^- \longrightarrow I_2 + 2e^- \quad\cdots\cdots\cdots③$$

①＋③より

$$H_2O_2 + 2H^+ + 2I^- \longrightarrow 2H_2O + I_2$$

∴ $H_2O_2 + H_2SO_4 + 2KI \longrightarrow \mathbf{2H_2O + I_2 + K_2SO_4}$

8 酸化・還元

B MnO_4^- は H_2O_2 に対して酸化剤として働くので，

$$MnO_4^- + 8H^+ + 5e^- \longrightarrow Mn^{2+} + 4H_2O \quad \cdots\cdots\cdots ④$$

②×5 + ④×2 より，

$$2MnO_4^- + 6H^+ + 5H_2O_2 \longrightarrow 2Mn^{2+} + 8H_2O + 5O_2$$

$$\therefore \quad 2KMnO_4 + 3H_2SO_4 + 5H_2O_2$$
$$\longrightarrow 2MnSO_4 + 8H_2O + 5O_2 + K_2SO_4$$

(3) 過酸化水素水の濃度を x [mol/L] とすると，$KMnO_4$ は5価の酸化剤，H_2O_2 は2価の還元剤であるので，

$$5 \times 0.050 \times \frac{13.0}{1000} = 2 \times x \times \frac{2.0}{1000}$$

$$x = 0.8125 \text{ (mol/L)}$$

〈別解〉 過酸化水素水の濃度を x [mol/L] とすると，(2)の **B** の反応式より，

$$KMnO_4 : H_2O_2 = 2 : 5 = 0.050 \times \frac{13.0}{1000} : x \times \frac{2.0}{1000}$$

$$x = 0.8125 \text{ (mol/L)}$$

C [mol/L] の n 価の酸化剤 v [mL] と C' [mol/L] の n' 価の還元剤 v' [mL] が完全に反応したとすれば，次の関係式が成り立つ。

ここがポイント

$$n \times C \times \frac{v}{1000} = n' \times C' \times \frac{v'}{1000}$$

$H_2O_2 = 34$ より，この過酸化水素水 1 L(1000 mL)について，質量パーセント濃度を計算すると，

$$\frac{34 \times 0.8125}{1.0 \times 1000} \times 100 = \underline{2.76} \text{ (\%)}$$

また，$KMnO_4$ を用いた滴定では「滴下した MnO_4^- の赤紫色が消えなくなり，わずかに赤味をおびたところ」を終点とする。

ここがポイント

価数×酸化剤の物質量〔mol〕
　　　　= 価数×還元剤の物質量〔mol〕

酸化剤と還元剤の価数は1分子（またはイオン）中に含まれる原子の酸化数の総変化数で表される。

9 　電　池

63. 金属のイオン化傾向　単体の金属の原子が水溶液中で電子を放って陽イオンになる傾向を金属の 1 という。おもな金属と水素について 1 の大きいものから順に並べたものを，金属の 2 という。

Li K Ba Sr Ca Na Mg Al Zn Fe Ni Sn Pb (H₂) Cu Hg Ag Pt Au
理科 ばするかな，ま あ あてにすな，ひ ど すぎる借金

64. 金属の単体と陽イオン　次の(1)～(3)の操作を行ったときに起こる変化をイオン反応式で記せ。

(1) 硫酸銅(Ⅱ)水溶液に亜鉛を入れる。
(2) 硝酸銀水溶液に銅を入れる。
(3) 希硫酸にマグネシウムを入れる。

65. 電池　酸化還元反応に伴う電子の移動を電流として取り出す装置を 1 といい，酸化反応が起こる極を 2 ，還元反応が起こる極を 3 という。一般に，イオン化傾向の異なる金属を導線でつないで電解質溶液に浸すと，イオン化傾向の大きい金属は 4 極，イオン化傾向の小さい金属は 5 極となる。

解答 ▼ 解説

63. 金属が陽イオンとなって水溶液中に溶け出す傾向を金属の**イオン化傾向**といい，イオン化傾向の大きな金属ほど電子を失って陽イオンになりやすく酸化されやすい。また，いろいろな金属をイオン化傾向の大きいものから順に並べたものを，金属の**イオン化列**という。

―――――― 金属のイオン化列 ――――――
Li K Ba Sr Ca Na Mg Al Zn Fe Ni Sn Pb (H$_2$) Cu Hg Ag Pt Au

答 (1) イオン化傾向　(2) イオン化列

---

64. イオン化傾向の小さい金属の金属イオンの水溶液中に，イオン化傾向の大きい金属の単体を入れると，イオン化傾向の大きい金属の単体は酸化されて陽イオンになり，イオン化傾向の小さい金属の金属イオンは還元されて単体になる。

答 (1) $Cu^{2+} + Zn \longrightarrow Cu + Zn^{2+}$
(2) $2Ag^+ + Cu \longrightarrow 2Ag + Cu^{2+}$
(3) $2H^+ + Mg \longrightarrow H_2 + Mg^{2+}$

65.

―――――― 電　池 ――――――
負極……酸化反応
　　　　イオン化傾向が大きい金属
正極……還元反応
　　　　イオン化傾向が小さい金属

答 (1) 電池　(2) 負極　(3) 正極　(4) 負　(5) 正

― 85 ―

66. ダニエル電池 素焼き板を隔てて，銅板を硫酸銅(Ⅱ)の水溶液に浸したものと，亜鉛板を硫酸亜鉛の水溶液に浸したものを組み合わせたダニエル電池の構成は，次のように表すことができる。

$$(-)\ Zn\ |\ ZnSO_4\ aq\ |\ CuSO_4\ aq\ |\ Cu\ (+)$$

このダニエル電池の各極の反応と，全体の反応をそれぞれ記せ。

67. 燃料電池 水素やメタノールなどの燃料と酸素を用いて，負極で酸化，正極で還元を起こし，この酸化還元反応のエネルギーを電気エネルギーとして取り出す装置を燃料電池という。負極に水素，正極に酸素，電解質にリン酸水溶液，電極にはPtを添加した炭素板を用いた燃料電池の構成は，次のように表すことができる。

$$(-)\ (Pt)H_2\ |\ H_3PO_4\ aq\ |\ O_2(Pt)\ (+)$$

この燃料電池の各極の反応と，全体の反応をそれぞれ記せ。

> **アルカリ型も原理は同じ**
> (−)　$H_2 + 2\,OH^- \longrightarrow 2\,H_2O + 2\,e^-$
> (+)　$O_2 + 2\,H_2O + 4\,e^- \longrightarrow 4\,OH^-$
> **全体の反応は**
> 　　　$2\,H_2 + O_2 \longrightarrow 2\,H_2O$

9 電池

66. 亜鉛板を浸した硫酸亜鉛水溶液と銅板を浸した硫酸銅(Ⅱ)水溶液とを，素焼き板で仕切ってつくった電池を**ダニエル電池**という。

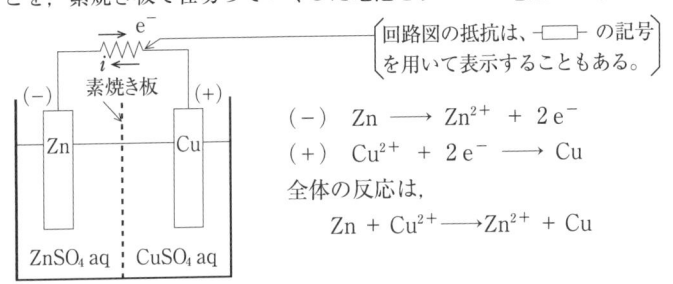

（回路図の抵抗は、▭ の記号を用いて表示することもある。）

$(-)$ $Zn \longrightarrow Zn^{2+} + 2e^-$
$(+)$ $Cu^{2+} + 2e^- \longrightarrow Cu$
全体の反応は，
$$Zn + Cu^{2+} \longrightarrow Zn^{2+} + Cu$$

ダニエル電池では正極から気体の水素 H_2 が発生しないので，大きな分極は起こらない。また，電子 e^- は外部の導線を負極から正極へ，電流 i は正極から負極へ流れる。

---

67. 水素-酸素燃料電池では，負極で水素の酸化反応が起こり，正極では酸素の還元反応が起こる。この負極と正極の反応を一つにまとめると，次のように水の生成式となる。

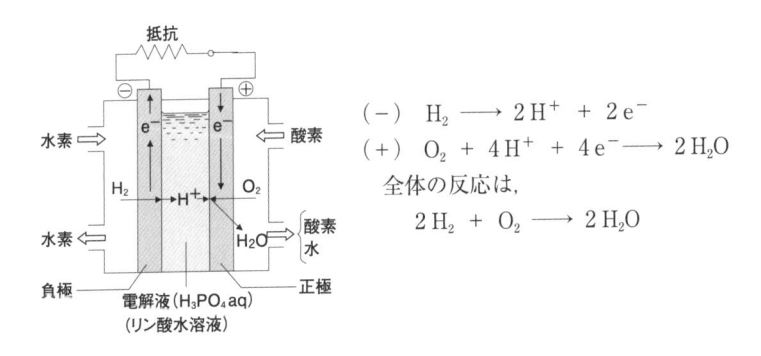

$(-)$ $H_2 \longrightarrow 2H^+ + 2e^-$
$(+)$ $O_2 + 4H^+ + 4e^- \longrightarrow 2H_2O$
全体の反応は，
$$2H_2 + O_2 \longrightarrow 2H_2O$$

燃料として炭化水素などを用いると，地球の温暖化で問題になっている二酸化炭素が発生するが，水素を燃料とすると水が生じるので，クリーンなエネルギー源としてこの燃料電池は注目されている。

68。 **マンガン乾電池** 電池の電解液をペースト状に固めて携帯用につくられた実用電池を乾電池という。よく使用されるマンガン乾電池の構成を下に示した。マンガン乾電池を放電したときに負極で起こる変化を記せ。

$$(-) \; Zn \; | \; ZnCl_2\,aq, \; NH_4Cl\,aq \; | \; MnO_2, \; C \; (+)$$

(−) ☐
(+) $MnO_2 + NH_4^+ + e^- \longrightarrow MnO(OH) + NH_3$

69。 **鉛蓄電池** 鉛蓄電池は正極に酸化鉛(Ⅳ)PbO_2,負極に鉛 Pb,電解液に希硫酸を用いたもので,起電力は約 2.1 V である。下に示した鉛蓄電池の構成を参考に,負極と正極で起こる変化を記せ。

$$(-) \; Pb \; | \; H_2SO_4\,aq \; | \; PbO_2 \; (+)$$

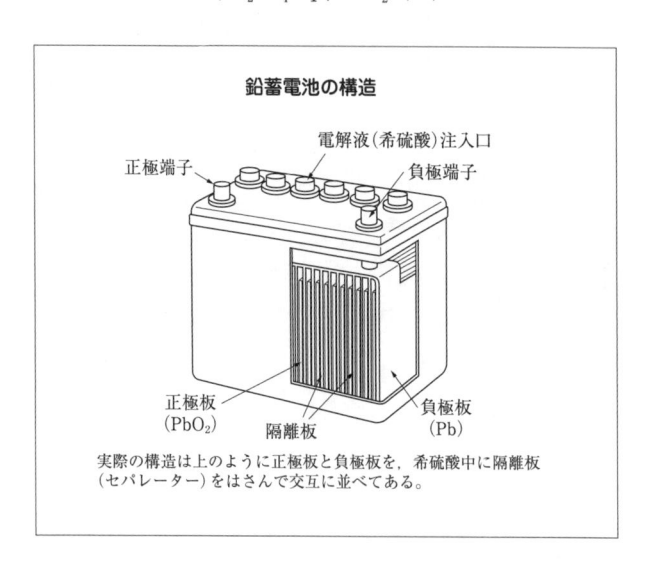

鉛蓄電池の構造

実際の構造は上のように正極板と負極板を,希硫酸中に隔離板(セパレーター)をはさんで交互に並べてある。

9 電池

68. マンガン乾電池の亜鉛容器は負極となり酸化され，正極では酸化マンガン(Ⅳ)が還元される。

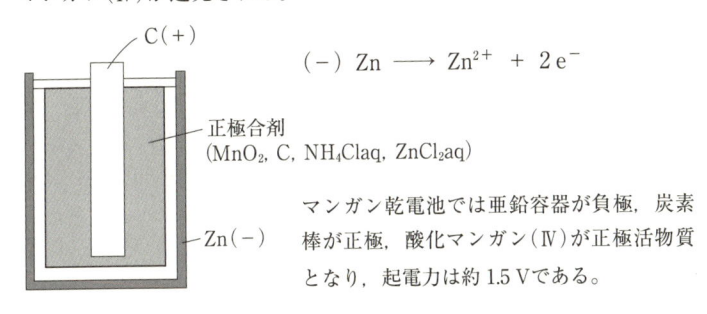

C(+)

正極合剤
(MnO_2, C, NH_4Claq, $ZnCl_2aq$)

Zn(−)

$(-)\ Zn \longrightarrow Zn^{2+} + 2e^-$

マンガン乾電池では亜鉛容器が負極，炭素棒が正極，酸化マンガン(Ⅳ)が正極活物質となり，起電力は約 1.5 V である。

69. 鉛蓄電池は代表的な**二次電池**で，希硫酸に鉛の極と酸化鉛(Ⅳ)(二酸化鉛)の極を浸した電池である。

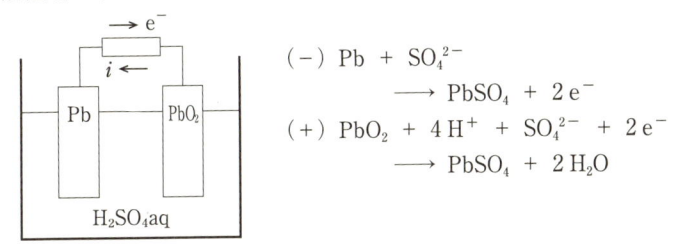

→ e^-
i

Pb　PbO_2

H_2SO_4aq

$(-)\ Pb + SO_4^{2-} \longrightarrow PbSO_4 + 2e^-$

$(+)\ PbO_2 + 4H^+ + SO_4^{2-} + 2e^- \longrightarrow PbSO_4 + 2H_2O$

鉛蓄電池を放電すると，両極の表面に硫酸鉛(Ⅱ)が生じ，電解液の硫酸の濃度は小さくなり起電力が低下する。この鉛蓄電池の負極・正極を，外部電源の負極・正極にそれぞれ接続し充電すると，元の状態にもどる。

> **放電**……電池から電流を取り出すこと
> **充電**……外部から電流を流して放電の逆反応(電気分解)を起こすこと

$$Pb + PbO_2 + 2H_2SO_4 \underset{充電}{\overset{放電}{\rightleftarrows}} 2PbSO_4 + 2H_2O$$

> **一次電池**……充電できない電池
> **二次電池**……充電して繰り返し使用できる電池

例題 29

表面をきれいにした鉄板と銅板を用いて,実験1,2を行った。次の問に答えよ。ただし,原子量は Fe = 55.8, Cu = 63.5 とする。

〈実験1〉あらかじめ質量をはかっておいた鉄板を希硫酸に浸したところ,気体の発生を伴って鉄板が溶け始めた。一定時間後,鉄板を取り出したあとの酸性水溶液を 0.020 mol/L の過マンガン酸カリウム水溶液で滴定したところ,滴下量は 10 mL であった。

〈実験2〉硫酸亜鉛と硫酸銅(Ⅱ)の混合溶液に,あらかじめ質量をはかっておいた鉄板を一定時間浸しておいたところ,鉄板の質量は 0.0154 g だけ増加していた。

(1) 実験1の気体の発生と鉄の溶解をそれぞれイオン反応式で示せ。
(2) 実験1で鉄板ははじめの質量から何 g 減少したか。
(3) 実験2で鉄板上で起こる2つの反応をイオン反応式で記せ。
(4) 実験2で鉄板の質量増加は電子何 mol の反応に相当するか。

(長崎大)

解

(1) 気体発生　$2H^+ + 2e^- \longrightarrow H_2$
　　鉄の溶解　$Fe \longrightarrow Fe^{2+} + 2e^-$

(2) 溶解した Fe を x [mol] とすると,Fe^{2+} は x [mol] 存在し,これを $KMnO_4$ で滴定したことになる。Fe^{2+} は1価の還元剤,$KMnO_4$ は5価の酸化剤であるので,

$$5 \times 0.020 \times \frac{10}{1000} = 1 \times x \quad \therefore \; x = 1.0 \times 10^{-3} \text{ (mol)}$$

これを質量にすると,

$$1.0 \times 10^{-3} \times 55.8 = 5.58 \times 10^{-2} \fallingdotseq \underline{5.6 \times 10^{-2}} \text{ (g)}$$

(3) 鉄板上で,Fe の酸化反応と Cu^{2+} の還元反応が同時に起こる。

$$Fe \longrightarrow Fe^{2+} + 2e^-$$
$$Cu^{2+} + 2e^- \longrightarrow Cu$$

(4) (3)より,電子 2 mol で Fe が 1 mol つまり 55.8 g が消失し,Cu が 1 mol つまり 63.5 g が生成する。よって,電子 1 mol あたりの増加量は,

$$\frac{1}{2} \times (63.5 - 55.8) = 3.85 \text{ (g)}$$

$$\therefore \; \frac{0.0154}{3.85} = \underline{4.0 \times 10^{-3}} \text{ (mol)}$$

例題 30

金属板 2 枚を希硫酸につけて，図のように電池を組み立てた。A 極には白金を用いた。原子量は Zn = 65.4, ファラデー定数は 9.65×10^4 C/mol として次の問に答えよ。

(1) B 極の金属として銅, スズ, 銀, 亜鉛, 鉛を使用したところ, 亜鉛のときに最も大きい起電力が得られた。その理由を 20 字以内で記せ。

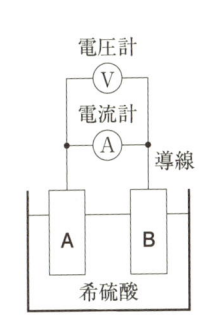

(2) A 極では気体が発生し, B 極では亜鉛の質量が減少した。電流は時間とともに徐々に小さくなったが, 5 分間で亜鉛の減少量は 19.62 mg であった。このとき, A 極で発生した気体の標準状態での体積〔mL〕, および 5 分間の平均の電流値〔アンペア〕を求めよ。

(九州大)

解

(1) 亜鉛のイオン化傾向が最も大きいから。(18字)

(2) 流れた電子の物質量は, Zn ⟶ Zn²⁺ + 2 e⁻ より,

$$\frac{19.62 \times 10^{-3}}{65.4} \times 2 = 6.00 \times 10^{-4} \text{ (mol)}$$

A 極では次のように水素が発生する。

$$2 H^+ + 2 e^- \longrightarrow H_2$$

∴ $\frac{1}{2} \times 22.4 \times 10^3 \times 6.00 \times 10^{-4} = \underline{6.72}$ (mL)

5 分間の平均の電流値を i 〔アンペア〕とすると,

$$i \times 5 \times 60 = 6.00 \times 10^{-4} \times 9.65 \times 10^4$$
$$i = \underline{0.193} \text{ (アンペア)}$$

ここがポイント　電気量〔C〕= 電流〔アンペア〕× 時間〔秒〕

例題 31

燃料電池はクリーンなエネルギー源として宇宙船や自動車などで利用され、注目されている。右図の燃料電池では、電解液に水素イオン源としてリン酸水溶液を用い、十分量の酸素と水素が白金触媒をつけた多孔質電極をへだてて、電解液と接触している。ファラデー定数を 9.65×10^4 C/mol として、次の各問に答えよ。計算値は有効数字2桁で答えよ。

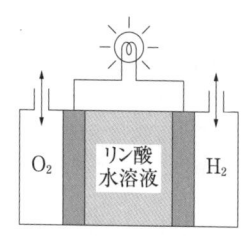

図 燃料電池の模式図

(1) 図の燃料電池の負極と正極のイオン反応式を記せ。

(2) 図の燃料電池の性能を測定すると、電圧 1.0 V と出力 12 W (ワット) が得られた。Wは以下のように定義される。

$$W = A(アンペア) \times V = J(ジュール)/秒$$

この燃料電池を5分間使うと何Jの電気エネルギーが得られるか。また、このとき何 mol の水素が消費されるか。

(3) 図の燃料電池で水素 1 mol が反応して得られる電気エネルギーは、水素の燃焼熱 286 kJ/mol の何 % か。　　　(千葉大)

解

(1) 負極で H_2 の酸化反応、正極で O_2 の還元反応が起こる。

$(-)\ H_2 \longrightarrow 2H^+ + 2e^-$

$(+)\ O_2 + 4H^+ + 4e^- \longrightarrow 2H_2O$

(2) 得られる電流 i [A] は、$A \times V = W$ より

$i \times 1.0 = 12$　∴ $i = 12$ (A)

J = W×秒より、$12 \times 5 \times 60 = \underline{3.60 \times 10^3}$ (J)

e^- の mol $= \dfrac{A \times 秒}{9.65 \times 10^4} = \dfrac{12 \times 5 \times 60}{9.65 \times 10^4} = 3.73 \times 10^{-2}$ (mol)

H_2 の mol は e^- の $\dfrac{1}{2}$ なので、$3.73 \times 10^{-2} \times \dfrac{1}{2} = \underline{1.86 \times 10^{-2}}$ (mol)

(3) H_2 1 mol の電気エネルギーは(2)より、$\dfrac{3.60 \times 10^3 \times 10^{-3}}{1.86 \times 10^{-2}} = 193.5$ (kJ/mol)

$\dfrac{193.5}{286} \times 100 = 67.6$ (%)　∴ $\underline{6.8 \times 10}$ (%)

例題 32

鉛蓄電池に関して、下記の各問に答えよ。

(1) 鉛蓄電池の簡略化した構造を図示せよ。図には主要部分の名称とそれを構成する物質の化学式を記せ。

(2) 放電と充電の過程はどのような可逆反応式で表されるか。化学反応式を書け。

(3) この蓄電池を10 A（アンペア）の電流で1時間使用したとき、負極における質量の変化は何gの増加または減少になるか。有効数字3桁まで求めよ。ただし、原子量はH = 1.0、O = 16、S = 32、Pb = 207とし、ファラデー定数は9.65×10^4 C/molとする。

(早稲田大)

解

(1)

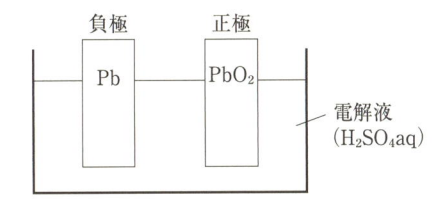

```
     負極           正極
    ┌─────┐     ┌─────┐
    │ Pb  │     │PbO_2│
    └─────┘     └─────┘
         電解液
       (H_2SO_4 aq)
```

(2) 鉛蓄電池は代表的な二次電池で、充電して繰り返し使用できる。

$$\text{Pb} + \text{PbO}_2 + 2\,\text{H}_2\text{SO}_4 \underset{\text{充電}}{\overset{\text{放電}}{\rightleftharpoons}} 2\,\text{PbSO}_4 + 2\,\text{H}_2\text{O}$$

(3) 流れた電子の物質量は、

$$\frac{10 \times 60 \times 60}{9.65 \times 10^4} = 0.373 \text{ (mol)}$$

鉛蓄電池の負極は2 molの電子の移動によって1 molのSO_4の分、つまり96 g質量が増加するので、

$$\frac{1}{2} \times 96 \times 0.373 = 17.9 \text{ (g)} \qquad \therefore \quad \underline{1.79 \times 10 \text{ (g) 増加}}$$

ここがポイント

> 1 molの電子の放電における、鉛蓄電池の質量変化
> 負極：+48(g)、正極：+32(g)
> 電解液：−80(= −98 + 18) (g)

10　電気分解

70. 電気分解の反応　陰極とは電池の[1]極につながれた電極で，電子が導線から流れ込むので，[2]反応が起こる。一方，陽極とは電池の[3]極につながれた電極で，電子が導線へ流れ出すので，[4]反応が起こる。

> 電源の正極につないだ電極……陽極⊕（酸化反応）
> 電源の負極につないだ電極……陰極⊖（還元反応）

71. 水溶液の電気分解　白金電極を用いた電解質水溶液の電気分解に関して下表の空欄を埋めよ。

電解質	電極で起こる変化の反応式	
	陰極⊖	陽極⊕
$CuCl_2$	$Cu^{2+} + 2e^- \longrightarrow Cu$	$2Cl^- \longrightarrow Cl_2 + 2e^-$
NaOH	$\longrightarrow$	$\longrightarrow$
H_2SO_4	$\longrightarrow$	$\longrightarrow$
NaCl	$\longrightarrow$	$\longrightarrow$
$AgNO_3$	$\longrightarrow$	$\longrightarrow$

> 陽極sun化（酸化）
>
> 陰極は陰（還元）

解答 ▼ 解説

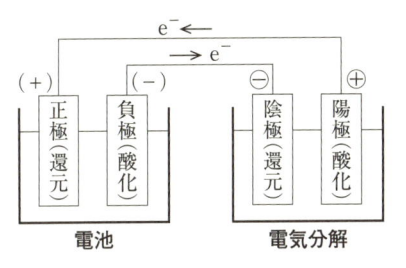

70.

```
              e⁻ ←
           → e⁻
   (+) (-)        ⊖    ⊕
  ┌正┐┌負┐      ┌陰┐┌陽┐
  │極││極│      │極││極│
  │ ││ │      │ ││ │
  │還││酸│      │還││酸│
  │元││化│      │元││化│
  └─┘└─┘      └─┘└─┘
    電池            電気分解
```

上図のように，電池と電気分解での「酸化」反応および「還元」反応が逆になっていることに注意しよう。

答 (1) 負　(2) 還元　(3) 正　(4) 酸化

71. 水溶液を白金電極で電気分解するとき，陰極では Cu^{2+} や Ag^+ のようなイオン化傾向の小さい金属の陽イオンが還元されて金属が析出する。Na^+ や Al^{3+} のようなイオン化傾向の大きな金属の陽イオンのときは**水が還元されて水素が発生**する。陽極では Cl^- や Br^- のように酸化されやすい陰イオンが酸化されて単体が生成する。酸化されにくい SO_4^{2-} や NO_3^- のときは**水が酸化されて酸素が発生**する。

電解質	電極で起こる変化の反応式	
	陰極 ⊖	陽極 ⊕
$CuCl_2$	$Cu^{2+} + 2e^- \longrightarrow Cu$	$2Cl^- \longrightarrow Cl_2 + 2e^-$
$NaOH$	$2H_2O + 2e^- \longrightarrow H_2 + 2OH^-$	$4OH^- \longrightarrow O_2 + 2H_2O + 4e^-$
H_2SO_4	$2H^+ + 2e^- \longrightarrow H_2$	$2H_2O \longrightarrow O_2 + 4H^+ + 4e^-$
$NaCl$	$2H_2O + 2e^- \longrightarrow H_2 + 2OH^-$	$2Cl^- \longrightarrow Cl_2 + 2e^-$
$AgNO_3$	$Ag^+ + e^- \longrightarrow Ag$	$2H_2O \longrightarrow O_2 + 4H^+ + 4e^-$

電気分解
陽極……酸化反応
陰極……還元反応

72. 電極の酸化 次の水溶液を，陽極および陰極に（　）内の電極を用いて電気分解したときの，陽極，陰極で起こる変化をそれぞれイオン反応式で記せ。

(1) $CuSO_4$ 水溶液　（Cu 電極）
(2) $AgNO_3$ 水溶液　（Ag 電極）

> ─陽極溶解─
> 銅の電解精錬は陽極溶解を利用している

73. ファラデーの法則 次の(1)〜(5)の物質をそれぞれ 0.10 mol 発生または析出させるのに必要な電気量は何 C か。ただし，ファラデー定数は 9.65×10^4 C/mol とする。

(1) 水素
(2) 酸素
(3) 塩素
(4) 銅
(5) 銀

> ─ファラデー定数─
> 電子 1 mol あたりの電気量の絶対値をファラデー定数という
> $$F = 9.65 \times 10^4 \text{ C/ mol}$$

10 電気分解

72. 電気分解の電極は安定な白金 Pt や炭素 C を用いることが多いが，銅 Cu や銀 Ag などを用いると，電極自身が酸化され陽イオンとなり，電解液に溶解していく。

(1) ⊕ $Cu \longrightarrow Cu^{2+} + 2e^-$　　⊖ $Cu^{2+} + 2e^- \longrightarrow Cu$

(2) ⊕ $Ag \longrightarrow Ag^+ + e^-$　　⊖ $Ag^+ + e^- \longrightarrow Ag$

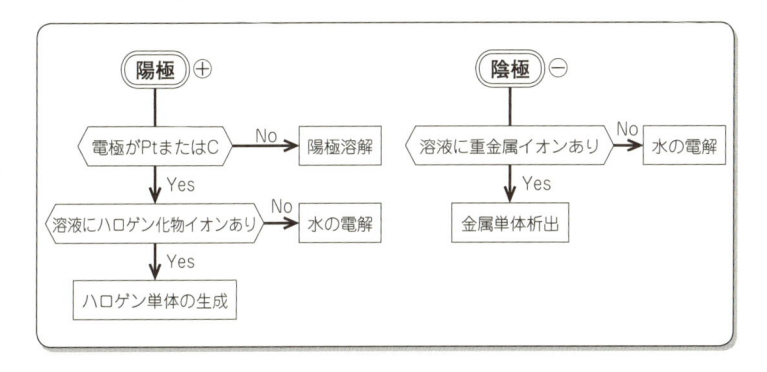

```
┌─────────────────────────────────────────────────────────────────────┐
│    陽極 ⊕                              陰極 ⊖                        │
│                                                                     │
│  ＜電極がPtまたはC＞ ─No→ 陽極溶解    ＜溶液に重金属イオンあり＞ ─No→ 水の電解 │
│         │Yes                                │Yes                   │
│  ＜溶液にハロゲン化物イオンあり＞ ─No→ 水の電解    金属単体析出          │
│         │Yes                                                        │
│  ハロゲン単体の生成                                                  │
└─────────────────────────────────────────────────────────────────────┘
```

73. 電子 1 mol あたりの電気量が 9.65×10^4 C であるので，イオン反応式より，次のように計算できる。

(1) $2H^+ + 2e^- \longrightarrow H_2$　　　　　　　　　1.93×10^4 C
(2) $2H_2O \longrightarrow O_2 + 4H^+ + 4e^-$　　　　3.86×10^4 C
　　($4OH^- \longrightarrow O_2 + 2H_2O + 4e^-$)
(3) $2Cl^- \longrightarrow Cl_2 + 2e^-$　　　　　　　1.93×10^4 C
(4) $Cu^{2+} + 2e^- \longrightarrow Cu$　　　　　　　1.93×10^4 C
(5) $Ag^+ + e^- \longrightarrow Ag$　　　　　　　　　9.65×10^3 C

> **ファラデーの法則**
> 陽極または陰極で変化する物質の物質量は，通じた電気量に比例する

計算は電子 e^- のモルで考えるとわかりやすいよ！

例題 33

硫酸酸性下,白金電極を用いて硫酸銅(Ⅱ)水溶液の電気分解を行った。0.200 Aの一定電流で100分間,電流を通じた。その結果,陰極の電極の質量は 0.395 g 増加し,陽極では気体の発生が見られた。原子量は Cu = 63.5 として,次の各問に答えよ。

(1) 陰極で起こる反応をイオン反応式で示せ。
(2) 陰極で起こった変化から,電子1 mol あたりの電気量〔C〕を算出し,有効数字3桁で示せ。
(3) 陽極で発生した気体名を記せ。また,陽極における変化をイオン反応式で記せ。
(4) 陽極で発生した気体の体積は標準状態で何 mL になるか。有効数字3桁まで求めよ。

(千葉大)

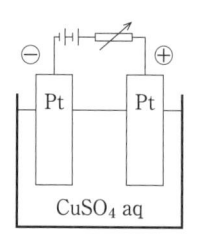

解

各極で起こる反応は,

⊖ $Cu^{2+} + 2e^- \longrightarrow Cu$
⊕ $2H_2O \longrightarrow O_2 + 4H^+ + 4e^-$

流れた電気量

$0.200 \times 100 \times 60 = 1200$ (C)

回路図の ⌇ は,電流を一定に保つための可変抵抗の記号。省略して,書かないことも多い。

(1) $Cu^{2+} + 2e^- \longrightarrow Cu$

(2) e^- 1 mol あたりの電気量を Q C とすると,

$$Cu^{2+} + 2e^- \longrightarrow Cu$$
$$2 \times Q \text{ C} \quad 63.5 \text{ g}$$
$$1200 \text{ C} \quad 0.395 \text{ g} \quad Q = \underline{9.645} \times 10^4 \text{ (C)}$$

(訂正: 5)

(3) 酸素,$2H_2O \longrightarrow O_2 + 4H^+ + 4e^-$

(4) 発生する O_2 の標準状態における体積は,

$$\frac{1}{4} \times \frac{1200}{9.645 \times 10^4} \times 22.4 \times 10^3 = \underline{69.67} \text{ (mL)}$$

(訂正: 7)

10 電気分解

例題 34

下図のように,陽イオンだけを通す隔膜で仕切った**A**および**B**室に,1.00 mol/L の塩化ナトリウム水溶液を 500 mL ずつ入れ,電気分解を行った。電気分解後,**A**室の塩化ナトリウム水溶液の濃度は,0.900 mol/L になった。

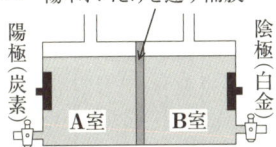

次の問に答えよ。ただし,電気分解の前後で,**A**および**B**室の溶液の体積は変わらないものとする。なお,ファラデー定数は 9.65×10^4 C/mol とする。

陽極（炭素） **A**室 **B**室 陰極（白金）
陽イオンだけを通す隔膜

(1) 電気分解で流れた電気量は何クーロン〔C〕か。有効数字 3 桁で記せ。
(2) 電気分解後,**B**室の溶液の一部をとり出し,純水で 100 倍に薄めた。この溶液の pH はいくらか。整数値で記せ。 (センター試験)

解

塩化ナトリウム水溶液の電気分解の各極で起こる反応は,

$\ominus \quad 2H_2O + 2e^- \longrightarrow H_2 + 2OH^-$
$\oplus \quad 2Cl^- \longrightarrow Cl_2 + 2e^-$

これを一つにまとめると,

$2H_2O + 2Cl^- \longrightarrow H_2 + 2OH^- + Cl_2$

(1) 上式より,電子 e^- 1 mol (9.65×10^4 C) が流れると,NaCl が 1 mol 減少することがわかる。減少した NaCl は,

$$1.00 \times \frac{500}{1000} - 0.900 \times \frac{500}{1000} = 0.0500 \text{ (mol)}$$

$$\therefore \quad 9.65 \times 10^4 \times 0.0500 = \underline{4.825 \times 10^3} \text{ (C)}$$
$${}_{3}$$

(2) 電子 1 mol で水酸化物イオン OH^- が 1 mol 生じるので,

$$[OH^-] = 0.0500 \times \frac{1000}{500} \times \frac{1}{100} = 1.0 \times 10^{-3} \text{ (mol/L)}$$

$$[H^+] = \frac{K_w}{[OH^-]} = \frac{1.0 \times 10^{-14}}{1.0 \times 10^{-3}} = 1.0 \times 10^{-11} \text{ (mol/L)}$$

$$\therefore \quad pH = -\log_{10}[H^+] = \underline{11}$$

ここがポイント　ファラデー定数 $[F] = 9.65 \times 10^4$ C/mol $= e^-$ 1 mol の電気量

例題 35

電解槽**A**には硝酸銀水溶液と白金電極，電解槽**B**には塩化ナトリウム水溶液と白金電極を入れて，4.00 アンペアの電流を 16.0 分間流したところ，電極1に 4.32 g の固体が析出した。原子量は Ag = 108 として，次の各問に答えよ。

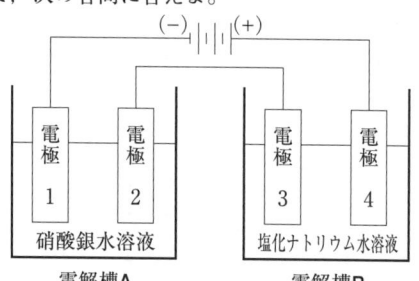

電解槽A：電極1，電極2，硝酸銀水溶液
電解槽B：電極3，電極4，塩化ナトリウム水溶液

(1) 電極1で起こる反応のイオン反応式を記せ。
(2) 電極3で起こる反応のイオン反応式を記せ。
(3) この実験から求められるファラデー定数の値はいくらか。
(4) 電極2で生成する気体の物質量は何 mol か。　　（大阪工業大）

解

各電極で起こる反応は，

電解槽A $\begin{cases} 電極1 \ominus \quad Ag^+ + e^- \longrightarrow Ag \\ 電極2 \oplus \quad 2\,H_2O \longrightarrow O_2 + 4\,H^+ + 4\,e^- \end{cases}$

電解槽B $\begin{cases} 電極3 \ominus \quad 2\,H_2O + 2\,e^- \longrightarrow H_2 + 2\,OH^- \\ 電極4 \oplus \quad 2\,Cl^- \longrightarrow Cl_2 + 2\,e^- \end{cases}$

流れた電気量は　$4.00 \times 16.0 \times 60 = 3840$ （C）

(1) $Ag^+ + e^- \longrightarrow Ag$

(2) $2\,H_2O + 2\,e^- \longrightarrow H_2 + 2\,OH^-$

(3) ファラデー定数を Q 〔C/mol〕とすると，

$$Q \times \frac{4.32}{108} = 3840 \qquad \therefore \quad Q = \underline{9.60 \times 10^4}\ (\text{C/mol})$$

(4) 電極2で生成する O_2 の物質量は，電極1で生成する Ag の物質量の $\frac{1}{4}$ であるので，

$$\frac{4.32}{108} \times \frac{1}{4} = \underline{1.00 \times 10^{-2}}\ (\text{mol})$$

例題 36

白金板を電極とする2個の電解槽A, Bを各々図のように連結し, 電解槽Aには希硫酸, Bには塩化銅(Ⅱ)水溶液を入れた。電流計が常に5アンペアを示すように3時間13分電気分解を行ったところ, Bの電極の一方の質量が15.875 g 増加した。次の各問に答えよ。ただし, 原子量はCu = 63.5, ファラデー定数は 9.65×10^4 C/molとする。

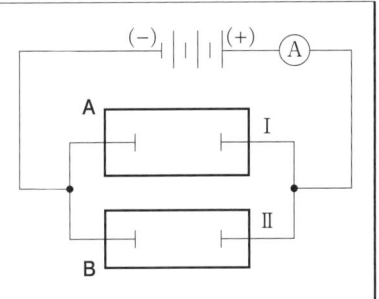

(1) Ⅰの回路, Ⅱの回路を移動した電子の量はそれぞれ何 mol か。
(2) 電気分解中, 電解槽Aの二つの電極表面上ではそれぞれどのような化学変化が起きているか。イオン反応式を記せ。
(3) 電気分解終了後, 電解槽Bの溶液は強い酸性を示した。化学反応式を用いてその理由を説明せよ。 (琉球大)

解

各電極で起こる反応は,

電解槽A $\begin{cases} \ominus & 2H^+ + 2e^- \longrightarrow H_2 \\ \oplus & 2H_2O \longrightarrow O_2 + 4H^+ + 4e^- \end{cases}$

電解槽B $\begin{cases} \ominus & Cu^{2+} + 2e^- \longrightarrow Cu \\ \oplus & 2Cl^- \longrightarrow Cl_2 + 2e^- \end{cases}$

回路全体を移動した電子の量は,

$$\frac{5 \times (3 \times 60 + 13) \times 60}{9.65 \times 10^4} = 0.600 \text{ (mol)}$$

回路Ⅱを移動した電子の量は,

$$\frac{15.875}{63.5} \times 2 = 0.500 \text{ (mol)}$$

(1) 回路Ⅰ: 0.100 (mol), 回路Ⅱ: 0.500 (mol)
(2) $\ominus$ $2H^+ + 2e^- \longrightarrow H_2$
    $\oplus$ $2H_2O \longrightarrow O_2 + 4H^+ + 4e^-$
(3) 電気分解で生成した塩素 Cl_2 の一部が水と反応して, 強酸である塩化水素 HCl が生じたため。
    $Cl_2 + H_2O \longrightarrow HCl + HClO$

11 状態変化と蒸気圧

74. 物質の状態 物質は原子，分子またはイオンなどの粒子で構成されるが，物質の状態には，図1のように密集した粒子が一定の位置に束縛されている [1]，図2のように密度は大きいが流動性のある [2]，図3のように粒子がばらばらになって運動している [3] の三態がある。

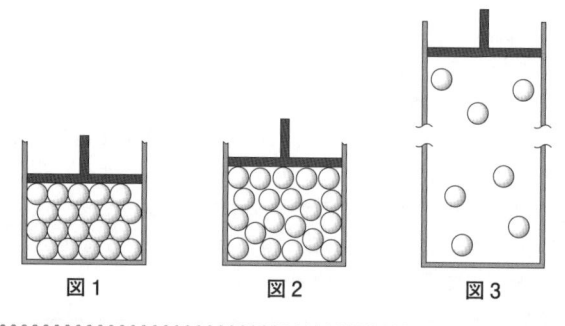

図1　図2　図3

---

75. 物質の三態と温度・圧力 図4のように，体積可変の容器内を純物質で満たす。容器内の温度と圧力を変化させると，図5のように，純物質の状態は，低温・高圧の領域Ⅰでは [1]，高温・低圧の領域Ⅲでは [2]，それらの間の領域Ⅱでは [3] となる。また，圧力を 1×10^5 Pa に保ちながら加熱していくと，この純物質は温度 T_1 で [4] し，T_2 で [5] する。

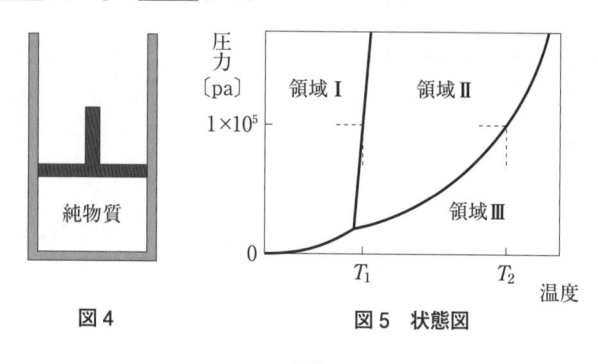

図4　図5　状態図

11 状態変化と蒸気圧

解答 ▼ 解説

74. 物質を構成する粒子は,常に熱運動とよばれる運動を行っている。この熱運動は温度の上昇とともに大きくなるが,粒子間に働く引力の方がはるかに大きいと,粒子が一定の位置に束縛されて振動する**固体**状態となる。引力よりも熱運動の方がはるかに大きくなれば,粒子がばらばらになって運動する**気体**状態となる。それらの中間の状態が**液体**である。

固体　　**液体**　　**気体**

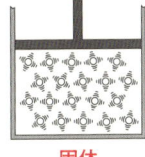

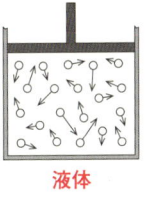

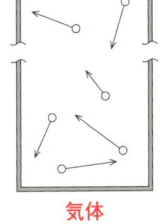

答 (1) 固体　(2) 液体　(3) 気体

---

75. 純物質の状態と温度,圧力の関係を表す図を状態図とよぶ。

④ **融解曲線**：固体と液体が共存
⑤ **昇華圧曲線**：固体と気体が共存
⑥ **蒸気圧曲線**：液体と気体が共存
⑦ **三重点**：固体,液体,気体が共存

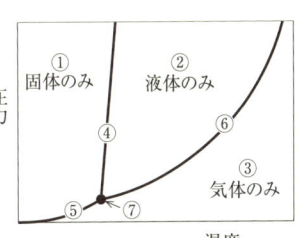

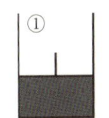

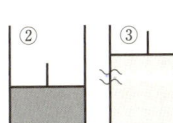

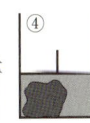

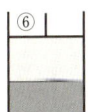

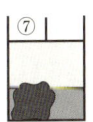

答 (1) 固体　(2) 気体　(3) 液体　(4) 融解　(5) 沸騰

— 103 —

76. **飽和蒸気圧** 図のように容器に水を入れると，水分子の熱運動によって水面から水が [1] し，水蒸気(水の気体)ができる。水蒸気は空間を飛び回り，その一部は水面に衝突して [2] する。一定温度では，1秒間に [1] する水分子の個数は一定であるが，[2] する水蒸気の分子数は水面付近の水蒸気の分子数に比例する。

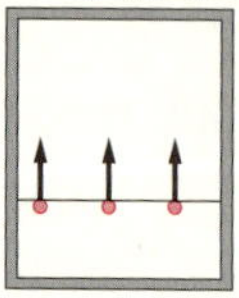

[2] する分子数は [1] する分子数より少ないため，水蒸気の分子数は徐々に増加する。しかし，それに比例して [2] する分子数も増加していくため，ついには，[1] する分子数に等しくなる。このときの水蒸気の圧力を [3] という。

また，温度が上がれば [1] する分子数が増加するため，[3] の値は温度とともに [4] くなる。

---

77. **沸点** 液体の飽和蒸気圧が大気圧(空気の圧力)に等しくなる温度を，その液体の [1] という。したがって，同じ液体でも，大気圧が低くなれば [1] は [2] くなる。

---

78. **水蒸気** 容積2Lの容器，容積可変の容器それぞれに，常温・常圧で，1Lの水のみ，あるいは1Lの水と1Lの空気を下図のように封入した。

(ア)～(エ)のうち，容器内に水蒸気が存在するものをすべて選べ。

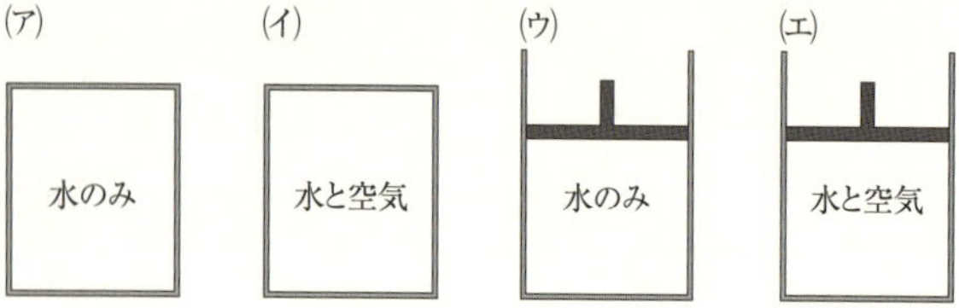

(ア) 水のみ　(イ) 水と空気　(ウ) 水のみ　(エ) 水と空気

11 状態変化と蒸気圧

76. 水面から蒸発する水分子の数は熱運動の大きさで決まるので，一定温度では，1秒間に水面から蒸発していく水分子の個数(↑)は一定である。蒸発してできた水蒸気(気体分子)の一部は水面に衝突して凝縮し，ふたたび液体となるがその分子数(↓)は水面付近の水蒸気の分子数に比例する。そのため，下図に示すように，初めは↓より↑が多いので水蒸気は増加するが，↓が↑と等しくなると，その後，水蒸気の分子数は変化しなくなる。この状態を**気液平衡(蒸発平衡)**といい，このときの蒸気の圧力を**飽和蒸気圧**という。

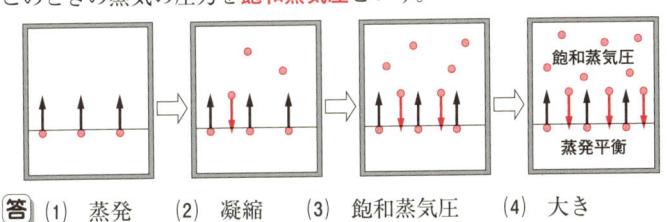

答 (1) 蒸発　(2) 凝縮　(3) 飽和蒸気圧　(4) 大き

77. 右の図は，102頁の状態図の蒸気圧曲線だけを示している。蒸気圧曲線は温度による飽和蒸気圧の変化を表している。

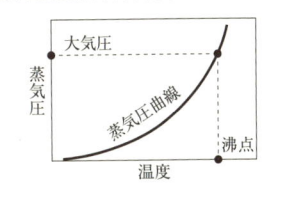

答 (1) 沸点　(2) 低

78. 空気はあってもなくても，水面があれば必ず水の蒸発が起こり，水蒸気ができる。逆にいえば，空気が入っている場合は必ず水面ができるので，必ず水蒸気が存在する。

容積可変の容器に水のみを封入した(ウ)は注射器に水だけを入れた場合と同じで，水蒸気は存在しない。

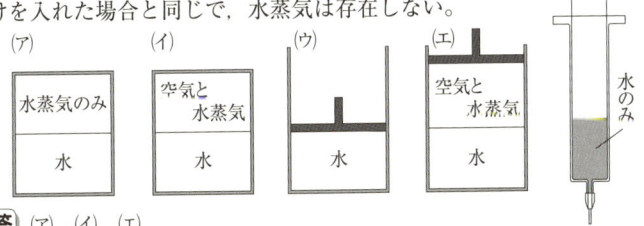

答 (ア), (イ), (エ)

例題 37

図はベンゼン(C_6H_6)160 g を容積可変容器に入れ,一定の気圧下で加熱したときの,加えた熱量とベンゼンの温度の関係を示したものである。分子量は $C_6H_6 = 78$

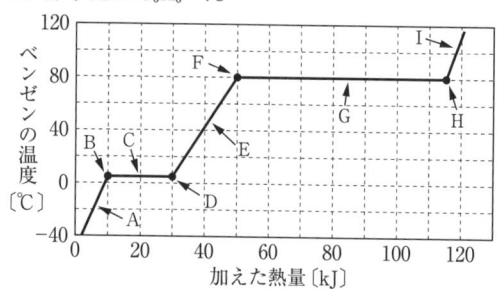

問1 図中のA~Iはベンゼンのどのような状態を示しているか。以下の(イ)~(ヲ)の記述のうちで最も適当なものを選べ。

(イ) 気体だけ　　　　　　(ロ) 液体だけ
(ハ) 固体だけ　　　　　　(ニ) 気体と液体が共存
(ホ) 液体と固体が共存　　(ヘ) 固体と気体が共存
(ト) 沸騰し始めた　　　　(チ) 融解し始めた
(リ) 液体が全部気体になった　(ヌ) 液体が全部固体になった
(ル) 気体が全部液体になった　(ヲ) 固体が全部液体になった

問2 図よりベンゼンの蒸発熱を求めよ。　　　　　　(千葉大)

解

問1 圧力一定で加熱しているから,右図のような状態をたどったことになる。(状態図 103 頁参照)

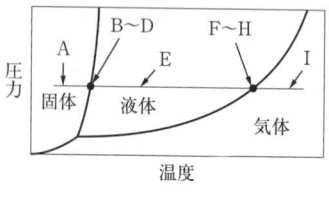

A (ハ)　　B (チ)　　C (ホ)
D (ヲ)　　E (ロ)　　F (ト)
G (ニ)　　H (リ)　　I (イ)

問2 沸点(F~H)で加えられた熱量を 1 mol (78 g) あたりに換算する。

蒸発熱 $= (115 - 50) \times \dfrac{78}{160} = 31.6 \fallingdotseq \underline{32}$ (kJ/mol)

例題 38

次の蒸気圧曲線について，以下の問に答えよ。

(1) 1 atm における(a)ジエチルエーテル，(b)エタノールの沸点は，それぞれ何℃か。

(2) 世界最高峰エベレストの山頂の大気圧が 0.3 atm であるとき，仮に，この山頂で湯を沸かしたとすれば，約何℃で沸騰するか。

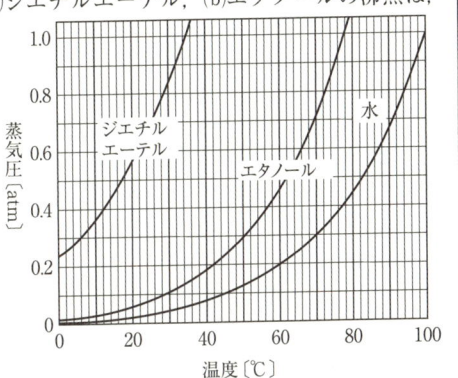

解

液体表面で気化する現象を蒸発といい，液体の内部で気化する現象を沸騰という。液体の上に空間(真空または空気のような他の気体)があれば，蒸発平衡に達するまで，気化(蒸発)は常に進行する。しかし，液体内部に蒸気の泡をつくって気化を進行させるためには，

　　飽和蒸気圧 ≧ 外圧

となる必要がある。蒸気の泡の圧力は飽和蒸気圧に等しい。したがって，飽和蒸気圧＜外圧の場合は，泡が外圧でつぶされるため，液体内部での気化すなわち沸騰は起こらない。

(1) (a)　35℃　　(b)　78℃
(2) 70℃

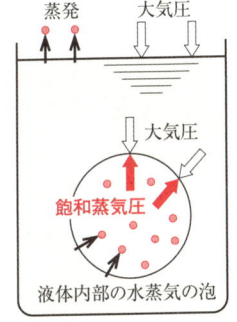

ここがポイント

沸点は，飽和蒸気圧が大気圧と等しくなる温度

12 気体の性質

79. 気体分子の運動と気体の圧力 気体状態にある分子は，熱運動によって互いにばらばらの方向に飛び回っている。この多数の分子が容器の壁にぶつかるときの衝撃力が気体の圧力になる。気体の飛び回るようすを矢印で示すと右図のようになる。

この容器に入れた気体の圧力は，次の(1)～(4)の場合，どのように変化するか。

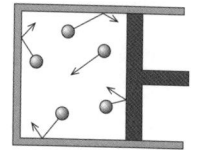

(1) 温度一定のまま，体積だけ小さくする(図(1)参照)。
(2) 体積一定のまま，温度だけ高くする(図(2)参照)。
(3) 温度と体積は一定のまま，容器に入れる気体の物質量を多くする(図(3)参照)。
(4) 容器内の気体を，より分子量の大きな気体に入れ換える。ただし，物質量，温度，体積は元のままとする(図(4)参照)。

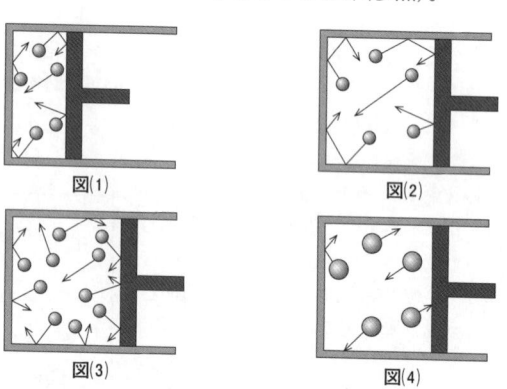

図(1)　　　図(2)

図(3)　　　図(4)

---

80. 絶対温度 熱運動は温度を下げていくと小さくなり，　1　℃では熱運動が完全に停止する。これが温度の最低点，絶対零度である。この点を基準にした　2　T〔K〕は，セルシウス温度 t〔℃〕と次の関係にある。

$$T = \boxed{3}$$

解答 ▼ 解説

79. 気体分子は室温でも毎秒数百メートルもの速度で飛び回り、壁に衝突している。多数の気体分子が繰り返すこの衝突の衝撃力が、気体の圧力となる。この圧力は気体の体積、温度、物質量(粒子数)によって変化する。

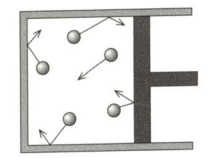

体積と圧力 体積を小さくすると、前頁図(1)のように、気体分子が頻繁に壁に衝突して衝撃力を加えることになる。したがって、体積を小さくすると、圧力は大きくなる。

温度と圧力 温度を高くすると、気体分子の熱運動が激しくなり、飛び回る分子の速度が大きくなる。このため、図(2)のように、壁への衝撃力が大きくなるとともに、衝突の頻度も高くなる。したがって、温度を高くすると、圧力は大きくなる。

物質量と圧力 気体の物質量すなわち気体分子の数を増やせば、図(3)のように、壁への衝突が頻繁に起こる。したがって、物質量を多くすれば、圧力は大きくなる。

気体の種類と圧力 同じ温度で比較すると、分子量の小さな分子の飛び回る速度は大きく、逆に、分子量の大きな分子の速度は小さい。このため、軽い分子も重い分子も、壁に与える衝撃力は等しくなる。したがって、気体の体積、温度、物質量が同じであれば、気体の種類を変えても圧力は変わらない。

答 (1) 大きくなる (2) 大きくなる (3) 大きくなる (4) 変わらない

---

80. 物質の構成粒子の熱運動の大きさを表す尺度が**絶対温度**である。粒子が熱運動を停止する絶対零度は(1) -273 ℃なので、(2) 絶対温度はK(ケルビン)を単位として、次式で表せる。

$$T(K) = {}_{(3)}\underline{273 + t}\ (℃)$$

81. 圧力の単位 圧力を表す単位には、気圧〔atm〕、ミリメートル水銀柱〔mmHg〕、パスカル〔Pa〕などがあり、これらは次のような関係にある。

$$1\text{ atm} = \boxed{1}\text{ mmHg} ≒ 1013\text{hPa} ≒ \boxed{2}\text{ Pa}$$

---

82. 気体の状態方程式 物質量 n〔mol〕、絶対温度 T〔K〕の気体の圧力 P と体積 V の関係は気体定数 R を用いて、次の**状態方程式**で表される。

$$PV = \boxed{1}$$

P と V の単位は、気体定数 R の単位によって決まり、通常用いる $R = 8.3 \times 10^3\text{ Pa·L/(mol·K)}$ に対しては、P〔$\boxed{2}$〕、V〔$\boxed{3}$〕の単位を用いる。

---

83. 状態方程式の計算 ある気体が①の状態にある。この気体の物質量は何 mol か。気体定数 $R = 8.3 \times 10^3\text{ Pa·L/(mol·K)}$

① 圧力 1.0×10^5 Pa
体積 3.0 L
温度 27 ℃

---

84. ボイルの法則 83の①の状態にある気体を温度一定で圧縮し、②の状態にした。圧力は何 Pa になるか。

② 圧力 P Pa
体積 1.0 L
温度 27 ℃

> n と T が一定の場合、 $PV =$ 一定 …ボイルの法則

---

85. シャルルの法則 83の①の状態にある気体を圧力一定で加熱し、③の状態にした。体積は何 L になるか。

③ 圧力 1.0×10^5 Pa
体積 V L
温度 327 ℃

> n と P が一定の場合、 $\dfrac{V}{T} =$ 一定 …シャルルの法則

12 気体の性質

81. h(ヘクト)は 100 倍を表す。

$$1 \text{ atm} = 760 \text{ mmHg} = 1013 \text{ hPa} \fallingdotseq 1.0 \times 10^5 \text{ Pa}$$

答 (1) 760　　(2) 1.0×10^5

---

82. 気体の圧力は，気体の物質量と絶対温度に比例し，体積に反比例するので，次の状態方程式が成立する。

$$PV = nRT$$

物理では圧力と体積の単位に Pa(パスカル)と m³(立方メートル)を用いるので，気体定数には $R = 8.3$ J/(mol·K) を用いている。

答 (1) nRT　　(2) Pa　　(3) L

---

83. 気体の物質量を n [mol] とすれば，

$$1.0 \times 10^5 \times 3.0 = n \times 8.3 \times 10^3 \times (273 + 27) \quad \cdots ①$$

①式を解いて，$n = 0.120 \fallingdotseq \underline{0.12}$ (mol)

---

84. 気体の物質量を n [mol] とすれば，

$$P \times 1.0 = n \times 8.3 \times 10^3 \times (273 + 27) \quad \cdots ②$$

②式の右辺は，前問①式の右辺と等しいので，左辺どうしも等しい。

∴ $P \times 1.0 = 1.0 \times 10^5 \times 3.0$ … **ボイルの法則**

これを解いて，$P = \underline{3.0 \times 10^5}$ (Pa)

---

85. 気体の物質量を n [mol] とすれば，

$$1.0 \times 10^5 \times V = n \times 8.3 \times 10^3 \times (273 + 327) \quad \cdots ③$$

これを変形して，$\dfrac{V}{273 + 327} = \dfrac{n \times 8.3 \times 10^3}{1.0 \times 10^5}$

①式も同様に変形すれば，右辺が等しくなるので，左辺どうしも等しい。

∴ $\dfrac{V}{273 + 327} = \dfrac{3.0}{273 + 27}$ … **シャルルの法則**

これを解いて，$V = \underline{6.0}$ (L)

— 111 —

86. 混合気体の分圧と全圧

容積 8.3 L の容器に 0.10 mol の気体Aと 0.15 mol の気体Bを封入して 300 K に保ってある。この容器内で，気体AとBの分子は互いに独立に飛び回っているから，それぞれの気体の圧力を独立に考えることができる。

気体Aの圧力はAの分圧(p_A)とよび，その値は ☐1☐ Pa である。また，Bの分圧(p_B)は ☐2☐ Pa である。混合気体の圧力を全圧(P)とよび，「全圧は分圧の和に等しい(**ドルトンの分圧の法則**)」。したがって，全圧は ☐3☐ Pa である。

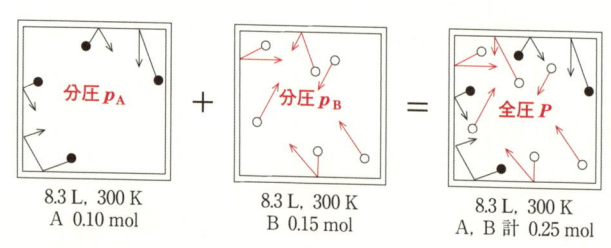

分圧 p_A	+ 分圧 p_B	= 全圧 P
8.3 L, 300 K A 0.10 mol	8.3 L, 300 K B 0.15 mol	8.3 L, 300 K A, B 計 0.25 mol

87. 混合気体の組成と分圧

n_A [mol] の気体Aと n_B [mol] の気体Bが V [L] の容器内に温度 T [K] で保たれている。このとき，AとBの分圧の比は，各物質量 n_A と n_B を用いて次のように表せる。

$$p_A : p_B = \boxed{1}$$

また，全圧 P は次のように表せる。

$$PV = \boxed{2} RT$$

ある気体が全気体に占める物質量の割合をその気体のモル分率という。すなわち，Aのモル分率を x_A，Bのモル分率を x_B とすれば，

$$x_A = \frac{n_A}{n_A + n_B}, \quad x_B = \frac{n_B}{n_A + n_B}$$

各分圧は，全圧とモル分率を用いて，次のように表せる。

$$p_A = \boxed{3}, \quad p_B = \boxed{4}$$

また，Aの分子量を M_A，Bの分子量を M_B とすれば，混合気体の平均分子量 $\overline{M}$ は，それぞれの分子量とモル分率を用いて，次のように表せる。

$$\overline{M} = \boxed{5}$$

12 気体の性質

86. (1) 気体Aについては，0.10 mol の分子が 8.3 L の空間を飛び回っているわけだから，Aの圧力すなわち分圧 p_A は，気体の状態方程式を用いて，
$$p_A \times 8.3 = 0.10 \times 8.3 \times 10^3 \times 300 \quad \cdots ①$$
$$\therefore \quad p_A = \underline{3.0 \times 10^4} \text{ (Pa)}$$

(2) 同様に，$p_B \times 8.3 = 0.15 \times 8.3 \times 10^3 \times 300 \quad \cdots ②$
ここで①式と②式を比較してみよう。両式で異っているのは，分圧と物質量の値だけである。すなわち，比例式
$$p_A : p_B = 0.10 : 0.15$$
が成り立つ。これに(1)で求めた $p_A = 3.0 \times 10^4$ を代入すれば，
$$3.0 \times 10^4 : p_B = 0.10 : 0.15 \quad \therefore \quad p_B = \underline{4.5 \times 10^4} \text{ (Pa)}$$

(3) ドルトンの分圧の法則より，全圧 P は，
$$P = p_A + p_B = 3.0 \times 10^4 + 4.5 \times 10^4 = \underline{7.5 \times 10^4} \text{ (Pa)}$$

> 分圧の和 ＝ 全圧

87. (1) A，Bそれぞれについて気体の状態方程式が成り立つ。
$$p_A V = n_A RT \quad \cdots ①$$
$$p_B V = n_B RT \quad \cdots ②$$
ここで，各気体の体積 V と温度 T は共通だから，
$$p_A : p_B = \underline{n_A : n_B} \quad \cdots ③$$

> 混合気体の各成分の分圧の比は物質量の比に等しい

(2) ①式と②式の両辺をそれぞれたせば，
$$(p_A + p_B)V = (n_A + n_B)RT$$
ここで，全圧 $P = p_A + p_B$ だから，
$$PV = \underline{(n_A + n_B)}RT \quad \cdots ④$$

(3), (4) ①式の両辺を④式の両辺でそれぞれ割れば，
$$\frac{p_A}{P} = \frac{n_A}{n_A + n_B} = x_A$$
$$\therefore \quad p_A = \underline{Px_A} \quad \text{同様に，} \quad p_B = \underline{Px_B}$$

(4) 平均分子量は，組成を考慮した分子量の平均値である。
$$\overline{M} = \underline{M_A x_A + M_B x_B}$$

例題 39

一定量の気体の圧力 P, 体積 V, 絶対温度 T に関して, ボイルの法則, およびシャルルの法則を正しく表しているグラフをそれぞれ選べ。ただし, $P_1 < P_2$, $T_1 < T_2$ とする。

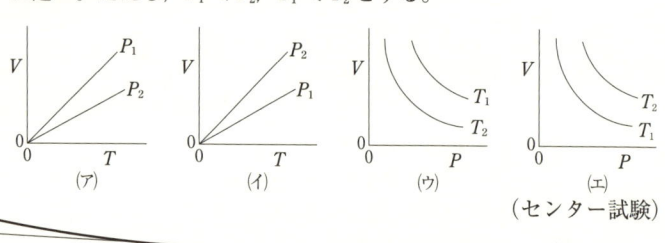

(ア) V–T グラフ: P_1 が急, P_2 が緩
(イ) V–T グラフ: P_2 が急, P_1 が緩
(ウ) V–P グラフ: T_1 が上, T_2 が下
(エ) V–P グラフ: T_2 が上, T_1 が下

(センター試験)

解

n と T が一定であれば, $PV = nRT = $ 一定, すなわち, P と V の積が一定となるので, グラフは双曲線となる。これがボイルの法則である。n 一定の場合, $PV = nRT_1$(一定) および $PV = nRT_2$(一定) であるが, $nRT_1 < nRT_2$ なので, 適するグラフは(エ)である。

ボイルの法則 (エ)

> **ここがポイント**　ボイルの法則　n と T が一定のとき, V は P に反比例

n と P が一定であれば, $\dfrac{V}{T} = \dfrac{nR}{P} = $ 一定, すなわち, V は絶対温度 T に比例するので, グラフは原点を通る直線となる。これがシャルルの法則である。n 一定の場合, $V = \dfrac{nR}{P_1} \times T$ および $V = \dfrac{nR}{P_2} \times T$ であるが, $\dfrac{nR}{P_1} > \dfrac{nR}{P_2}$ なので, 適するグラフは(ア)である。

シャルルの法則 (ア)

> **ここがポイント**　シャルルの法則　n と P が一定のとき, V は T に比例

参考

標準状態すなわち, $0\,°\mathrm{C}\,(=273\,\mathrm{K})$, $1.01 \times 10^5\,\mathrm{Pa}$ における $1\,\mathrm{mol}$ の気体の体積 $V\,[\mathrm{L}]$ は, 次のように算出できる。

$$1.01 \times 10^5 \times V = 1 \times 8.3 \times 10^3 \times 273$$
$$\therefore\ V = 22.4\,[\mathrm{L}]$$

例題 40

ある化合物（液体）がある。0.10 g を蒸発させ、127 ℃、1.0 atm でその体積を測定すると、55 mL であった。この化合物の分子量を求めよ。1 atm = 1×10⁵ Pa とし、気体定数は次のいずれを用いてもよい。
8.3 J/(K·mol), 8.3 Pa·m³/(K·mol), 8.3×10³ Pa·L/(K·mol), 0.082 atm·L/(K·mol)
(立命館大)

解

気体の状態方程式で、n を、分子量 M と質量 w〔g〕に置き換えると、

$$PV = \frac{w}{M}RT \quad \therefore \quad M = \frac{wRT}{PV}$$

状態方程式の計算では、圧力および体積の単位を気体定数に揃えることに注意しよう。また、(圧力)×(体積) = (エネルギー)であり、Pa·m³ = J である。

ここがポイント

圧力と体積の単位は、気体定数に合わせる

1 atm = 1×10⁵ Pa, 1 hPa = 100 Pa
1 atm = 760 mmHg, 1 mL = 1×10⁻³ L, 1 L = 1×10⁻³ m³

$P = 1.0$ atm ≒ 1.0×10^5 Pa = 1.0×10^3 hPa
$V = 55$ mL = 5.5×10^{-2} L = 5.5×10^{-5} m³

これらの値を用いて、3種類の気体定数で計算すると、次のようになる。

$$M = \frac{wRT}{PV} \begin{cases} = \dfrac{0.10 \times 8.3 \times (127+273)}{1.0 \times 10^5 \times 5.5 \times 10^{-5}} = 60.3 \\[4pt] = \dfrac{0.10 \times 8.3 \times 10^3 \times (127+273)}{1.0 \times 10^5 \times 5.5 \times 10^{-2}} = 60.3 \\[4pt] = \dfrac{0.10 \times 0.082 \times (127+273)}{1.0 \times 5.5 \times 10^{-2}} = 59.6 \end{cases}$$

答 60

上の計算値が一致しないのは、1 atm = 1013 hPa ≒ 1×10⁵ Pa と近似しているためであるから、気にする必要はない。

例題 41

酸素を封入した容積 2.0 L の容器Aと窒素を封入した容積 4.0 L の容器Bが，図のようにコックで連結されている。容器A内の圧力は 27 ℃ において 1.5×10^5 Pa であった。コックを開けて放置すると，容器内の圧力は 27 ℃ において 2.1×10^5 Pa となった。

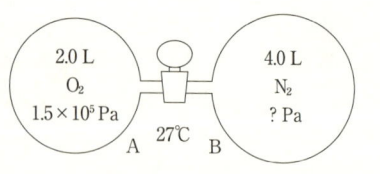

(容器A: 2.0 L, O_2, 1.5×10^5 Pa / 容器B: 4.0 L, N_2, ? Pa / 27℃)

(1) コックを開けた後の酸素の分圧は何 Pa か。
(2) コックを開けた後の窒素の分圧は何 Pa か。
(3) コックを開ける前の容器B内の圧力は何 Pa か。　　　　　(城西大)

解

(1) コックを開ければ，酸素はB側へ，窒素はA側へそれぞれ拡散して行き，均一な混合気体となる。酸素の物質量を n_{O_2} [mol] とすれば，コックを開けると，n_{O_2} [mol] の酸素は $(2.0+4.0)$ L の空間を飛び回ることになる。

気体定数を R [Pa·L/(K·mol)] とすれば，

コックを開ける前：$1.5 \times 10^5 \times 2.0 = n_{O_2} \times R \times (27+273)$ 　　　…①
コックを開けた後：$p_{O_2} \times (2.0+4.0) = n_{O_2} \times R \times (27+273)$ 　　　…②

①，②の右辺は等しいから（すなわちボイルの法則より），

$1.5 \times 10^5 \times 2.0 = p_{O_2} \times (2.0+4.0)$ 　　∴ $p_{O_2} = \underline{5.0 \times 10^4}$ (Pa)

(2) 全圧は分圧の和（$P = p_{O_2} + p_{N_2}$）だから，

$2.1 \times 10^5 = 5.0 \times 10^4 + p_{N_2}$ 　　∴ $p_{N_2} = \underline{1.6 \times 10^5}$ (Pa)

(3) コックを開ける前のB内（窒素）の圧力を p_B [Pa] とすれば，

コックを開ける前：$p_B \times 4.0 = n_{N_2} \times R \times (27+273)$ 　　　…③
コックを開けた後：$1.6 \times 10^5 \times (2.0+4.0) = n_{N_2} \times R \times (27+273)$ 　　　…④

したがって，

$p_B \times 4.0 = 1.6 \times 10^5 \times (2.0+4.0)$ 　　∴ $p_B = \underline{2.4 \times 10^5}$ (Pa)

ここがポイント！
混合気体の圧力（全圧）は分圧の和
混合気体の各成分は互いに独立だから，それぞれの成分について，$p_i V = n_i R T$

12 気体の性質

例題 42

容積一定の容器に 27 ℃ において 2000 hPa の空気が封入してある。ここに，ある量のエタン(C_2H_6)を加えたところ，容器内の圧力は同温で 2100 hPa となった。空気は体積百分率で窒素 80 %，酸素 20 % とし，整数で答えよ。

(1) エタンを加えた混合気体中のエタンと酸素のモル比を答えよ。
(2) 混合気体の温度が 87 ℃ のとき，エタンの分圧は何 hPa か。
(3) 混合気体に点火してエタンをすべて完全燃焼させたとき，容器内の圧力は 87 ℃ において何 hPa になるか。ただし，生じた水はすべて気体とする。

解

(1) 各分圧(hPa)は，$p_{エタン} = 2100 - 2000 = 100$，$p_{O_2} = 2000 \times \dfrac{20}{100} = 400$

$n_{エタン} : n_{O_2} = \dfrac{p_{エタン}V}{RT} : \dfrac{p_{O_2}V}{RT} = p_{エタン} : p_{O_2} = 100 : 400 = \underline{1 : 4}$

ここがポイント！ 同一容器内では　分圧の比 ＝ 物質量の比

(2) n と V が一定のとき，$P = \dfrac{nRT}{V} = (定数) \times T$ だから，P は T に比例する。

$100 : p_{エタン} = (27+273) : (87+273)$ ∴ $p_{エタン} = \underline{120}$ (hPa)

同様にして，$p_{O_2} = \dfrac{400 \times 360}{300} = 480$，全圧 $= \dfrac{2100 \times 360}{300} = 2520$

(3) T と V が一定のとき $n = \dfrac{PV}{RT} = (定数) \times P$ だから，n は P に比例する。

したがって，反応の前後で T と V が一定の場合は，次のように，分圧を用いて反応量を表現できる。

$$C_2H_6 + \dfrac{7}{2}O_2 \longrightarrow 2CO_2 + 3H_2O$$

87 ℃ 反応前〔hPa〕　120　　480　　　　0　　　0
87 ℃ 反応後〔hPa〕　0　　$480 - 120 \times \dfrac{7}{2}$　120×2　120×3

反応前の全圧は，$120 + 480 + p_{N_2} = 2520$　…①
反応後の全圧 $P = 480 - 120 \times \dfrac{7}{2} + 120 \times 2 + 120 \times 3 + p_{N_2}$　…②
②に①を代入すれば，$P = \underline{2580}$ (hPa)

例題 43

46℃における水の飽和蒸気圧は 1.0×10^4 Pa である。なお、水に溶け込む空気の量は無視できるものとする。

(1) 容積 2.0 L の真空容器に、46℃、1.0×10^5 Pa において乾燥空気 1.0 L と水 1.0 L を封入した。これを 46℃に保つと、容器内の空気の分圧および全圧は何 Pa となるか。液体の水の体積は変化しないものとする。

(2) ピストンの付いた体積可変の容器に、46℃、1.0×10^5 Pa において乾燥空気 1.0 L と水 1.0 L を封入した。外圧を 1.0×10^5 Pa、温度を 46℃に保つと、容器内の空気の分圧は何 Pa となるか。また、気相の体積は何 L となるか。

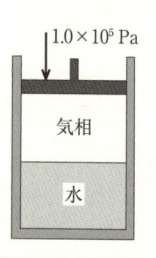

解

(1) 1.0 L の水があるので、気相の体積は 2.0 − 1.0 = 1.0 (L) である。空気にとっては封入時と T, V が等しいので、 $p_{空気} = \underline{1.0 \times 10^5}$ (Pa)

封入後、徐々に水の蒸発が進み、蒸発平衡に達する。

$p_{水蒸気}$ = (46℃での飽和蒸気圧) = $\underline{0.10 \times 10^5}$ (Pa)

∴ 全圧 = $p_{空気} + p_{水蒸気}$ = $(1.0 + 0.10) \times 10^5$ = $\underline{1.1 \times 10^5}$ (Pa)

(2) 容器内の圧力は外圧に等しく 1.0×10^5 Pa となる。水蒸気については(1)と同様に蒸発平衡にあるから $p_{水蒸気} = 0.10 \times 10^5$ Pa である。したがって、

全圧 = $p_{空気} + 0.10 \times 10^5 = 1.0 \times 10^5$ より、 $p_{空気} = \underline{9.0 \times 10^4}$ (Pa)

空気の分圧が封入時よりも減少するのは、ピストンが上昇して気相の体積が増加したためである。このときの気相の体積を V [L] とすれば、空気については封入時と n と T が同じであるので、ボイルの法則が適用できる。

$1.0 \times 10^5 \times 1.0 = 9.0 \times 10^4 \times V$ ∴ $V ≒ \underline{1.1}$ (L)

ここがポイント

空気と液体の水があれば、
$p_{水蒸気}$ = (その温度での飽和蒸気圧)

例題 44

右の図は，3つの異なる温度 a，b，c において 1 mol のメタンの $\dfrac{PV}{RT}$ と P の関係を示した図である。

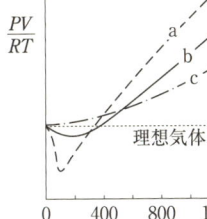

(1) a～c のうちで最も温度の低いときのものはどれか。

(2) $P = 0$ のとき，$\dfrac{PV}{RT}$ の値はいくらか。

(3) 実在気体が理想気体からずれるのは，次のうちのどの影響によるか。2つ選べ。

　(イ) 分子の質量　　　(ロ) 分子間の引力
　(ハ) 分子自身の体積　(ニ) 分子の運動エネルギー
　(ホ) 分子どうしの衝突

(4) アンモニアはメタンに比べて理想気体からのずれが大きい。その理由を簡潔に述べよ。

（群馬大）

解

(1) 温度が低いほど，圧力が高いほど，理想気体からのずれは大きくなる。
　全体として最も理想気体（水平線）からのずれが大きい <u>a</u> が，最も低温である。

(2) 極めて低圧（$P = 0$）になれば，分子間の距離が大きくなるので，分子間の引力が無視でき，また分子自身の体積も無視できるので，すべての気体は理想気体としてふるまう。つまり，$PV = nRT$ が成立する。

$PV = nRT$ に $n = 1$ を代入すれば，$PV = RT$　∴　$\dfrac{PV}{RT} = \underline{1}$

(3) (ロ), (ハ)

ここがポイント　理想気体は，① 分子自身の体積がゼロ
　　　　　　　　　　　　　② 分子間の引力がゼロ

(4) アンモニア分子は大きな極性をもち，分子間に働く引力が大きいから。

13 溶液

88. 溶液と濃度 ショ糖(純粋な砂糖)に水を加えて下図のような砂糖水をつくった。(ア)～(ウ)では溶け残りが生じている。また，(ウ)の溶液の一部を取り出したのが(エ)である。

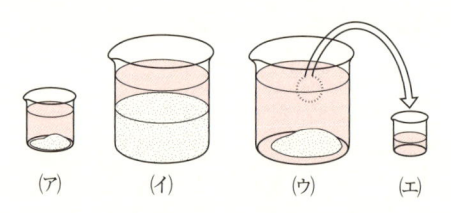

(ア)　(イ)　(ウ)　(エ)

(1) これらの砂糖水を少しずつなめたとき，最も甘いのはどれか。
(2) (1)において，そのように答えた理由はなぜか。
(3) (ア)～(エ)で等しくなる濃度は，次の3種のうちどれか。
　(a) 質量パーセント濃度　(b) モル濃度　(c) 質量モル濃度

89. 飽和溶液と固体の析出 KNO_3 は 100 g の水に対して，40 ℃では 64 g まで，20 ℃では 32 g まで溶解する。

(1) 40 ℃の飽和水溶液の質量パーセント濃度は何 % か。
(2) 40 ℃の飽和水溶液が 200 g ある。溶けている KNO_3 は何 g か。
(3) (2)の溶液を 20 ℃まで冷却すると，KNO_3 の結晶が析出した。このときの溶液の質量パーセント濃度は何 % か。
(4) (3)において析出した KNO_3 は何 g か。

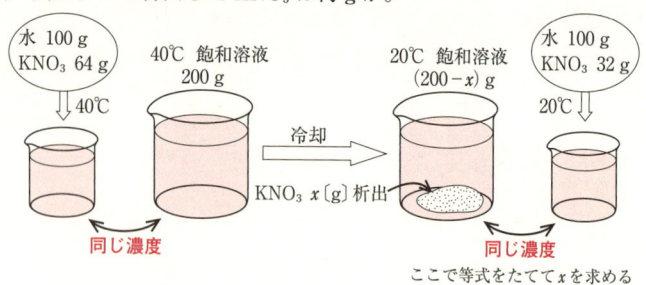

水 100 g　KNO_3 64 g　40 ℃ 飽和溶液 200 g　20 ℃ 飽和溶液 $(200-x)$ g　水 100 g　KNO_3 32 g
↓40 ℃　冷却　KNO_3 x [g] 析出　20 ℃↓
同じ濃度　　同じ濃度
ここで等式をたてて x を求める

— 120 —

解答 ▼ 解説

88. 砂糖水は水溶液(液体)であり,図の赤色で示した部分である。甘さは砂糖水の濃さ(濃度)で決まり,溶け残りのショ糖の量は関係ない。(イ)を選んだ人がいたとしたら,水溶液だけでなく,固体のショ糖までなめてしまったのだろう。

(ア)〜(ウ)は溶け残りがあるので,いずれも,溶かすことができる限界の濃度(飽和溶液)になっている。また,(エ)の濃度は(ウ)と同一である。したがって,(ア)〜(エ)は濃度が等しく,甘さも等しい。

どれも溶質はショ糖で溶媒は水であるから,1種類の濃度が等しければ,他の種類の濃度でも,それぞれすべて等しい。

答 (1) どれもみな甘さは同じである。
(2) どの砂糖水も濃度が等しいから。
(3) (a)〜(c)すべて。

89.
(1) 濃度$[\%] = \dfrac{溶質[g]}{溶液[g]} \times 100 = \dfrac{64}{100+64} \times 100 = \underline{39}$ (%)

(2) 溶質$[g] = 200 \times \dfrac{64}{100+64} = \underline{78}$ (g)

(3) KNO_3が析出している溶液は,その温度における飽和溶液になっている。同じ温度の飽和溶液であれば,量は違っても濃度は等しいから,溶解度の数値(水100gに対して32g)から計算すればよい。

濃度$[\%] = \dfrac{32}{100+32} \times 100 = \underline{24}$ (%)

(4) パーセントの計算で100をかける前の値は,溶液に対する溶質の質量の割合である。この割合も一種の濃度と考えられる。析出したKNO_3の質量をx[g]とすれば,濃度(質量の割合)が等しいことから,

$$\dfrac{溶質[g]}{溶液[g]} = \dfrac{200 \times \dfrac{64}{100+64} - x}{200 - x} = \dfrac{32}{100+32}$$

これを解いて,$x = \underline{39}$ (g)

90. 水和物の溶解

硫酸銅(Ⅱ)五水和物 $CuSO_4 \cdot 5H_2O$ の結晶 250 g を 1000 g の水に完全に溶解した。この溶液について、(1) 溶液の質量、(2) 溶質の質量、(3) 溶媒の質量をそれぞれ答えよ。

$$\text{溶液 [g]} = \text{溶媒 [g]} + \text{溶液中の溶質 [g]}$$

51頁参照

91. 気体の溶解度

炭酸水で考えるとわかるように、一定量の水に対する気体の溶解度は、温度が上がると ┌─1─┐ くなる。また、**ヘンリーの法則**によれば、一定量の溶媒の一定温度での気体の溶解量は、その気体の ┌─2─┐ に比例する。

92. 溶液の性質

状態図(103頁)において、固体と液体、液体と気体の安定な領域は、それぞれ ┌─1─┐ 曲線、┌─2─┐ 曲線で区分される。

水に砂糖を溶かした場合、水分子と砂糖の分子は熱運動で拡散し、分子の状態で均一に混ざり合って安定化する。一方、氷や水蒸気は砂糖の分子と均一に混ざり合うことができない。

すなわち、純水の場合に比べて、砂糖を溶解して安定化した水は、氷や水蒸気に対して安定な領域が広がるため、沸点は ┌─3─┐ し、凝固点は ┌─4─┐ し、蒸気圧は ┌─5─┐ する。

また、純水と砂糖水を半透膜で隔てると、砂糖水中の水分子の方が安定であるため、水分子は半透膜を通過して、┌─6─┐ 側から ┌─7─┐ 側へ浸透する。この浸透を阻止するのに要する圧力を ┌─8─┐ という。

13 溶液

90. 結晶水として含まれていた水分子は，溶解すると溶媒の水分子と区別できなくなる。溶解した無水物が溶質である。

硫酸銅(Ⅱ)五水和物の結晶 1 mol
CuSO₄・5H₂O
160　90
式量 250

溶液 = <u>1250 g</u> … (1)
溶質 = <u>160 g</u> … (2)
溶媒 = <u>1090 g</u> … (3)

---

91. **答** (1) 小さ　(2) 分圧(圧力)

> 一定温度では，一定量の液体に対する気体の
> 溶解量はその気体の分圧に比例する

---

92. 水に砂糖を溶かしたとき，水分子は砂糖の分子と均一に混ざり合って安定化する。このため，砂糖を溶かした水は，純水の場合よりも，氷や水蒸気に対して安定な領域が広がり，状態図の融解曲線と蒸気圧曲線は下の左の図のように変化する。また，純水と砂糖水を半透膜で隔てると，下の右の図のように水分子が砂糖水側に浸透する。

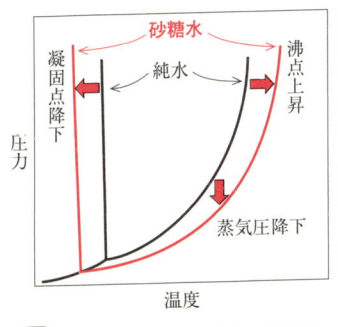

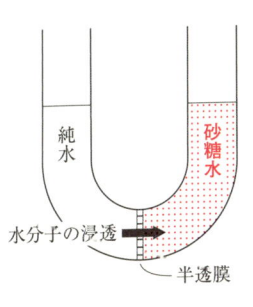

答
(1) 融解　(2) 蒸気圧　(3) 上昇　(4) 降下
(5) 降下　(6) 純水　(7) 砂糖水　(8) 浸透圧

例題 45

図は硫酸銅(Ⅱ)(式量 160)の水に対する溶解度曲線である。いま、水 100 g に硫酸銅(Ⅱ)五水和物(式量 250) 125 g を加え、加熱して完全に溶解した。これを冷却して 20 ℃ に保ったとき、析出する硫酸銅(Ⅱ)五水和物の結晶は何 g になるか。整数値で答えよ。

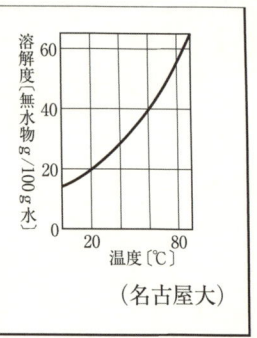

(名古屋大)

解

溶解度曲線より、20 ℃ での溶解度は 20 である。すなわち、水 100 g に対して 20 g の $CuSO_4$(無水物)を溶かしたときの濃度が、20 ℃ での飽和溶液の濃度である。問題の操作をまとめると次のようになる。

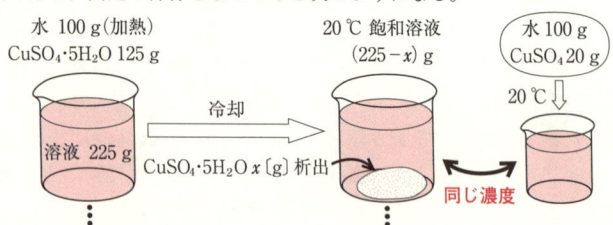

水 100 g (加熱)
$CuSO_4 \cdot 5H_2O$ 125 g

溶液 225 g

冷却 → $CuSO_4 \cdot 5H_2O$ x [g] 析出

20 ℃ 飽和溶液
$(225-x)$ g

水 100 g
$CuSO_4$ 20 g
20 ℃

同じ濃度

初めに溶けていた $CuSO_4$
$125 \times \dfrac{160}{250}$ g

析出した結晶に含まれる $CuSO_4$
$x \times \dfrac{160}{250}$ g

ここで、冷却後の 20 ℃ 飽和溶液に溶けている溶質($CuSO_4$)の質量は、

(初めに溶けていた $CuSO_4$) − (析出した結晶に含まれる $CuSO_4$)

である。これだけの溶質を溶かしている $(225-x)$ g の溶液の濃度と、100 g の水に 20 g の $CuSO_4$ を溶かしてつくった 120 g の溶液の濃度は等しい。

$$\frac{\text{溶液中に溶けている溶質[g]}}{\text{溶液[g]}} = \frac{125 \times \dfrac{160}{250} - x \times \dfrac{160}{250}}{225-x} = \frac{20}{120} \quad \therefore \quad x \fallingdotseq \underline{90} \text{ (g)}$$

ここがポイント

同じ温度の飽和溶液は、$\dfrac{\text{溶液中に溶けている溶質[g]}}{\text{溶液[g]}}$ が等しい

例題 46

次の各問に答えよ。

(1) 一定温度で一定量の液体に分圧 p の気体が接しているとき，この液体に溶解する気体の体積は，標準状態に換算して v L であるとする。ヘンリーの法則が成り立つとき，p と v の関係を表すグラフは次のうちのどれか。

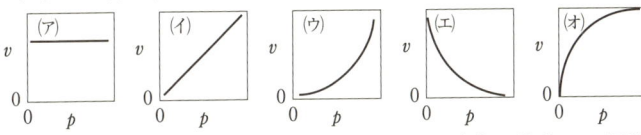

(ア) 　(イ) 　(ウ) 　(エ) 　(オ)

(2) 30 ℃ で，1 L の水に溶解する 1×10^5 Pa の酸素の体積は，標準状態に換算して 26 mL である。30 ℃ において 1×10^5 Pa の大気に接している水がある。この水 1 L に溶解している酸素は何 g か。ただし，大気中の酸素は体積百分率で 20 % とする。

(北海道大)

解

(1) 「標準状態で v [L] の気体」は「$\dfrac{v}{22.4}$ [mol] の気体」と翻訳して考える。すなわち，ヘンリーの法則によれば，溶解する気体の物質量 $\dfrac{v}{22.4}$ [mol] は気体の分圧 p に比例するから，v も p に比例する。すなわち(イ)。

ここがポイント

「標準状態の気体の体積 v [L]」は「気体の物質量 $\dfrac{v}{22.4}$ [mol]」を意味する

(2) 酸素 O_2 の分圧が 1×10^5 Pa のとき $\dfrac{26\times10^{-3}}{22.4}$ mol 溶解するから，空気中の O_2 の分圧の 0.2×10^5 Pa で溶解する O_2（分子量 32）は，

$$\dfrac{26\times10^{-3}}{22.4}\times\dfrac{0.2\times10^5}{1\times10^5}\times32 = 7.42\times10^{-3} \fallingdotseq \underline{7.4\times10^{-3}} \text{ (g)}$$

ここがポイント

溶解する気体の物質量は，その気体の分圧に比例する

例題 47

次の(a)～(d)の物質をそれぞれ水 1000 g に混合した。ただし、溶解している電解質は完全電離しているものとする。

(a) ショ糖 0.10 mol
(b) 塩化ナトリウム 0.10 mol
(c) 硫酸ナトリウム 0.10 mol
(d) 硫酸バリウム 0.10 mol

(1) 沸点の最も高いものはどれか。
(2) 凝固点の最も高いものはどれか。
(3) (b)の凝固点は何℃か。小数第2位まで求めよ。ただし、水のモル凝固点降下を 1.86 K·kg/mol とする。 　　　（立教大）

解

溶液の安定化は溶媒分子と溶質粒子の混ざり合いで起こるので、溶液濃度は、溶質粒子の質量モル濃度で考える。ショ糖は非電解質である。NaCl は電離するので、溶質粒子は 0.20 mol になる。Na₂SO₄ も電離して、溶質粒子は 0.30 mol となる。BaSO₄ はほとんど水に溶けないので 0 mol である。

溶質粒子の濃度 (mol/kg)
(a) 0.10
(b) 0.20
(c) 0.30 …最大
(d) 0 …最小

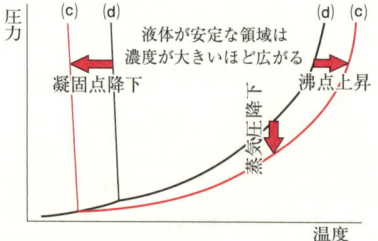

(1) 溶質粒子濃度最大の(c)
(2) 溶質粒子濃度最小の(d)
(3) 希薄な溶液の場合、凝固点降下度 ΔT はモル凝固点降下を比例定数として、溶質粒子の質量モル濃度に比例する。

$$\Delta T = 1.86 \times 0.20 = 0.372$$

すなわち、(b)の溶液の凝固点は、純水(0℃)よりも 0.37 K だけ降下する。

$$0 - 0.37 = \underline{-0.37} \ (℃)$$

ここがポイント　凝固点降下、沸点上昇、浸透圧は溶質粒子の総濃度で考える

例題 48

塩化鉄(Ⅲ)水溶液を沸騰水に加えて水酸化鉄(Ⅲ)のコロイド溶液を調製した。溶液を(a)セロハン膜を用いて精製し、横から光束をあてると(b)光の通路が見えた。また、限外顕微鏡により(c)粒子の不規則な動きも観察できた。27℃で溶液の浸透圧を測定すると、$2.0×10^2$ Paであった。つぎに電気泳動を行うと、粒子は陰極側に移動した。最後に、(d)少量の電解質を加えるとコロイド粒子は沈殿した。

(1) 塩化鉄(Ⅲ)からコロイド粒子を生じる変化を化学反応式で記せ。
(2) 下線部(a)～(d)の操作または現象の名称を記せ。
(3) 水酸化鉄(Ⅲ)のコロイド粒子は、正負どちらに帯電しているか。
(4) 浸透圧の測定値からコロイド粒子のモル濃度を求めよ。なお、浸透圧〔atm〕は気体定数($8.3×10^3$ Pa·L·K^{-1}·mol^{-1})を比例定数として、モル濃度と絶対温度に比例する。　　　　　　(弘前大)

解

(1)　$FeCl_3 + 3H_2O \longrightarrow Fe(OH)_3 + 3HCl$

(2) (a) **透析（とうせき）**　コロイド粒子は10^{-9}～10^{-7} m程度の大きさをもつため、セロハン膜のような透析膜を透過できない。これを利用してコロイド溶液を精製することを透析という。

(b) **チンダル現象**　粒子が大きいので光を散乱し、光の通路が見える。

(c) **ブラウン運動**　溶媒分子が不規則な熱運動でコロイド粒子に衝突し、その結果、コロイド粒子が不規則に動く。限外顕微鏡の原理は、小さくて目に見えないはずの星が光の点として夜空に見えるのと同じ原理である。

(d) **凝析（ぎょうせき）**　水酸化鉄(Ⅲ)は**疎水（そすい）コロイド**であり、少量の電解質で凝析(沈殿)する。これに対して、**親水コロイド**は多量の電解質で**塩析**する。

> **ここがポイント**　化学用語をしっかりと理解しよう！

(3) 「粒子は陰極側に移動」の記述より、<u>正</u>に帯電していることがわかる。

(4) 溶質粒子のモル濃度をc〔mol/L〕、温度をT〔K〕とすれば、浸透圧π〔Pa〕は、$\pi = cRT$より、

$$2.0×10^2 = c × 8.3×10^3 × (27+273) \quad\quad ∴ \quad c ≒ \underline{8.0×10^{-5}} \text{ (mol/L)}$$

14 熱化学

93. 結合力とエネルギー 水素分子 H_2 中で結合している水素原子 H を引き離すにはエネルギーが必要である。したがって，これに要したエネルギー分だけ，水素原子の保有するエネルギーは水素分子よりも⁽¹⁾｛大き，小さ｝いことになる。

逆に，水素原子が結合して分子に変化するときは，同じだけのエネルギーが⁽²⁾｛吸収，放出｝され，この変化は⁽³⁾｛吸熱，発熱｝変化となる。

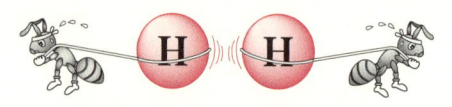

結合力に逆ってヨイショヨイショ

アリさん達の仕事のエネルギーは，H原子達の位置エネルギーとして保存されます

---

94. 熱化学方程式 次の変化を熱化学方程式で記せ。

(1) 2 mol の水素原子(気体)が結合して 1 mol の水素分子(気体)に変化すると，436 kJ のエネルギーが放出される。

(2) 1 mol の水(液体)が蒸発する。（蒸発熱 44 kJ/mol）

水の蒸発は吸熱　　　　燃焼反応は発熱

解答 ▼ 解説

93. エネルギーは保存される。すなわち，引き離すのに要したエネルギー分だけ水素原子は水素分子よりも保有するエネルギーが(1)<u>大き</u>いことになる。

したがって，水素原子が結合して水素分子に変化する場合には，同じだけのエネルギーが熱として(2)<u>放出</u>されるので，(3)<u>発熱</u>変化とよばれる。

原子間には引力がはたらいて化学結合を形成する。分子間にも弱い引力がはたらいて集合し，液体や固体となる。したがって，原子間の結合に変化が起こる化学反応や，分子の集合状態に変化が起こる状態変化など，物質の変化には必ずエネルギーの変化が伴う。

---

94. 反応熱の符号は，発熱なら＋，吸熱なら－とする。

> エネルギーの放出は**発熱**変化で，符号は**＋**
> エネルギーの吸収は**吸熱**変化で，符号は**－**

(1) $2H(気体) = H_2(気体) + 436 \text{ kJ}$

(2) $H_2O(液体) = H_2O(気体) - 44 \text{ kJ}$

熱化学では，出入りの符号が普通とは逆になってるから，注意しよう！

95. 生成熱と燃焼熱 次の反応の反応熱は何を表しているか。

(1) $H_2(気体) + \dfrac{1}{2} O_2(気体) = H_2O(液体) + 286 \text{ kJ}$

(2) $C(黒鉛) + O_2(気体) = CO_2(気体) + 394 \text{ kJ}$

(3) $C(黒鉛) + \dfrac{1}{2} O_2(気体) = CO(気体) + 111 \text{ kJ}$

> 化合物1 molが単体から生成する反応の反応熱を**生成熱**という
> また，物質1 molが完全燃焼する反応の反応熱を**燃焼熱**という

---

96. 吸熱と発熱 次の(1)～(6)を熱化学方程式で表せ。

(1) アンモニア NH_3(気) 2 mol が窒素と水素に分解する反応の反応熱は -92 kJ である。

(2) メタン CH_4(気) の生成熱は 74 kJ/mol である。

(3) エタノール C_2H_5OH(液) の燃焼熱は 1368 kJ/mol である。

(4) 氷の融解熱は 6 kJ/mol である。

(5) 塩化ナトリウムの水に対する溶解熱は -4 kJ/mol である。

(6) 水素分子の $H-H$ 結合の結合エネルギー (結合を切るのに要するエネルギー) は 436 kJ/mol である。

> 蒸発熱，融解熱，結合エネルギーなどは吸熱量を定義しているので，これらの値は符号を逆転してマイナスを付ける

---

97. ヘスの法則 化学変化で出入りする熱量の総和は，反応物と生成物によって決まり，変化の道筋にはよらない。

次の(1)，(2)式を用いて，(3)式の反応熱を求めよ。

$C(黒鉛) + \dfrac{1}{2} O_2(気体) = CO(気体) + 111 \text{ kJ} \quad \cdots(1)$

$C(黒鉛) + O_2(気体) = CO_2(気体) + 394 \text{ kJ} \quad \cdots(2)$

$CO_2(気体) = CO(気体) + \dfrac{1}{2} O_2(気体) + Q \text{ kJ} \quad \cdots(3)$

95. (1) 右辺の H₂O に着目すれば，単体(H₂, O₂)から 1 mol の H₂O が生成しているので，<u>液体の水の生成熱</u>。また，左辺の H₂ に着目すれば，H₂ の完全燃焼なので，<u>水素の燃焼熱</u>でもある。

(2) (1)と同様に，<u>二酸化炭素の生成熱</u>。また，左辺の C (黒鉛)に着目すれば，黒鉛の完全燃焼なので，<u>黒鉛の燃焼熱</u>でもある。

(3) <u>一酸化炭素の生成熱</u>。不完全燃焼なので，燃焼熱ではない。

96. 示された数値の符号をそのまま反応熱の符号とする。ただし，状態変化の熱と結合エネルギーの場合は符号を逆転させる。

(1) 2 NH₃(気) = N₂(気) + 3 H₂(気) − 92 kJ

(2) C(黒鉛) + 2 H₂(気) = CH₄(気) + 74 kJ

(3) C₂H₅OH(液) + 3 O₂(気) = 2 CO₂(気) + 3 H₂O(液) + 1368 kJ

(4) 融解熱は吸熱量が定義されているので，符号を逆転する。
H₂O(固) = H₂O(液) − 6 kJ

(5) 多量の水を aq で，水和して溶解している状態を NaClaq で表す。
NaCl(固) + aq = NaClaq − 4 kJ

(6) 結合エネルギーは吸熱量が定義されているので，符号を逆転する。
H₂(気) = 2 H(気) − 436 kJ

97. ヘスの法則は，反応熱についてのエネルギー保存則である。3つの熱化学方程式は，(1)式=(2)式+(3)式の関係にある。したがって，

111 = 394 + Q   これを解いて，Q = <u>−283</u> (kJ)

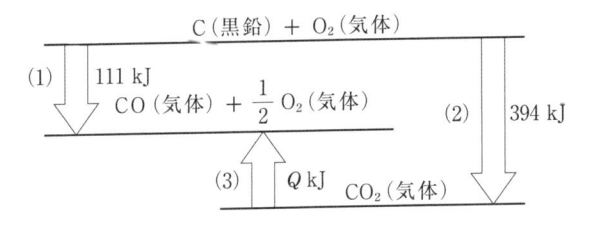

```
                C(黒鉛) + O₂(気体)
         ┃
    (1)  ┃ 111 kJ
         ▼    CO(気体) + ½ O₂(気体)
                                        (2)  │ 394 kJ
                      (3) ▲ Q kJ              │
                          CO₂(気体)           ▼
```

98. 生成熱と反応熱 次の反応の反応熱 Q_1, Q_2 を求めよ。ただし，メタン，二酸化炭素，一酸化炭素，水(液)の生成熱〔kJ/mol〕は，それぞれ，$Q_{CH_4} = 74$，$Q_{CO_2} = 394$，$Q_{CO} = 111$，$Q_{H_2O(液)} = 286$ である。

$$CH_4(気) + 2\,O_2(気) = CO_2(気) + 2\,H_2O(液) + Q_1\,kJ$$
$$C(黒鉛) + CO_2(気) = 2\,CO(気) + Q_2\,kJ$$

$$反応熱 = \begin{bmatrix} 右辺の物質_{生成物} \\ の生成熱の総和 \end{bmatrix} - \begin{bmatrix} 左辺の物質_{反応物} \\ の生成熱の総和 \end{bmatrix}$$

ただし，単体の生成熱はゼロ

---

99. 燃焼熱 アセチレン C_2H_2(気)の燃焼熱は $1302\,kJ/mol$ である。アセチレンの生成熱を求めよ。ただし，二酸化炭素と水(液)の生成熱はそれぞれ $394\,kJ/mol$，$286\,kJ/mol$ である。

---

100. 比熱と温度変化 物質 1 g の温度を 1 ℃ 上昇させるために必要な熱量を比熱という。

0 ℃ の氷 900 g を加熱して 100 ℃ の水にするとき，必要な熱量は何 kJ か。有効数字 2 桁で求めよ。ただし，氷の融解熱は $6.0\,kJ/mol$，水の比熱は $4.2\,J/(g \cdot ℃)$ とする。

温度上昇に要する熱量〔J〕= 比熱〔J/(g·℃)〕× 質量〔g〕× 温度差〔℃〕

98. 反応熱は右辺の物質(生成物)と左辺の物質(反応物)の生成熱の差に等しい。ただし、O_2と黒鉛は生成熱を定義している単体であるから、$Q_{O_2} = 0$, $Q_{C(黒鉛)} = 0$ である。

反応熱 $Q_1 = (Q_{CO_2} + 2Q_{H_2O(液)}) - (Q_{CH_4} + 2Q_{O_2})$
$= (394 + 2 \times 286) - (74 + 2 \times 0)$
$= \underline{892}$ (kJ)

反応熱 $Q_2 = 2Q_{CO} - (Q_{C(黒鉛)} + Q_{CO_2})$
$= 2 \times 111 - (0 + 394)$
$= \underline{-172}$ (kJ)

熱化学方程式中の反応熱には /mol を付けない

99. アセチレンの燃焼熱を表す熱化学方程式は、

$C_2H_2(気) + \dfrac{5}{2}O_2(気) = 2CO_2(気) + H_2O(液) + 1302\,kJ$

反応熱 $= (2Q_{CO_2} + Q_{H_2O(液)}) - (Q_{C_2H_2} + \dfrac{5}{2}Q_{O_2})$

これに数値を代入すれば、

$1302 = (2 \times 394 + 286) - (Q_{C_2H_2} + \dfrac{5}{2} \times 0)$

∴ $Q_{C_2H_2} = \underline{-228}$ (kJ/mol)

100. 融解熱は kJ/mol、比熱は J と g で表されていることに注意する。
H_2Oの分子量は18であるから、900 g の氷は、900/18 (mol) である。

融解に要する熱量 $= 6.0 \times \dfrac{900}{18} = 300$ (kJ)

300 kJ の熱量を加えると、0℃ の水になる。この水の温度を100℃だけ上昇させるのに必要な熱量は、

水温上昇に要する熱量 $= 4.2 \times 900 \times 100 = 378 \times 10^3$ (J)

kJ に単位を揃えて、

求める熱量 $= 300 + 378 = 678 ≒ \underline{6.8 \times 10^2}$ (kJ)

例題 49

次の(1)～(6)に関連して、誤っているものは①～④のどれか。

$H_2(気) + \frac{1}{2} O_2(気) = H_2O(液) + 286 \text{ kJ}$ …(1)

$H_2(気) + \frac{1}{2} O_2(気) = H_2O(気) + 242 \text{ kJ}$ …(2)

$N_2(気) + O_2(気) = 2 NO(気) - 180 \text{ kJ}$ …(3)

$AgNO_3(固) + aq = AgNO_3 aq - 23 \text{ kJ}$ …(4)

$NaOH(固) + aq = NaOH aq + 44 \text{ kJ}$ …(5)

$NaOH(固) + HCl aq = NaCl aq + H_2O(液) + 101 \text{ kJ}$ …(6)

① 水の蒸発熱は 44 kJ/mol である。
② 一酸化窒素の生成熱は -90 kJ/mol である。
③ 純水に硝酸銀を溶解させると、溶液の温度が下がる。
④ NaOH aq と HCl aq の中和熱は 101 kJ/mol より大きい。

(センター試験)

解

① 正しい。(1)式から(2)式を辺々引くと、

$0 = H_2O(液) + 286 \text{ kJ} - (H_2O(気) + 242 \text{ kJ})$

これを整理すると

$H_2O(液) = H_2O(気) - 44 \text{ kJ}$

これは H_2O の蒸発熱が 44 kJ/mol であることを表している。

② 正しい。(3)式を 2 で割れば、単体から NO 1 mol を生じる反応熱は -90 kJ となる。

③ 正しい。(4)式は吸熱反応であるから、溶液の温度は下がる。

④ 誤り。(6)式から(5)式を辺々引くと、

$NaOH aq + HCl aq = NaCl aq + H_2O(液) + 57 \text{ kJ}$

となり、④の中和熱は 57 kJ/mol であることがわかる。

答 ④

ここがポイント

吸熱量として定義された熱量は正の値で扱う

ただし、熱化学方程式は負で記す

例題 50

0 ℃，1 atmで44.8 Lの一酸化炭素とメタンの混合気体がある。水素と黒鉛の燃焼熱をそれぞれ286，394 kJ/mol，一酸化炭素とメタンの生成熱をそれぞれ111，74 kJ/molとして，次の各問に答えよ。ただし，水はすべて液体とする。

(1) 混合気体の全物質量を答えよ。
(2) 一酸化炭素およびメタンの燃焼熱を熱化学方程式で表せ。
(3) 混合気体を完全燃焼させると，二酸化炭素と水が2：1の物質量比(モル比)で生じた。一酸化炭素は何 mol あったか。
(4) (3)の燃焼で発生した熱量を答えよ。

(岡山大)

解

(1) $\dfrac{44.8}{22.4} = \underline{2.00}$ (mol)

(2) 水素と黒鉛の燃焼熱は，水と二酸化炭素の生成熱に等しい(131頁上参照)。

ここがポイント

$$反応熱 = \begin{bmatrix} 右辺の物質_{生成物} \\ の生成熱の総和 \end{bmatrix} - \begin{bmatrix} 左辺の物質_{反応物} \\ の生成熱の総和 \end{bmatrix}$$

ただし，単体の生成熱はゼロ

後に示す熱化学方程式において，それぞれの反応熱(燃焼熱)は，

CO の燃焼熱 $= Q_{CO_2} - (Q_{CO} + \dfrac{1}{2} Q_{O_2}) = 394 - (111 + 0) = 283$ (kJ)

CH_4 の燃焼熱 $= (Q_{CO_2} + 2Q_{H_2O}) - (Q_{CH_4} + 2Q_{O_2})$
$= (394 + 2 \times 286) - (74 + 2 \times 0) = 892$ (kJ)

$\underline{CO(気) + \dfrac{1}{2} O_2(気) = CO_2(気) + 283 \text{ kJ}}$

$\underline{CH_4(気) + 2 O_2(気) = CO_2(気) + 2 H_2O(液) + 892 \text{ kJ}}$

(3) CO を x [mol]，CH_4 を y [mol] とすれば，

$x + y = 2.00$　　および，$(x + y) : 2y = 2 : 1$

これを解いて，$x = \underline{1.50}$ (mol)，$y = 0.50$ (mol)

(4) $283 \times 1.50 + 892 \times 0.50 ≒ \underline{871}$ (kJ)

例題 51

(1) アンモニア(気)の生成熱は 46 kJ/mol である。窒素と水素から 2 mol のアンモニアが生じる反応を，熱化学方程式で記せ。

(2) 窒素分子 N≡N と水素分子 H-H の結合エネルギーは，それぞれ，$E_{N≡N} = 943$ kJ/mol, $E_{H-H} = 432$ kJ/mol である。アンモニア分子中の N-H 結合の結合エネルギーを求めよ。

(早稲田大)

解

(1) 窒素 N_2 と水素 H_2 は単体であり，これらから 1 mol のアンモニア NH_3 を生じる反応の反応熱は，アンモニアの生成熱に等しい。2 mol の生成反応の反応熱は，46(kJ/mol)×2(mol) = 92(kJ) である。(気)は気体を表す。

$$N_2(気) + 3H_2(気) = 2NH_3(気) + 92 kJ$$

(2) 各分子中の結合を示す化学式(構造式)でこの反応を表すと，

$$N≡N + 3H-H = 2H-N-H + 92 kJ$$
$$\qquad\qquad\qquad\qquad\quad |$$
$$\qquad\qquad\qquad\qquad\quad H$$

左辺の分子中に含まれている結合は 1 mol の N≡N 結合と 3 mol の H-H 結合である。一方，右辺の分子中に含まれている結合は計 6 mol の N-H 結合である。反応熱は次のように求められる。

ここがポイント

反応熱 = [右辺の分子の結合エネルギーの総和] − [左辺の分子の結合エネルギーの総和]

ただし，黒鉛の結合エネルギーは昇華熱を用いる

反応熱 = $6E_{N-H} - (E_{N≡N} + 3E_{H-H})$

与えられた数値を代入すれば，

$$92 = 6E_{N-H} - (943 + 3×432)$$

$$∴ E_{N-H} = 388.5 ≒ \underline{389} \ (kJ/mol)$$

例題 52

断熱容器に 0.40 mol/L の HCl 水溶液 100 mL(100 g) を入れ，これに，HCl と等しい物質量の NaOH を含む水溶液 150 g を加えてかき混ぜたところ，混合水溶液の温度は右図のように変化した。水溶液の比熱を 4.2 J/g·K として，次の問に答えよ。

(1) 中和熱を Q [kJ/mol] として，この反応を熱化学方程式で示せ。
(2) この実験の中和反応で発生した熱量 [kJ] を求めよ。
(3) 中和熱 Q を求めよ。

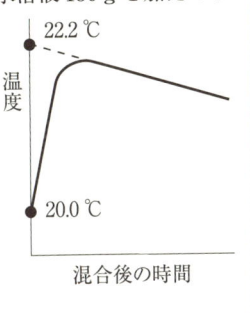

(東京理科大)

解

(1) HCl と NaOH は中和反応により NaCl と H_2O となる。水溶液中の溶質は aq を付けて，水に溶けていることを示す。

$$\underline{HClaq + NaOHaq = NaClaq + H_2O(液) + Q\ kJ}$$

(2) 比熱，質量，上昇温度から求める。温度の差は℃でもKでも同じである。

発生した熱量 $= 4.2 \times (100 + 150) \times (22.2 - 20.0) = 2.31 \times 10^3$ [J]

∴ $\underline{2.3\ kJ}$

ここがポイント 発生した熱量 [J] = 比熱 [J/(g·K)] × 質量 [g] × 上昇温度 [K]

(3) 反応した HCl の物質量は，

$$0.40 \times \frac{100}{1000} = 0.040\ [mol]$$

中和熱 [kJ/mol] は，酸と塩基の中和反応で，H_2O 1 mol が生成するときに発生する熱量である。ここでは HCl と NaOH が中和して H_2O が 0.040 mol 生じたので，(2)で求めた 2.31 kJ より中和熱が求められる。

$$\frac{2.31}{0.040} = 57.7 \fallingdotseq \underline{58}\ [kJ/mol]$$

強酸と強塩基の中和熱 [kJ/mol] は一定である。

15 反応速度と化学平衡

101. 化学反応の進み方　テストの得点分布と同様に，分子や原子などの粒子がもつ熱運動エネルギーも統計的に分布している。反応は必ず　1　を経て進む。そのため，反応物の粒子のうち，　2　を越える熱運動エネルギーをもつ粒子だけが　1　を経て生成物に変化できる。

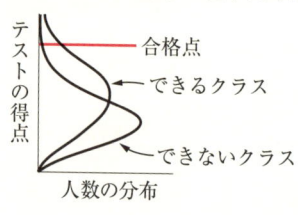

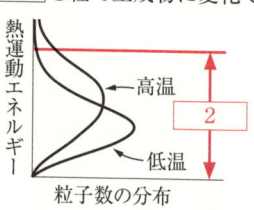

---

102. 反応の速さ（反応速度）　化学反応には速い反応もあれば，遅い反応もある。炭素は酸素と反応して二酸化炭素となる。しかし，ダイヤモンド（炭素）は永遠に輝く，といわれるように，この反応は室温では起こらない。その理由は次のうちのどれか。

(イ)　この反応の反応熱が極めて大きいから。
(ロ)　この反応の活性化エネルギーが極めて大きいから。
(ハ)　ダイヤモンドの値段が極めて高いから。

---

103. 反応速度を変える条件　反応速度は反応の種類によって異なるが，同じ反応でも次のような反応条件によって異なる。一般に，温度は　1　いほど，濃度が　2　いほど反応速度は大きい。また，少量の　3　を加えても反応速度は増大する。

15 反応速度と化学平衡

解答 ▼ 解説

101. 個々の粒子の熱運動エネルギーは，衝突する度にその値が変化している。しかし，全粒子についてみれば，常に温度だけで決まる一定の分布をもっている。化学反応は，活性化エネルギーを越える熱運動エネルギーをもつ反応物の粒子が，次々に活性化状態を経て生成物に変化していくことで進行する。

答 (1) 活性化状態
(2) 活性化エネルギー

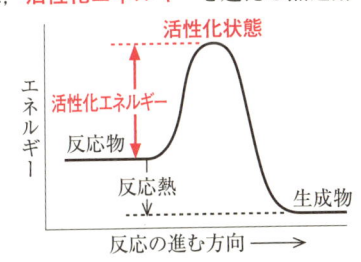

---

102. この反応は活性化エネルギーが極めて大きいため，室温での反応速度は極端に小さくなる(事実上ゼロ)。よって，「永遠に輝く」。

答 (ロ)

---

103. 温度の影響　一般に，温度が高いほど反応速度は大きい。温度が高いほど，活性化エネルギーを越えるエネルギーをもつ粒子の割合が増大するためである。ダイヤモンドも高温では燃焼し，ただの二酸化炭素になる。

濃度の影響　一般に，反応物質の濃度が大きいほど反応速度は大きい。粒子の衝突が頻繁に起こるためである。

触媒の影響　触媒を加えると，反応速度は増大する。触媒には，反応の進む経路を変えて，活性化エネルギーを小さくする働きがあるためである。

答 (1) 高　(2) 大き　(3) 触媒

104. 可逆反応

(1) 水素とヨウ素からヨウ化水素が生じる変化を反応式で記せ。
(2) ヨウ化水素が水素とヨウ素に分解する変化を反応式で記せ。
(3) ヨウ化水素が生じる変化は，実際には可逆反応である。この可逆反応を反応式で記せ。

105. 可逆反応の速度と平衡
高温で H_2 と I_2 を混合したとき，HI が生成する正反応の速度は，H_2 と I_2 の物質量の減少とともに [1] する。一方，HI の物質量が増加していくと，HI が分解する逆反応の速度は徐々に [2] する。そのため，しばらくすると，正反応と逆反応の速度が [3] して，見かけ上の変化がなくなる [4] となる。

106. 質量作用の法則
混合気体中または溶液中の可逆反応，

$$a\mathrm{A} + b\mathrm{B} \rightleftarrows c\mathrm{C} + d\mathrm{D} \quad (a \sim d \text{は係数})$$

が平衡状態にあるとき，各成分のモル濃度は次式を満たす。

$$K = \boxed{1} \qquad \text{…質量作用の法則}$$

ここで，K は温度だけで決まる定数であり，**平衡定数**とよばれる。

各成分が気体の場合は，モル濃度の代わりに分圧 $p_A \sim p_D$ を用いて，

$$K_p = \boxed{2}$$

と表せる。K_p は**圧平衡定数**とよばれ，温度だけで決まる定数である。区別のため，先の K を K_c と書いて**濃度平衡定数**とよぶこともある。

107. 平衡定数
次の可逆反応の K_c と K_p をそれぞれ文字式で記せ。

(1) 窒素と水素を混合して高温に保つとアンモニアが生じる。
(2) 高温で黒鉛と水蒸気を接触させると水素と一酸化炭素を生じる。

使っていくと

鉛筆の芯の黒鉛のモル濃度 = 黒鉛の物質量〔mol〕/黒鉛の体積〔L〕 … 一定だね

15 反応速度と化学平衡

104. 水素とヨウ素が反応するとヨウ化水素が生じるが，生じたヨウ化水素は，逆に水素とヨウ素に分解する反応を行う。このように逆向きの変化も同時に起こる反応を**可逆反応**という。

答 (1) $H_2 + I_2 \longrightarrow 2HI$　　(2) $2HI \longrightarrow H_2 + I_2$
(3) $H_2 + I_2 \rightleftarrows 2HI$

---

105. 可逆反応の右向きの反応を正反応，左向きの反応を逆反応という。

> **平衡状態**とは，正反応と逆反応の速度が一致して，見かけ上の変化がなくなった安定な状態である

答 (1) 減少　　(2) 増大　　(3) 一致　　(4) 平衡状態

---

106. 温度が一定である限り，平衡状態における各成分のモル濃度の値は次式を満たす。これを質量作用の法則という。

$$K = \frac{[C]^c[D]^d}{[A]^a[B]^b}$$　　…**答** (1)

各成分が気体の場合は，$[A] = \frac{n_A}{V} = \frac{p_A}{RT}$ のように，モル濃度を分圧に書き直すことができる。したがって，気相反応では次式の圧平衡定数を用いて平衡状態を表すこともできる。

$$K_p = \frac{p_C^c p_D^d}{p_A^a p_B^b}$$　　…**答** (2)

ここで，K（または K_c）や K_p はそれぞれ温度だけで決まる定数であり，物質量，圧力，体積を変えても，温度が一定である限り一定である。

---

107. まず反応式を書き，次に，質量作用の法則に従って文字式を書く。

(1) $N_2 + 3H_2 \rightleftarrows 2NH_3$,　$K_c = \dfrac{[NH_3]^2}{[N_2][H_2]^3}$,　$K_p = \dfrac{p_{NH_3}^2}{p_{N_2} p_{H_2}^3}$

(2) $C + H_2O \rightleftarrows H_2 + CO$,　$K_c = \dfrac{[H_2][CO]}{[H_2O]}$,　$K_p = \dfrac{p_{H_2} p_{CO}}{p_{H_2O}}$

黒鉛（C）は固体である。固体は物質量の減少に比例して体積も減少するので，モル濃度は一定となり，定数の中に含める。

108. 平衡の移動（ルシャトリエの原理） 次の反応を例として考える。

$$N_2 + 3H_2 \rightleftarrows 2NH_3 \quad \cdots ①$$

モル濃度を，$[N_2] = \dfrac{n_{N_2}}{V}$ のように書き直すと，平衡定数は，

$$K = \frac{[NH_3]^2}{[N_2][H_2]^3} = \frac{n_{NH_3}^2}{n_{N_2} n_{H_2}^3} \times V^2 \quad \cdots ②$$

また，①式の反応（正反応）は発熱反応であり，温度を高くすると平衡定数 K の値は小さくなる。

いま，N_2, H_2, NH_3 の混合気体が①式の平衡状態にあるとき，以下の操作を行うと，平衡は左右どちらに移動[注]するか。

注：元の平衡状態から右向きに反応が進んで新たな平衡に到達すれば，平衡は右に移動したという。

(1) 体積一定で温度を上げる。
(2) 温度，体積一定で NH_3 を加える。
(3) 温度一定で圧縮する。
(4) 温度，体積一定でヘリウムガスを加える。
(5) 温度，圧力（全圧）一定でヘリウムガスを加える。
(6) 温度，圧力一定で触媒を加える。

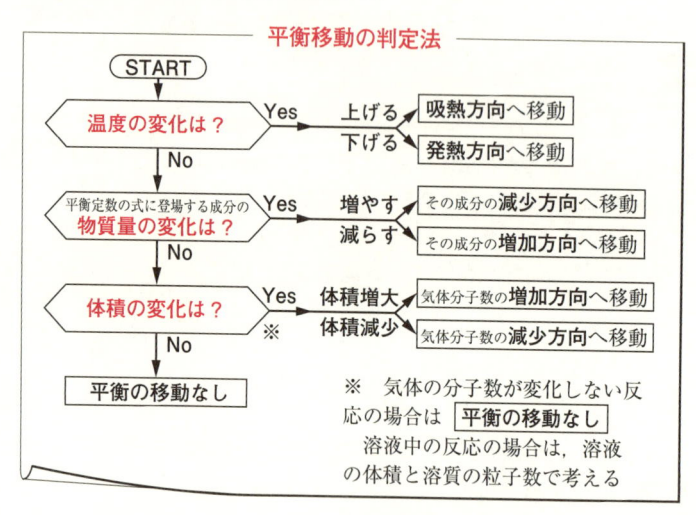

108。平衡状態は質量作用の法則で決定されるので,平衡の移動は前頁の判定法を用いれば簡単に決められる。

(1) 右向きの反応(正反応)が発熱反応なので,左向きの反応が吸熱である。体積一定または圧力一定で温度を上げれば「吸熱方向へ移動」するから,平衡は<u>左に移動する</u>。

(2) 平衡定数の式に登場する成分を増やすと「その成分の減少方向へ移動」するから,平衡は<u>左に移動する</u>。

(3) 「圧縮」は「加圧」と同義語で,体積を減少させることを意味する。体積を減少させると「気体分子数の減少方向へ移動」するから,平衡は<u>右に移動する</u>。

(4) ヘリウムは平衡定数の式に登場せず,また,他の成分と反応することもない。温度変化なし,平衡定数の式に登場する成分の物質量変化なし,体積変化なしであるから,平衡は<u>移動しない</u>。

(5) 温度と圧力を一定に保ちながら気体の量を増やすのは,体積を増大させていることを意味している。体積を増大させると「気体分子数の増加方向へ移動」するから,平衡は<u>左に移動する</u>。

(6) 触媒は反応速度を増大させるが,平衡状態には影響しない。したがって,平衡は<u>移動しない</u>。

参考

(1) 平衡定数 K の値は,温度を上げた場合,発熱反応では小さくなり,吸熱反応では大きくなる。①式は発熱反応なので,温度を上げたときの平衡定数を K' とすれば $K > K'$ であるから,<u>平衡の移動前</u>は,

$$K' < \frac{n_{NH_3}^2}{n_{N_2} n_{H_2}^3} \times V^2$$

となる。平衡状態では「=」にならなくてはいけないので,n_{NH_3} を減らして n_{N_2} と n_{H_2} を増やす方向,すなわち「=」になるまで反応は左に進む。

(2)〜(6)の場合も<u>平衡の移動前</u>を示すと,以下のようになる。

(2) $n_{NH_3} < n'_{NH_3}$ より $K < \frac{n'^2_{NH_3}}{n_{N_2} n_{H_2}^3} \times V^2$　　(3) $V > V'$ より $K > \frac{n_{NH_3}^2}{n_{N_2} n_{H_2}^3} \times V'^2$

(4),(6) $K = \frac{n_{NH_3}^2}{n_{N_2} n_{H_2}^3} \times V^2$　　(5) $V < V'$ より $K < \frac{n_{NH_3}^2}{n_{N_2} n_{H_2}^3} \times V'^2$

例題 53

可逆反応の反応速度に関する次の記述のうち，正しいものを選べ。
(1) 正反応が発熱反応の場合，正反応の活性化エネルギーは逆反応の活性化エネルギーよりも小さい。
(2) 平衡状態では，正反応と逆反応の反応速度はともにゼロとなる。
(3) 触媒は反応熱を変化させて，平衡を発熱側に移動させる。
(4) 触媒を加えると，正反応の反応速度は増大し，逆反応の反応速度は減少するため，短時間で平衡状態に到達する。（東京工業大）

解

(1) 正しい。下左図のように，正反応が発熱反応の場合は，活性化エネルギーは正反応の方が小さくなる。
(2) 誤り。下右図のように，正反応の反応速度は徐々に減少し，逆反応の反応速度は徐々に増大する。正反応と逆反応の速度が一致すると，正反応と逆反応の速度は等しいまま一定となる。この状態が平衡状態である。
(3) 誤り。触媒は活性化エネルギーを変化させるが，反応熱には影響せず，平衡状態も変化させない。
(4) 誤り。触媒は正反応と逆反応の活性化エネルギーを両方同じだけ減少させるので，正反応と逆反応の反応速度は同じ割合で増大する。そのため，平衡状態に到達する時間は短くなるが，平衡状態は変化させない。

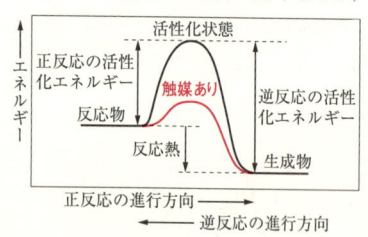

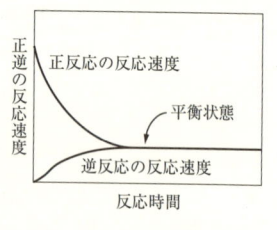

ここがポイント 触媒は活性化エネルギーを小さくして反応速度を増大させるが，反応熱や平衡状態は変化させない

答 (1)

15 反応速度と化学平衡

例題 54

五酸化二窒素は次のように分解する。

$$2\,N_2O_5 \longrightarrow 2\,N_2O_4 + O_2$$

一定温度で測定したところ、N_2O_5 のモル濃度は表のように変化した。

時間	$[N_2O_5]$
0 分	2.4 mol/L
20 分	1.2 mol/L
40 分	――

(1) 0〜20 分における反応速度 $v\,[\mathrm{mol/(L \cdot 分)}]$ の値を求めよ。
(2) この反応は、$v = k[N_2O_5]$ と表せる。k の値を求めよ。
(3) 40 分における $[N_2O_5]$ の値を求めよ。

(東京理科大)

解

(1) 反応物のモル濃度の減少速度が反応速度である。

ここがポイント
$$\text{反応速度}\,v = -\frac{[\text{反応物}]_{t_2} - [\text{反応物}]_{t_1}}{t_2 - t_1}\,[\mathrm{mol/(L \cdot 分)}]$$

$$v = -\frac{1.2 - 2.4}{20 - 0} = \underline{6.0 \times 10^{-2}}\,\mathrm{mol/(L \cdot 分)}$$

(2) (1)で求めた v の値は、0〜20 分の平均の速度である。したがって、濃度も 0〜20 分の平均値である 1.8 mol/L を用いて計算する。与式より、

$$6.0 \times 10^{-2} = k \times 1.8 \qquad \therefore\ k \fallingdotseq \underline{3.3 \times 10^{-2}}\,(\text{分}^{-1})$$

(3) (2)の与式は反応速度式とよばれる。反応速度式は一般に、

$$v = k[\text{反応物}]^n$$

のように表されるが、$n = 1$ のとき、これを 1 次反応という。

ここがポイント
温度一定なら、1 次反応の半減期は一定である

半減期は、反応物のモル濃度がちょうど半分になるのに要する時間である。
表より、初めの 20 分間で五酸化二窒素のモル濃度はちょうど半分になっている。すなわち、この反応の半減期は 20 分である。したがって、40 分での濃度は 20 分のときの濃度の半分になる。

$$1.2 \times \frac{1}{2} = \underline{0.60}\,(\mathrm{mol/L})$$

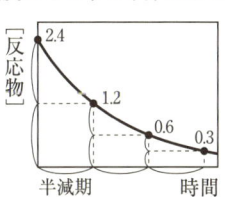

例題 55

ある温度で水素 1.0 mol とヨウ素 1.0 mol を混合すると，次式
$$H_2(気) + I_2(気) \rightleftarrows 2HI(気) \quad \cdots (a)$$
の平衡状態となった。この温度での (a) 式の平衡定数は 64 である。

(1) H_2 が x [mol] 反応したときの I_2 と HI の物質量を文字式で記せ。
(2) 平衡状態における HI の物質量を求めよ。
(3) 2.0 mol の HI だけを同じ温度に保つと，HI は何 mol になるか。
(4) H_2 と I_2 を各 1.0 mol，HI を 2.0 mol 混合して同じ温度に保ったとき，反応はどちら向きに進むか。
(島根大)

解

(1) 各成分の反応前後の物質量は，次のようになる。（表の単位は mol）

	H_2	+	I_2	$\rightleftarrows$	$2HI$
反応前	1.0		1.0		0
反応量	$-x$		$-x$		$+2x$
反応後	$1.0-x$		$1.0-x$		$2x$

(2) 反応量に対する各成分の物質量の変化は，右図のようになる。平衡状態において各成分の物質量がどれだけになるかは質量作用の法則で決まる。

(a) 式の反応は，左辺と右辺の気体の分子数が等しいため，平衡定数は次のように書き直せる。混合気体の体積を V [L] とすれば，

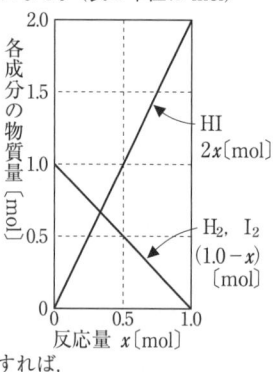

$$K = \frac{[HI]^2}{[H_2][I_2]} = \frac{\left(\dfrac{n_{HI}}{V}\right)^2}{\dfrac{n_{H_2}}{V} \times \dfrac{n_{I_2}}{V}} = \frac{n_{HI}^2}{n_{H_2} n_{I_2}} \quad \therefore \quad 64 = 8^2 = \frac{(2x)^2}{(1.0-x)^2}$$

$x > 0$ であるから，$8 = \dfrac{2x}{1.0-x}$ を解いて $x = 0.80$，$n_{HI} = 2x = \underline{1.6}$ (mol)

(3) HI 2.0 mol は，図の $x = 1.0$ の点である。ここから x が減少する方向に逆にたどっても，平衡状態は同じ位置になる。 $\therefore \quad n_{HI} = \underline{1.6}$ (mol)

(4) $\dfrac{n_{HI}^2}{n_{H_2} n_{I_2}} = \dfrac{2.0^2}{1.0 \times 1.0} = 4 < 64$ であるから，反応は，この分数値が大きくなる方向，すなわち，右向きに進む。

例題 56

次の可逆反応が平衡にあるとき，〔　〕内の変化を与えると，平衡はどのように移動するか。

(1) $N_2 + O_2 \rightleftarrows 2NO - 180\,kJ$ 〔加圧する〕
(2) $2HI \rightleftarrows H_2 + I_2 - 17\,kJ$ 〔温度を上げる〕
(3) $C(黒鉛) + CO_2 \rightleftarrows 2CO - 172\,kJ$ 〔減圧する〕
(4) $2NO_2 \rightleftarrows N_2O_4 + 59\,kJ$ 〔体積一定でヘリウムを加える〕
(5) $2NO_2 \rightleftarrows N_2O_4 + 59\,kJ$ 〔圧力一定でヘリウムを加える〕
(6) $C(黒鉛) + CO_2 \rightleftarrows 2CO$ 〔気相の体積一定で黒鉛を加える〕

(東京理科大)

解

ここがポイント　平衡の移動は142頁の判定法で！

(1) 温度が変化すれば平衡定数が変化してしまうので，特に記述がなければ，温度は一定と考える。「加圧」は体積を減少させる(圧縮する)ことである。左辺と右辺で気体の分子数に変化はないので，平衡は移動しない。

(2) 温度を上げれば平衡は吸熱方向，すなわち右へ移動する。

(3) 気体どうしは均一に混じり合うが，固体(黒鉛)は他の気体と混じり合わず，平衡定数の式の中には登場しない。

$$K_c = \frac{[CO]^2}{[CO_2]}, \quad K_p = \frac{p_{CO}^2}{p_{CO_2}}$$

減圧(体積増大)すれば，気体の分子数増加の右へ移動する。

(4) ヘリウム(希ガス)は反応に関与しない。反応に関与する成分の濃度$[NO_2]$と$[N_2O_4]$には変化がないから，平衡は移動しない。

(5) ヘリウムを加えた分だけ体積を増大させて，全圧を一定に保つ操作が必要である。温度一定，反応成分添加なしで体積増加だから，平衡は気体の分子数増加の左へ移動する。

(6) (3)と同じ反応。黒鉛は反応に関与する成分ではあるが，K_cの式には登場しない。よって，存在しさえすれば，その量は平衡に影響しない。気相(気体の部分)の体積一定だから，$[CO_2]$，$[CO]$は変化せず，平衡は移動しない。

例題 57

一定量の水素とヨウ素を反応容器に封入し，触媒を用いずに，一定温度で次の反応を行わせた。

$$H_2 + I_2 \rightleftharpoons 2HI + 17 \text{ kJ}$$

このときの反応時間とヨウ化水素の生成量の関係は下図のようになった。

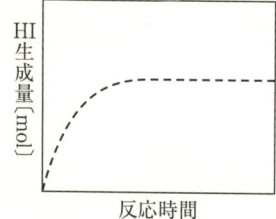

(1) 触媒を用い，その他は同じ条件で反応させた場合のグラフを実線で示せ。
(2) 触媒を用いずに，温度だけ下げ，その他は同じ条件で反応させた場合のグラフを点線で示せ。

解

(1) ヨウ化水素の生成量が一定(グラフが水平)になったところが平衡状態である。触媒を用いると反応速度が増大し，平衡に達する時間が短くなる。ただし，平衡は移動しないので，平衡時のヨウ化水素の生成量は前と同じである。

(2) 温度を下げると反応速度が減少する。しかし，平衡が発熱側へ移動するため，平衡時のヨウ化水素の生成量は前よりも増大する。

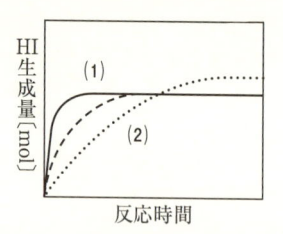

答

ここがポイント

反応時間と生成量の関係は，反応速度と平衡移動を考える

15 反応速度と化学平衡

例題 58

四酸化二窒素を室温付近に保つと，次のように解離して二酸化窒素との混合気体となる。

$$N_2O_4 \rightleftharpoons 2NO_2 \quad \cdots(a)$$

いま，容積 2.0 L の容器に 1.0 mol の四酸化二窒素を封入し，一定温度に保つと，(a)式の平衡状態となった。このとき，混合気体の全物質量は 1.5 mol であった。 $\sqrt{17} = 4.1$

(1) 生じた二酸化窒素の物質量は何 mol か。
(2) (a)式の平衡定数を求めよ。
(3) 同じ温度に保ちながら，容器の容積を 1.0 L に圧縮すると，平衡時の二酸化窒素の物質量は何 mol になるか。 (早稲田大)

解

(1) 反応した N_2O_4 の物質量を x [mol] とすれば，各物質量は，

	N_2O_4	$\rightleftharpoons$	$2NO_2$	合計
反応前	1.0		0	1.0
平衡時	$1.0-x$		$2x$	$1.0+x$

$1.0 + x = 1.5$ であるから，$x = 0.50$ で NO_2 の物質量は $2x = \underline{1.0}$ (mol)

(2) N_2O_4 の物質量は，$1.0 - x = 0.50$ (mol) である。質量作用の法則より，

$$K = \frac{[NO_2]^2}{[N_2O_4]} = \frac{\left(\dfrac{1.0}{2.0}\right)^2}{\dfrac{0.50}{2.0}} = \underline{1.0} \text{ (mol/L)}$$

(3) 圧縮すれば平衡が左に移動するわけであるが，どこから出発しても平衡状態は同じである。新たな平衡時の物質量を，(1)と同様に，$N_2O_4 (1.0-y)$ mol，$NO_2\ 2y$ mol とする。温度が同じなので，平衡定数の値も(2)と等しいから，

$$K = \frac{[NO_2]^2}{[N_2O_4]} = \frac{\left(\dfrac{2y}{1.0}\right)^2}{\dfrac{1.0-y}{1.0}} = 1.0 \quad \therefore\ 4y^2 + y - 1 = 0$$

$y > 0$ であるから，$y = \dfrac{-1+\sqrt{17}}{8} = \dfrac{3.1}{8}$，$2y = 0.775 \fallingdotseq \underline{0.78}$ (mol)

ここがポイント　温度が一定なら，平衡定数の値も一定である

— 149 —

16 電離平衡

109. 弱酸の電離平衡 点Ⓐの酢酸水溶液をNaOHで滴定していくと，酢酸と酢酸ナトリウムが混合した緩衝液(Ⓑの領域)を経て，酢酸ナトリウムの水溶液(点Ⓒ)となる。

次の文中の空欄に適する文字式を記せ。

Ⓐの酢酸水溶液について考える。水溶液中で酢酸はその一部が(1)式のように電離している。

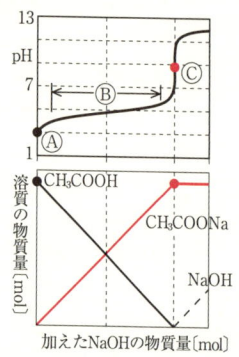

$$CH_3COOH \rightleftarrows CH_3COO^- + H^+ \quad \cdots(1)$$

c [mol/L]の酢酸の電離度をαとすれば，平衡時の各濃度は，

$[CH_3COOH] = \boxed{1}$, $[CH_3COO^-] = [H^+] = \boxed{2}$

と表せる。また，(1)式の電離定数K_aは，

$$K_a = \frac{[CH_3COO^-][H^+]}{[CH_3COOH]} = \boxed{3}$$

となる。ここで，$(0<)\ \alpha \ll 1$のとき(αが1よりも十分に小さいとき)は，$1-\alpha \fallingdotseq 1$と近似できるので，次式が成立する。

$\alpha \fallingdotseq \boxed{4}$ また，$[H^+] = \boxed{2} \fallingdotseq \boxed{5}$

・・

110. 加水分解 109のⒸの溶液を考える。この水溶液がわずかに塩基性であるのは，酢酸イオンが次式のように $\boxed{1}$ しているからである。

$$CH_3COO^- + H_2O \rightleftarrows CH_3COOH + OH^- \quad \cdots(2)$$

(2)式の電離定数は，酢酸の電離定数K_aと水のイオン積K_wを用いて，

$$K_h = \frac{[CH_3COOH][OH^-]}{[CH_3COO^-]} = \boxed{2}$$

また，Ⓐと同様にして，c_s [mol/L]の酢酸ナトリウム水溶液の水酸化物イオン濃度をc_S, K_a, K_wを用いて表すと，

$[OH^-] \fallingdotseq \boxed{3}$

— 150 —

解答 ▼ 解説

109. はじめの酢酸分子のうち，電離した酢酸分子の割合を電離度という。

$$CH_3COOH \rightleftharpoons CH_3COO^- + H^+$$

電離前	c	0	0
反応量	$-c\alpha$	$+c\alpha$	$+c\alpha$
電離後	(1) $\underline{c(1-\alpha)}$	(2) $\underline{c\alpha}$	(2) $\underline{c\alpha}$

電離平衡の平衡定数を特に電離定数という。

$$K_a = \frac{[CH_3COO^-][H^+]}{[CH_3COOH]} = \frac{c\alpha \cdot c\alpha}{c(1-\alpha)} = \frac{c\alpha^2}{(3)\underline{1-\alpha}}$$

ここで，α が1よりも十分に小さければ，$1-\alpha \fallingdotseq 1$ と近似でき，

$$K_a \fallingdotseq c\alpha^2 \quad \text{より，} \quad \alpha \fallingdotseq {}_{(4)}\sqrt{\frac{K_a}{c}}$$

また，水素イオン濃度も，次のように近似できる。

$$[H^+] = c\alpha \fallingdotseq {}_{(5)}\sqrt{cK_a}$$

近似の話

> リッチな I 君のポケットには約12万，プアな M 君は約50円です。いま，I 君が M 君に100円渡しました。さて，二人はいくらもっているでしょう。
>
> I 君：約12万 − 100 ≒ 約12万 　…I 君にとって100円は有効桁数外で無視。
>
> M 君：約50 + 100 = 約150　　…こっちも無視したら，M 君泣いちゃうよ。

110. 塩の水溶液の液性の説明には(1)加水分解という用語を用いる。K_h は加水分解定数または加水解離定数とよばれ，

$$K_h = \frac{[CH_3COOH][OH^-]}{[CH_3COO^-]} = \frac{[CH_3COOH][OH^-] \times [H^+]}{[CH_3COO^-] \times [H^+]} = {}_{(2)}\frac{K_w}{K_a}$$

加水分解度を h とすれば，

$$[CH_3COO^-] = c_s(1-h), \quad [CH_3COOH] = [OH^-] = c_s h$$

Ⓐの場合と同様に，$1-h \fallingdotseq 1$ と近似すれば，

$$[OH^-] \fallingdotseq \sqrt{c_s K_h} = {}_{(3)}\sqrt{\frac{c_s K_w}{K_a}}$$

111. 緩衝液

109の⑧の領域を考える。滴定曲線からわかるように、この水溶液の酸性は極めて弱い。これは、酢酸ナトリウムの存在により、水溶液中の [　1　] の濃度が高まり、109の(1)式の平衡が [　2　] に移動して、酢酸分子の電離が抑制されたためである。酢酸の濃度を c_a [mol/L]、酢酸ナトリウムの濃度を c_s [mol/L] とすれば、電離定数 K_a の式を変形して、

$$[H^+] = K_a \times \frac{[CH_3COOH]}{[CH_3COO^-]} \fallingdotseq K_a \times \boxed{3}$$

と近似できる。この溶液に少量の酸を加えれば、

[　4　] + H^+ ⟶ [　5　]

少量の塩基を加えれば、

[　5　] + OH^- ⟶ [　4　] + H_2O

の反応が起こるが、$\frac{[CH_3COOH]}{[CH_3COO^-]}$ の値の変化は小さく、$[H^+]$ の値はあまり変化しない。これは、水で希釈した場合も同様である。このような作用をもった溶液を [　6　] という。

112. 溶解度積

塩化銀を水に入れると、極めて微量溶け出して、次式の溶解平衡となる。

$$AgCl(固) \rightleftarrows Ag^+ + Cl^-$$

この平衡定数 K_{sp} を**溶解度積**という。

$K_{sp} = [Ag^+][Cl^-] = 1.0 \times 10^{-10}$ $(mol/L)^2$

これをグラフにすると、右のような双曲線となる。溶解平衡の状態では、水溶液中の $[Ag^+]$ と $[Cl^-]$ の関係は、双曲線上の一点で示される。

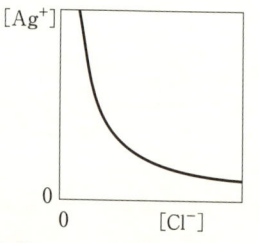

(1) 沈殿を生じる領域は、双曲線の右上か、左下か。

(2) 水1L中に塩化銀は何molまで溶けるか。

(3) 食塩水に硝酸銀水溶液を加えて塩化銀を沈殿させたところ、溶液中の銀イオンの濃度が 2.0×10^{-3} mol/L となった。水溶液中に残っている塩化物イオンの濃度は何 mol/L か。

16 電離平衡

111. 酢酸ナトリウムは完全に電離して溶けているから，水溶液中の (1)<u>CH_3COO^-（酢酸イオン）</u>の濃度は高くなる。そのため，(1)式の平衡が (2)<u>左</u>に移動して，酢酸分子の電離度は極めて小さくなる。よって，$[CH_3COOH] \fallingdotseq c_a$，$[CH_3COO^-] \fallingdotseq c_s$ と近似でき，$[H^+]$ の値は，

$$[H^+] = K_a \times \frac{[CH_3COOH]}{[CH_3COO^-]} \fallingdotseq K_a \times \underline{\frac{c_a}{c_s}}_{(3)}$$

のように，濃度比で決まる。この溶液に酸や塩基を加えると，

(4)<u>CH_3COO^-</u> + H^+ ⟶ (5)<u>CH_3COOH</u>

(5)<u>CH_3COOH</u> + OH^- ⟶ (4)<u>CH_3COO^-</u> + H_2O

の反応が起こるが，加える酸や塩基に対して CH_3COO^- と CH_3COOH が共に十分な量存在していれば，$\dfrac{[CH_3COOH]}{[CH_3COO^-]}$ の濃度比はあまり変化しない。また，水で希釈した場合もこの濃度比は変化しにくい。その結果 $[H^+]$ の変化が起こりにくく，このような溶液を (6)<u>**緩衝液**</u>という。

---

112. (1) 双曲線の右上の領域は，

$$K_{sp} < [Ag^+][Cl^-]$$

であるから，「=」が成立するまで $[Ag^+]$ と $[Cl^-]$ を減少させる反応が進む。すなわち，<u>右上</u>が AgCl の沈殿を生じる領域である。

(2) 水溶液中の Ag^+ と Cl^- は，AgCl の溶解によって生じたわけだから，$[Ag^+] = [Cl^-]$。溶解平衡にあるから，$K_{sp} = [Ag^+][Cl^-]$。これを連立させてグラフの交点を求める。

$$K_{sp} = [Ag^+][Cl^-] = [Ag^+]^2 = 1.0 \times 10^{-10}$$

$$\therefore \quad [Ag^+] = \underline{1.0 \times 10^{-5}} \text{ (mol/L)}$$

(3) 溶解平衡にあり，かつ，$[Ag^+] = 2.0 \times 10^{-3}$ mol/L であるから，

$$K_{sp} = 2.0 \times 10^{-3} \times [Cl^-] = 1.0 \times 10^{-10}$$

$$\therefore \quad [Cl^-] = \underline{5.0 \times 10^{-8}} \text{ (mol/L)}$$

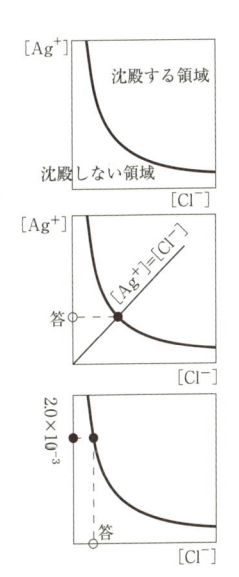

例題 59

アンモニアは水溶液中で，次のように電離する。

$$NH_3 + H_2O \rightleftharpoons NH_4^+ + OH^-$$

$$K_b = \frac{[NH_4^+][OH^-]}{[NH_3]} = 2 \times 10^{-5} \,(mol/L)$$

(1) 0.2 mol/L のアンモニア水の pH はいくらか。($\log_{10} 2 = 0.3$)

(2) 0.2 mol/L のアンモニア水 1 L と 0.1 mol/L の塩酸 1 L を混合した溶液の水酸化物イオン濃度はいくらか。

(3) 塩化アンモニウムの水溶液の液性をイオン反応式を用いて述べよ。

(長崎大)

解

基本問題 109 〜 111 の Ⓐ，Ⓑ，Ⓒ と同様に考える。

(1) アンモニア水の濃度を c [mol/L]，電離度を α とすれば，Ⓐ と同様に，

$$NH_3 + H_2O \rightleftharpoons NH_4^+ + OH^-$$

平衡時　$c(1-\alpha)$　　　　$c\alpha$　　$c\alpha$

$[OH^-] = c\alpha \fallingdotseq \sqrt{cK_b} = \sqrt{0.2 \times 2 \times 10^{-5}} = 2 \times 10^{-3}$

$pOH = -\log_{10}[OH^-] = -\log_{10}(2 \times 10^{-3}) = -0.3 + 3 = 2.7$

$pH + pOH = 14$ より，$pH = 14 - 2.7 = \underline{11.3}$

ここがポイント　弱塩基の水溶液では，$[OH^-] \fallingdotseq \sqrt{cK_b}$

(2) NH_3 0.2 mol と HCl 0.1 mol の混合であるから，次の中和反応により，

$$NH_3 + HCl \longrightarrow NH_4Cl$$

NH_4Cl が 0.1 mol 生成し，未反応の NH_3 が 0.1 mol 残る。したがって，溶液中には NH_3 と等しい物質量の NH_4^+ が存在し，$[NH_3] = [NH_4^+]$ となる。Ⓑ と同様に K_b の式を変形して $[NH_3] = [NH_4^+]$ を代入すれば，

$$[OH^-] = K_b \times \frac{[NH_3]}{[NH_4^+]} = K_b \underline{= 2 \times 10^{-5}} \,(mol/L)$$

(3) アンモニウムイオンが $NH_4^+ + H_2O \rightleftharpoons NH_3 + H_3O^+$ のように加水分解して $H_3O^+(H^+)$ を生じるため，酸性を示す。

例題 60

銅(Ⅱ)イオンと亜鉛イオンをともに 1×10^{-3} mol/L の濃度で含む水溶液がある。この水溶液中の硫化物イオンの濃度と沈殿生成について答えよ。次の値は硫化銅(Ⅱ)と硫化亜鉛の溶解度積である。

$K_{sp}(\text{CuS}) = 6 \times 10^{-36}$ $(\text{mol/L})^2$, $K_{sp}(\text{ZnS}) = 3 \times 10^{-22}$ $(\text{mol/L})^2$

(1) 一方の硫化物の沈殿だけが生じるようにするためには、溶液中の硫化物イオンの濃度をどのような値にすればよいか。
(2) 水溶液中の硫化物イオンの濃度を 3×10^{-20} mol/L に保ったとすれば、金属イオンの濃度はそれぞれいくらになるか。

(京都大)

解

それぞれの双曲線の右上の領域が、それぞれの硫化物の沈殿する領域である。

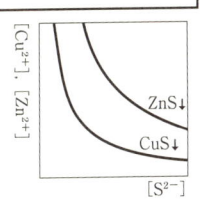

ここがポイント 溶解度積はグラフで考えよう！

(1) $[\text{Cu}^{2+}] = [\text{Zn}^{2+}] = 1 \times 10^{-3}$ であるから、次の図で $a < [\text{S}^{2-}]$ のとき CuS が沈殿し、$b < [\text{S}^{2-}]$ のときは ZnS も沈殿する。

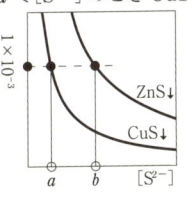

$K_{sp}(\text{CuS}) = 1 \times 10^{-3} \times a = 6 \times 10^{-36}$
$K_{sp}(\text{ZnS}) = 1 \times 10^{-3} \times b = 3 \times 10^{-22}$
∴ $a = 6 \times 10^{-33}$, $b = 3 \times 10^{-19}$

答 6×10^{-33} (mol/L) $< [\text{S}^{2-}] \leq 3 \times 10^{-19}$ (mol/L)

(2) $[\text{S}^{2-}] = 3 \times 10^{-20}$ であり、前問の a と b の間の値である。CuS の沈殿が生じるため、CuS については溶解平衡の状態となり、$[\text{Cu}^{2+}]$ と $[\text{S}^{2-}]$ の関係は、双曲線上の一点 f で表される。したがって、銅(Ⅱ)イオンの濃度は、右の図の c である。

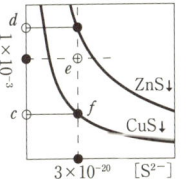

$K_{sp}(\text{CuS}) = c \times 3 \times 10^{-20} = 6 \times 10^{-36}$
∴ $c = 2 \times 10^{-16}$ (mol/L)

亜鉛イオンの方は d ではなくて、ZnS の双曲線の左下領域の e であり、沈殿を生じない。

答 $[\text{Cu}^{2+}] = 2 \times 10^{-16}$ (mol/L), $[\text{Zn}^{2+}] = 1 \times 10^{-3}$ (mol/L)

17 周期表と元素の性質

113. 元素の分類 下図は周期表の略図である。次の(1)～(6)に属する元素は図の a ～ i のどの部分の元素か。該当するものをすべて記せ。

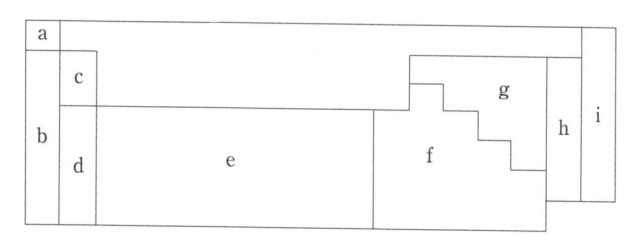

```
a
  c                    g
b                         h  i
  d      e         f
```

(1) 金属元素
(2) 遷移元素
(3) 希ガス
(4) ハロゲン
(5) アルカリ金属
(6) アルカリ土類金属

114. 典型元素の性質 下の表は周期表の一部である。次の(1), (2)に答えよ。

周期＼族	1	2	13	14	15	16	17	18
1	H							He
2	Li	Be	B	C	N	O	F	Ne
3	Na	Mg	Al	Si	P	S	Cl	Ar

(1) 表の元素の中で最も陰性の強い元素を元素記号で記せ。
(2) 表の元素の中で最も陽性の強い元素を元素記号で記せ。

17 周期表と元素の性質

解答 ▼ 解説

113. 金属元素と非金属元素の分類は次のようになる。

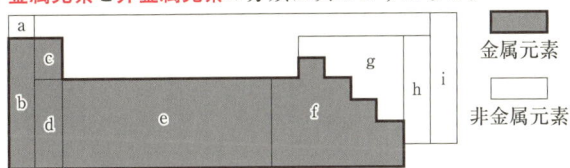

典型元素と遷移元素の分類は次のようになる。

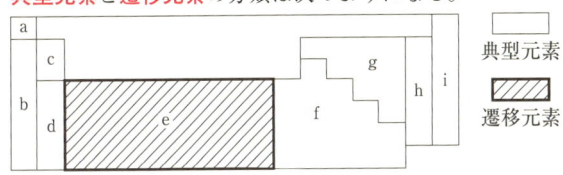

重要な同族元素名を下に示す。

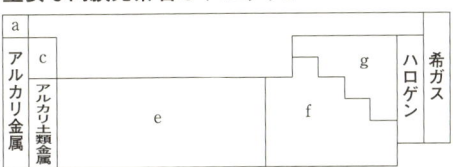

答 (1) b, c, d, e, f (2) e (3) i (4) h (5) b (6) d

---

114. 18族元素を除いて、周期表の右上の元素ほど陰性が強く、左下の元素ほど陽性が強い。(18頁，**15**，**16**，**電気陰性度**参照)

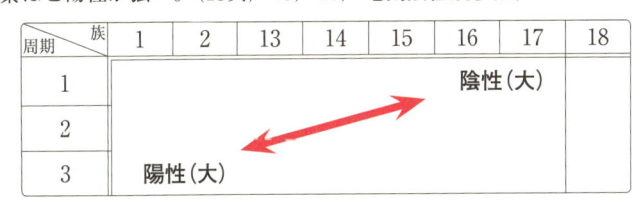

周期＼族	1	2	13	14	15	16	17	18
1						陰性(大)		
2								
3	陽性(大)							

答 (1) F (2) Na

例題 61

下の表は周期表の一部を示している。この表の元素について次の各問に答えよ。

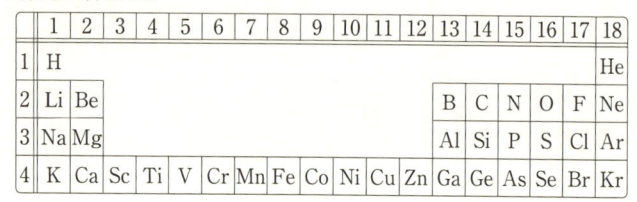

	1	2	3	4	5	6	7	8	9	10	11	12	13	14	15	16	17	18
1	H																	He
2	Li	Be											B	C	N	O	F	Ne
3	Na	Mg											Al	Si	P	S	Cl	Ar
4	K	Ca	Sc	Ti	V	Cr	Mn	Fe	Co	Ni	Cu	Zn	Ga	Ge	As	Se	Br	Kr

(1) 常温・常圧でその単体が気体として存在する元素は何種類あるか。

(2) 常温・常圧でその単体が液体であるものの分子式を記せ。

(3) 原子番号の最も大きい遷移元素の元素記号を記せ。

(4) 単体の状態で酸化力の最も大きいものの分子式を記せ。

解

(1) 常温・常圧で単体が気体の元素は <u>9</u>(種類)あり，その気体の分子式は，H_2, He, N_2, $O_2(O_3)$, F_2, Ne, Cl_2, Ar, Krである。

(2) 常温・常圧で単体が液体のものは臭素 <u>Br_2</u> である。(この周期表以外では第6周期の水銀 Hg のみが液体として存在する)

(3) この周期表の遷移元素は $_{21}Sc$〜$_{29}Cu$ である。よって，原子番号の最も大きい遷移元素は <u>Cu</u> となる。

(4) ハロゲンの単体はいずれも酸化剤として働くが，中でもフッ素 <u>F_2</u> はきわめて酸化力が大きい。

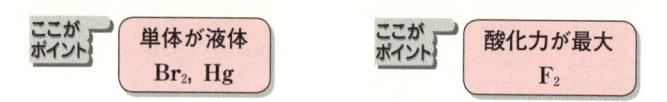

ここがポイント　単体が液体　Br_2, Hg

ここがポイント　酸化力が最大　F_2

17 周期表と元素の性質

例題 62

下の表に第3周期の元素の化合物とその性質を示した。これについて次の各問に答えよ。

族	1	2	13	14	15	16	17
元 素	Na	Mg	Al	Si	P	S	Cl
酸化物	Na_2O	(a)	Al_2O_3	SiO_2	(b)	SO_3	Cl_2O_7
水酸化物 オキソ酸	(c)	$Mg(OH)_2$	$Al(OH)_3$	$SiO_2 \cdot nH_2O$	H_3PO_4	(d)	(e)
性 質	(ア)	弱塩基性	両性	弱酸性	(イ)	(ウ)	(エ)

(1) (a)～(e)に適する化学式を記せ。
(2) (ア)～(エ)に適する語句を記せ。
(3) 共有結合の結晶を形成する酸化物の化学式を記せ。

解

(1), (2)

族	1	2	13	14	15	16	
元 素	Na	Mg	Al	Si	P	S	Cl
酸化物	Na_2O	(a) **MgO**	Al_2O_3	SiO_2	(b) **P_4O_{10}**	SO_3	Cl_2O_7
水酸化物 オキソ酸	(c) **NaOH**	$Mg(OH)_2$	$Al(OH)_3$	$SiO_2 \cdot nH_2O$	H_3PO_4	(d) **H_2SO_4**	(e) **$HClO_4$**
性 質	(ア) **強塩基性**	弱塩基性	両性	弱酸性	(イ) **弱酸性**	(ウ) **強酸性**	(エ) **強酸性**

酸化物から水酸化物やオキソ酸を生じる主な反応を以下に示す。

$Na_2O + H_2O \longrightarrow 2NaOH$

$P_4O_{10} + 6H_2O \longrightarrow 4H_3PO_4$

$SO_3 + H_2O \longrightarrow H_2SO_4$

$Cl_2O_7 + H_2O \longrightarrow 2HClO_4$

$SiO_2 \cdot nH_2O$(ケイ酸)は, $n=1$ なら H_2SiO_3, $n=2$ なら H_4SiO_4 である。

(3) 酸化物で共有結合の結晶を形成しているのは二酸化ケイ素 $\underline{SiO_2}$ である。

18 非金属元素とその化合物

115. ハロゲンの単体 ハロゲンの単体は2原子分子の状態で存在し、フッ素は淡黄色の気体、塩素は ① 色の ② 体、臭素は ③ 色の液体、ヨウ素は ④ 色の ⑤ 体である。また、ハロゲンの単体のうち最も酸化力の強いものは ⑥ である。

116. 塩素 次の文中の下線部を、それぞれ化学反応式で示せ。

塩素は工業的には塩化ナトリウム水溶液の電気分解で得られるが、実験室では(1)<u>さらし粉 CaCl(ClO)·H₂O に濃塩酸を加えて</u>つくられる。塩素を水に溶かすと、(2)<u>一部が水と反応する</u>。

117. ハロゲン化水素 ハロゲンと水素の化合物をハロゲン化水素といい、いずれも水によく溶ける ① 色の気体である。ハロゲン化水素の水溶液をハロゲン化水素酸というが、このうち最も酸性の弱いものは ② である。

解答 ▼ 解説

115. ハロゲンの単体の化学式, 状態, 色, 酸化力は下の表のようになる。

化学式	F_2	Cl_2	Br_2	I_2
状態	気体	気体	液体	固体
色	淡黄色	黄緑色	赤褐色	黒紫色
酸化力	強 ←			弱

フッ素は酸化力が最も強く, 水をも酸化する。

$$2F_2 + 2H_2O \longrightarrow 4HF + O_2$$

答 (1) 黄緑 (2) 気 (3) 赤褐 (4) 黒紫 (5) 固 (6) フッ素(F_2)

----

116. (1) さらし粉は水酸化カルシウムに塩素を吸収させてつくられる。

$$Ca(OH)_2 + Cl_2 \longrightarrow CaCl(ClO) \cdot H_2O$$

このさらし粉に濃塩酸を加えると塩素が発生する。

$$\underline{CaCl(ClO) \cdot H_2O + 2HCl \longrightarrow CaCl_2 + 2H_2O + Cl_2}$$

(2) 塩素水中では, 塩素の一部が水と反応して塩化水素と**次亜塩素酸 HClO** を生じる。

$$Cl_2 + H_2O \rightleftarrows HCl + HClO$$

次亜塩素酸は酸化力が強いため, 殺菌や漂白に利用される。

----

117. (1) ハロゲン化水素の化学式, 状態, 色, 水溶液の酸性の強さは次のようになる。

化学式	HF	HCl	HBr	HI
状態	気体	気体	気体	気体
色	無色	無色	無色	無色
酸性	弱 →			強

(2) ハロゲン化水素の水溶液はいずれも酸性を示すが, **フッ化水素酸は弱酸**で, 他は強酸である。

答 (1) 無 (2) フッ化水素酸

118. 二酸化硫黄
次の文中の空欄には適する語句を入れ，下線部は化学反応式で示せ。

二酸化硫黄は　1　の分子式で表され，その水溶液は　2　とよばれ弱酸性を示す。二酸化硫黄は，工業的には硫黄や黄鉄鉱などの燃焼によって得られるが，実験室では(3)銅に濃硫酸を加え加熱して得られる。

119. 硫酸
濃硫酸を水で希釈すると熱を発生して希硫酸になる。次の反応を濃硫酸で起こる反応と，希硫酸で起こる反応に分類せよ。

(1) 塩化ナトリウムに硫酸を加えて加熱すると塩化水素が発生する。
(2) 亜鉛に硫酸を加えると水素が発生する。
(3) 硫化鉄(Ⅱ)に硫酸を加えると硫化水素が発生する。
(4) スクロース(ショ糖)に硫酸を滴下すると黒くなる。

120. アンモニア
次の文中の空欄には適する語句を入れ，下線部は化学反応式で示せ。

アンモニアは工業的には　1　法で製造されるが，実験室では(2)塩化アンモニウムと水酸化カルシウムの混合物を加熱して得られる。アンモニアは空気より軽い無色の気体で，水に溶けやすく，水溶液は弱い　3　性を示す。(4)アンモニアに，濃塩酸に浸した脱脂綿を近づけると白煙を生じる。

18 非金属元素とその化合物

118. (1) 二酸化硫黄は $\underline{SO_2}$ の分子式で表される。

(2) 二酸化硫黄の水溶液は**亜硫酸**とよばれ, 弱い酸性を示す。

$$SO_2 + H_2O \rightleftarrows H^+ + HSO_3^-$$
$$HSO_3^- \rightleftarrows H^+ + SO_3^{2-}$$

(3) 二酸化硫黄は銅に熱濃硫酸を作用すると得られるが, 亜硫酸ナトリウムに希硫酸を加えても得られる。

$$\underline{Cu + 2H_2SO_4 \longrightarrow CuSO_4 + 2H_2O + SO_2}$$
$$Na_2SO_3 + H_2SO_4 \longrightarrow Na_2SO_4 + H_2O + SO_2$$

---

119. **濃硫酸**は不揮発性, 酸化剤として働く, 脱水剤として働くなどの性質を有する。(1)は濃硫酸の**不揮発性**,(4)は**脱水作用**によって起こる。

(1) $NaCl + H_2SO_4 \longrightarrow NaHSO_4 + HCl$

(4) $C_{12}H_{22}O_{11} \longrightarrow 12C + 11H_2O$ (炭化)

希硫酸は酸化剤や脱水剤としての性質を失うが,**強酸性**である。(2),(3)は希硫酸の強い酸性によって起こる。

(2) $Zn + H_2SO_4 \longrightarrow ZnSO_4 + H_2$

(3) $FeS + H_2SO_4 \longrightarrow FeSO_4 + H_2S$

答 濃硫酸で起こる反応 (1), (4)
希硫酸で起こる反応 (2), (3)

---

120. (1) 鉄を含む触媒を用いて, 水素 H_2 と窒素 N_2 からアンモニアを直接合成する方法を<u>ハーバー・ボッシュ法</u>という。

$$N_2 + 3H_2 \rightleftarrows 2NH_3$$

(2) この反応は強塩基の水酸化カルシウムが, 揮発性で弱塩基のアンモニアを追い出す反応である。

$$\underline{2NH_4Cl + Ca(OH)_2 \longrightarrow CaCl_2 + 2H_2O + 2NH_3}$$

(3) アンモニアが水から水素イオンを受け取り, 水溶液中に水酸化物イオンが生じるので, アンモニア水は<u>塩基性</u>を示す。

$$NH_3 + H_2O \rightleftarrows NH_4^+ + OH^-$$

(4) アンモニアと塩化水素が空気中で反応し, 塩化アンモニウム NH_4Cl の白色固体の微粉末(白煙)を生じる。

$$\underline{NH_3 + HCl \longrightarrow NH_4Cl}$$

121. 一酸化窒素, 二酸化窒素 次の文中の下線部を, それぞれ化学反応式で示せ。

(1)銅に希硝酸を加えると無色の気体が発生する。この無色の気体は空気中の酸素と反応し赤褐色の気体となる。この赤褐色の気体は(2)銅に濃硝酸を加えても得られる。

---

122. 二酸化炭素 次の文中の空欄には適する語句を入れ, 下線部は化学反応式で示せ。

炭素は空気中で燃えて二酸化炭素を生じる。二酸化炭素は無色の気体で, 大気中に約 1 %ふくまれている。二酸化炭素は水に溶けて弱い 2 性を示し, (3)水酸化ナトリウムとは中和して塩を生成する。

---

123. 気体の性質 次の(1)～(6)に最も適する気体を下から一つずつ選び, 分子式で記せ。

(1) 水によく溶け塩基性を示す。
(2) 空気に触れると赤褐色になる。
(3) アンモニアを近づけると白煙を生じる。
(4) 腐卵臭をもち, 硫酸銅(Ⅱ)水溶液に通じると黒色沈殿が生じる。
(5) 黄緑色で有毒である。
(6) ガラスを侵す。

| フッ化水素 | アンモニア | 一酸化窒素 |
| 塩化水素 | 塩素 | 硫化水素 |

18 非金属元素とその化合物

121. (1) 銅は希硝酸により酸化される。このとき主に**無色**の気体の**一酸化窒素**が発生する。

$$3\,Cu + 8\,HNO_3 \longrightarrow 3\,Cu(NO_3)_2 + 4\,H_2O + 2\,NO$$

(2) 一酸化窒素は空気中の酸素と反応し、**赤褐色**の気体の**二酸化窒素**になる。二酸化窒素は銅と濃硝酸との反応でも得られる。

$$2\,NO + O_2 \longrightarrow 2\,NO_2$$

$$Cu + 4\,HNO_3 \longrightarrow Cu(NO_3)_2 + 2\,H_2O + 2\,NO_2$$

---

122. (1) 二酸化炭素は大気中に約 0.04 %含まれている。大気中の二酸化炭素は、化石燃料の燃焼などにより年間 1〜2 ppm ずつ増加して来ており、地球の温暖化に影響を与えている。

(2) 二酸化炭素は水に溶けて炭酸となり、**弱い酸性**を示す。

$$H_2O + CO_2 \rightleftharpoons H_2CO_3$$
$$H_2CO_3 \rightleftharpoons H^+ + HCO_3^-$$

(3) 二酸化炭素は**酸性**の**気体**で、塩基とは中和反応を起こす。

$$2\,NaOH + CO_2 \longrightarrow Na_2CO_3 + H_2O$$

---

123. (1) アンモニア NH_3 は水によく溶け、その水溶液は塩基性を示す。

$$NH_3 + H_2O \rightleftharpoons NH_4^+ + OH^-$$

(2) 一酸化窒素 NO は空気中の酸素と反応し、赤褐色の二酸化窒素となる。

$$2\,NO + O_2 \longrightarrow 2\,NO_2$$

(3) 塩化水素 HCl はアンモニアと反応して塩化アンモニウムの白煙を生じる。

$$NH_3 + HCl \longrightarrow NH_4Cl$$

(4) Cu^{2+} を含む水溶液に硫化水素 H_2S を通じると硫化銅(Ⅱ)の黒色沈殿が生じる。

$$Cu^{2+} + S^{2-} \longrightarrow CuS$$

(5) 黄緑色の気体は塩素 Cl_2 である。

(6) フッ化水素 HF はガラス(主成分は SiO_2)と反応する。

$$SiO_2 + 4\,HF \longrightarrow SiF_4 + 2\,H_2O$$

例題 63

　塩素の製法の一つに，(ア)酸化マンガン(Ⅳ)に濃塩酸を加えて加熱する方法がある。この反応で，マンガン原子の酸化数は　a　から　b　へ変化するので，酸化マンガン(Ⅳ)は　c　として作用したことになる。図は乾いた塩素をつくる装置であるが，洗気びんAに入れる液体は　d　で，その目的は　e　の除去である。洗気びんBに入れる液体は　f　で，　g　の除去を目的としている。塩素は水に溶け，(イ)その一部は水と反応して酸化力を有する　h　を生じる。また，(ウ)ヨウ化カリウム水溶液に塩素を通じると　i　色を呈する。このことは　j　より　k　の方が酸化力が強いことを意味している。

(1) 文中の　a　～　k　にあてはまる語句または数字(正，負の符号をつけること)を記せ。

(2) 下線部(ア)～(ウ)を化学反応式で記せ。

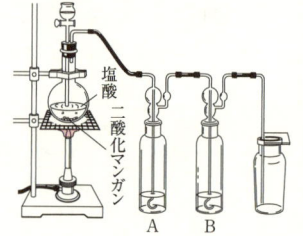

(三重大)

解

酸化マンガン(Ⅳ)に濃塩酸を加えて加熱すると塩素が生じる。

$$MnO_2 + 4\,HCl \longrightarrow MnCl_2 + 2\,H_2O + Cl_2$$

この反応では，塩素のほかに塩化水素や水蒸気も発生するので，洗気びんAの水で塩化水素を，Bの濃硫酸で水蒸気を除去する。

塩素はヨウ素よりも酸化力が強いので，ヨウ化カリウム水溶液に塩素を通じるとヨウ素が生じ，水溶液は褐色を呈する。

$$2\,KI + Cl_2 \longrightarrow 2\,KCl + I_2$$

(1) (a) +4　　(b) +2　　(c) 酸化剤　　(d) 水
　　(e) 塩化水素　(f) 濃硫酸　(g) 水蒸気　(h) 次亜塩素酸
　　(i) 褐　　(j) ヨウ素　　(k) 塩素

(2) (ア) $MnO_2 + 4\,HCl \longrightarrow MnCl_2 + 2\,H_2O + Cl_2$
　　(イ) $Cl_2 + H_2O \rightleftarrows HCl + HClO$
　　(ウ) $2\,KI + Cl_2 \longrightarrow 2\,KCl + I_2$

18 非金属元素とその化合物

例題 64

ハロゲン化水素の一つであるフッ化水素は(ア)フッ化カルシウムと濃硫酸を加熱すると得られる。フッ化水素は分子量が小さいにもかかわらず他のハロゲン化水素に比べて(a)沸点が高い。フッ化水素の水溶液の酸性は弱いが，二酸化ケイ素や(イ)ガラスを溶かす。塩化水素は(ウ)塩化ナトリウムに濃硫酸を加えて加熱すると得られる。(b)塩化水素の水溶液は代表的な強酸である。

(1) 下線部(ア)～(ウ)を化学反応式で記せ。
(2) 下線部(a)の理由を述べよ。
(3) 下線部(b)を何とよぶか。

解

(1) (ア) CaF_2 の鉱物名はホタル石で，これは HF の実験室的製法である。

$$CaF_2 + H_2SO_4 \longrightarrow CaSO_4 + 2\,HF$$

(イ) **フッ化水素酸**（フッ化水素の水溶液）はガラスを溶かす。

$$SiO_2 + 6\,HF \longrightarrow H_2SiF_6 + 2\,H_2O$$

気体のフッ化水素とガラスとの反応は次のようになる。

$$SiO_2 + 4\,HF \longrightarrow SiF_4 + 2\,H_2O$$

(ウ) HCl は NaCl に不揮発性の濃硫酸を加え，加熱すると得られる。

$$NaCl + H_2SO_4 \longrightarrow NaHSO_4 + HCl$$

(2) フッ化水素は分子間に水素結合を形成するので，他のハロゲン化水素に比べて沸点が高い。

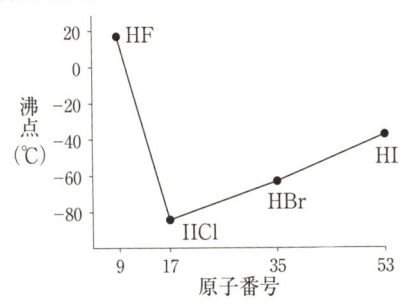

(3) 塩化水素の水溶液は**塩酸**である。

例題 65

硫黄は第2周期の ア と同様に周期表では16族の元素である。硫黄は単体として火山地域などに産する。硫黄の単体には斜方硫黄や単斜硫黄などの イ がある。天然に存在する気体状の硫黄化合物として ウ や エ がある。実験室内で(a) ウ をつくるには硫化鉄(II)に希硫酸を加える。また、(b) 銅に濃硫酸を加えて加熱すると エ が生成する。

(1) ア ～ エ にあてはまる適当な語句または化合物名を記入せよ。
(2) 下線部(a)の操作で起こる化学変化を化学反応式で示せ。
(3) 下線部(b)の化学変化を化学反応式で示せ。
(4) ウ および エ の水溶液はいずれも酸性を示す。このことをイオン反応式で示せ。
(5) ウ の水溶液に エ を通じたところ白くにごった。これを化学反応式で示せ。

(首都大)

解

(1) 周期表上で硫黄は16族にあり、第2周期の**酸素**と同族元素である。硫黄には斜方硫黄、単斜硫黄、無定形のゴム状硫黄などの**同素体**がある。
 (ア) 酸素 (イ) 同素体 (ウ) 硫化水素 (エ) 二酸化硫黄

(2) 弱酸の追い出し反応である。

$$FeS + H_2SO_4 \longrightarrow FeSO_4 + H_2S$$

(3) 熱濃硫酸の酸化力によって起こる。

$$Cu + 2H_2SO_4 \longrightarrow CuSO_4 + 2H_2O + SO_2$$

(4) H_2S, SO_2 ともに水溶液中で水素イオンを生じるので、酸性を示す。
 (ウ) $H_2S \rightleftarrows H^+ + HS^-$
 (エ) $H_2O + SO_2 \rightleftarrows H^+ + HSO_3^-$ 、または $H_2SO_3 \rightleftarrows H^+ + HSO_3^-$

(5) 酸化還元反応が起こり、水に不溶の硫黄が生成するので、水溶液は**白濁**する。(硫黄のかたまりは黄色だが、ここでは微粒子が分散していて白く見える。)

$$2H_2S + SO_2 \longrightarrow 2H_2O + 3S$$

例題 66

硝酸の工業的製法においては，まず，(a)アンモニアを空気と混合し，約800℃で ア 触媒の働きによりアンモニアを酸化して イ にする。これを冷却し，(b)空気でさらに酸化して ウ に変え，(c)温水に吸収させて硝酸を製造する。

(1) ア ～ ウ に適当な物質名を入れよ。
(2) 下線部(a), (b), (c)の変化を化学反応式で示せ。
(3) (a), (b), (c)をまとめて一つの化学反応式で示せ。
(4) アンモニア中の窒素がすべて硝酸に変化するとすれば，アンモニア 1000 kg から得られる 70 % 硝酸は何 kg か。答は四捨五入により有効数字 2 桁で示せ。
(鹿児島大)

解

(1) 硝酸は，アンモニアを(ア)白金触媒の働きで酸化して(イ)一酸化窒素に変え，さらにこれを(ウ)二酸化窒素にしたのち，温水に吸収させて製造される。この硝酸製造法を**オストワルト法**または**アンモニア酸化法**という。

(2) (a) $4NH_3 + 5O_2 \longrightarrow 4NO + 6H_2O$

(b) $2NO + O_2 \longrightarrow 2NO_2$

(c) $3NO_2 + H_2O \longrightarrow 2HNO_3 + NO$

(3) 工業的製法の場合，左辺と右辺の両方に登場する物質（NO と NO_2）は，工場の中だけを廻っている中間物質である。この**中間物質を消去するように反応式を足し合わせる**と，1つの反応式，原料(左辺)→製品(右辺)となる。

原料 → 工場 → 製品(+廃棄物)

NO は 3 つの式に登場するので後回し。まず，2 つの式に登場する NO_2 を (b)×3＋(c)×2 として消去する。得られた式に (a) を足して NO も消去する。

$\dfrac{1}{4}\{(a)+3\times(b)+2\times(c)\}$ より， $NH_3 + 2O_2 \longrightarrow HNO_3 + H_2O$

(4) $NH_3 = 17$, $HNO_3 = 63$. 生成する 70 % の硝酸を x kg とすると，(3)より，

$$\dfrac{HNO_3}{NH_3} = \dfrac{63}{17} = \dfrac{0.70\, x}{1000} \qquad \therefore\ x = \underline{5.29 \times 10^3}^{\,3}\ (kg)$$

ここがポイント

オストワルト法
$NH_3 \longrightarrow NO \longrightarrow NO_2 \longrightarrow HNO_3$

例題 67

CO_2 分子を構成する炭素原子と酸素原子の電気陰性度はそれぞれ 2.5 と 3.5 なので，炭素原子と酸素原子の間の共有電子対は ａ 原子の方へ偏っている。しかし，3 個の原子は直線上に並んでいるので共有電子対の偏りによる ｂ は打ち消し合い，その結果 CO_2 は分子全体として ｂ をもたない。ドライアイスは CO_2 の ｃ 結晶であり，常圧では -79 ℃ 以上で ｄ する。実験室では，(ア)石灰石に希塩酸を加えて CO_2 を発生させる。発生した CO_2 は空気より ｅ ので ｆ 置換によって捕集する。捕集した気体の中には塩化水素が含まれるが，(イ)塩化水素は炭酸水素ナトリウムの飽和溶液の中に通すことによって有効に取り除かれる。
(ウ)石灰水に CO_2 を通じると溶液が白濁するが，(エ)さらに通じると溶液は透明になる。

(1) 文中の ａ ～ ｆ に最も適当な語句を記せ。
(2) 下線部(ア)～(エ)で起こる反応を化学反応式で表せ。 (広島大)

解

二酸化炭素 CO_2 は 3 個の原子が直線上に，対称的に並んだ分子で，この分子では 2 個の C=O 結合の極性が互いに打ち消し合って，分子全体として極性が無くなっている。CO_2 の固体は**ドライアイス**とよばれ，**ファンデルワールス力(分子間力)** という弱い力で分子が配列し結晶を形成している。

(1) (a) 酸素　(b) 極性　(c) 分子　(d) 昇華　(e) 重い　(f) 下方
(2) (ア) 石灰石 $CaCO_3$ に希塩酸を加えると CO_2 が発生する。

$$CaCO_3 + 2HCl \longrightarrow CaCl_2 + H_2O + CO_2$$

(イ) 不純物の HCl は炭酸水素ナトリウム水溶液に通じることにより，目的の CO_2 と交換できる。

$$NaHCO_3 + HCl \longrightarrow NaCl + H_2O + CO_2$$

(ウ), (エ) CO_2 を石灰水に通じると，はじめ白濁するが，さらに通じると白濁は消え透明になる。

(ウ) $Ca(OH)_2 + CO_2 \longrightarrow CaCO_3 + H_2O$

(エ) $CaCO_3 + H_2O + CO_2 \longrightarrow Ca(HCO_3)_2$

透明になった水溶液を煮沸すると，この逆反応が起こり，再び $CaCO_3$ が析出する。

例題 68

次の(1)〜(5)の気体を得るために最も適した試薬の組み合わせを〈A群〉から，発生装置を〈B群〉から，捕集法を〈C群〉から一つずつ選び，それぞれ記号で答え，また，その反応を化学反応式で表せ。

(1) アンモニア　(2) 塩素　(3) 酸素　(4) 一酸化窒素　(5) 塩化水素

〈A群〉　(ア)　酸化マンガン(Ⅳ)と濃塩酸
　　　　(イ)　水酸化カルシウムと塩化アンモニウム
　　　　(ウ)　酸化マンガン(Ⅳ)と過酸化水素水
　　　　(エ)　銅と濃硫酸
　　　　(オ)　銅と希硝酸
　　　　(カ)　亜鉛と希硫酸
　　　　(キ)　塩化ナトリウムと濃硫酸

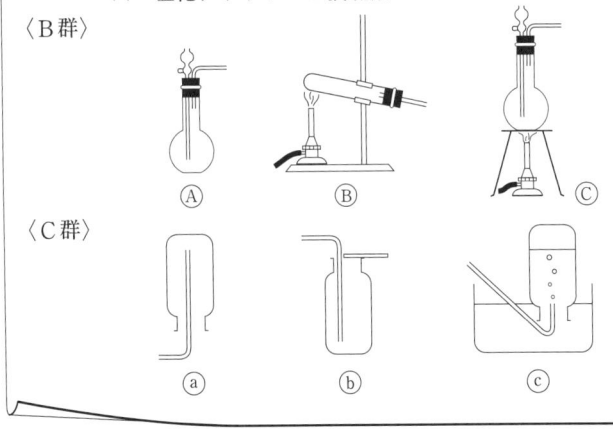

〈B群〉

Ⓐ　Ⓑ　Ⓒ

〈C群〉

ⓐ　ⓑ　ⓒ

解

(1) (イ), Ⓑ, ⓐ　$Ca(OH)_2 + 2NH_4Cl \longrightarrow CaCl_2 + 2H_2O + 2NH_3$

(2) (ア), Ⓒ, ⓑ　$MnO_2 + 4HCl \longrightarrow MnCl_2 + 2H_2O + Cl_2$

(3) (ウ), Ⓐ, ⓒ　$2H_2O_2 \longrightarrow 2H_2O + O_2$

(4) (オ), Ⓐ, ⓒ　$3Cu + 8HNO_3 \longrightarrow 3Cu(NO_3)_2 + 4H_2O + 2NO$

(5) (キ), Ⓒ, ⓑ　$NaCl + H_2SO_4 \longrightarrow NaHSO_4 + HCl$

19 金属元素とその化合物

124. ナトリウム 次の文中の空欄には適する語句を入れ，下線部は化学反応式で示せ。

原子番号11のナトリウムはイオン化エネルギーが小さく，1価の陽イオンになりやすい。(1) ナトリウムの単体は常温の水と激しく反応する。また，ナトリウムの単体は空気中で速やかに酸化されるので ２ 中に保存する。

125. 水酸化ナトリウム 水酸化ナトリウムは白色の固体で，水によく溶け，水溶液は強いアルカリ性を示す。水酸化ナトリウムの固体は，空気中の水分を吸収して溶ける性質である １ 性を有する。また，水酸化ナトリウムは食塩水の電気分解で ２ 極付近に生じる。

126. カルシウム化合物 次の(1)～(4)の反応を化学反応式で記せ。

(1) 石灰石を強熱すると酸化カルシウム（生石灰）が生じる。
(2) 酸化カルシウムは水と反応して水酸化カルシウム（消石灰）になる。
(3) 水酸化カルシウムに塩素を吸収させるとさらし粉が生じる。
(4) 石灰石に塩酸を加えると二酸化炭素が発生する。

解答 ▼ 解説

124. (1) ナトリウムのようなアルカリ金属は電子を1個失って1価の陽イオンになりやすい。ナトリウムの単体は非常に還元力が強く，常温の水を還元して水素を発生する。

$$2Na + 2H_2O \longrightarrow 2NaOH + H_2$$

(2) ナトリウムの単体は空気中の酸素と非常に反応しやすく，**灯油(石油)**中に保存する。

125. (1) 空気中の水分を吸収し，その水に溶けこみ，固体の表面がぬれてくる現象を**潮解**という。

(2) 濃食塩水を隔膜で仕切り，陰極に鉄，陽極に炭素棒を用いて電気分解を行うと**陰**極付近に水酸化ナトリウムが生じる。

陽 極　$2Cl^- \longrightarrow Cl_2 + 2e^-$
陰 極　$2H_2O + 2e^- \longrightarrow H_2 + 2OH^-$
全反応　$2NaCl + 2H_2O \longrightarrow 2NaOH + H_2 + Cl_2$

126. (1) 石灰石の主成分は炭酸カルシウム $CaCO_3$ であり，強熱すると熱分解して CO_2 を発生する。

$$CaCO_3 \longrightarrow CaO + CO_2$$

(2) 酸化カルシウム CaO は生石灰ともよばれ，水と反応して強塩基の水酸化カルシウムになる。

$$CaO + H_2O \longrightarrow Ca(OH)_2$$

(3) 水酸化カルシウム $Ca(OH)_2$ は消石灰ともよばれ，塩素を吸収させると**さらし粉**が生成する。

$$Ca(OH)_2 + Cl_2 \longrightarrow CaCl(ClO) \cdot H_2O$$

さらし粉や，それを精製した高度さらし粉 $Ca(ClO)_2 \cdot 2H_2O$ は酸化剤，漂白剤，殺菌剤として広く用いられている。

(4) 炭酸の塩に強酸を加えると，二酸化炭素が発生する。

$$CaCO_3 + 2HCl \longrightarrow CaCl_2 + H_2O + CO_2$$

127. アルミニウム アルミニウムはやわらかくて軽い金属で，酸とも強塩基とも反応するので［ 1 ］元素といわれる。また，アルミニウムは濃硝酸や濃硫酸に溶けにくい。これはアルミニウムの表面にち密な酸化被膜ができるためで，このような状態を［ 2 ］という。

$$Al \xrightarrow{HCl} Al^{3+} \xrightarrow{NaOH} Al(OH)_3 \xrightarrow{NaOH} [Al(OH)_4]^-$$

（全体にNaOH）

128. 鉄 次の文中の空欄には適する語句を入れ，下線部は化学反応式で示せ。

(1) 鉄を希硫酸に溶かすと［ 2 ］色の硫酸鉄(Ⅱ)の水溶液が得られる。硫酸鉄(Ⅱ)の水溶液に水酸化ナトリウム水溶液を加えると，緑白色の［ 3 ］が沈殿する。この沈殿は，空気中から溶け込んだ酸素により，しだいに［ 4 ］色の［ 5 ］に変化していく。

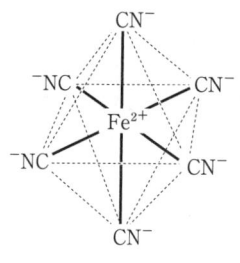

$[Fe(CN)_6]^{4-}$ と $[Fe(CN)_6]^{3-}$ の立体構造

正八面体形　　　　　　　　正八面体形
ヘキサシアニド鉄(Ⅱ)酸イオン　ヘキサシアニド鉄(Ⅲ)酸イオン

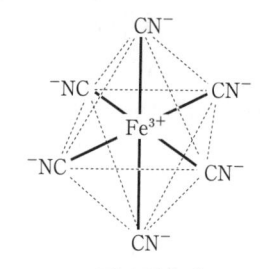

127.

(1) アルミニウムは**両性元素**で，単体は酸の水溶液にも強塩基の水溶液にも，水素を発生して溶ける。

2 Al + 6 HCl ⟶ 2 AlCl₃ + 3 H₂
2 Al + 2 NaOH + 6 H₂O ⟶ 2 Na[Al(OH)₄] + 3 H₂

酸化アルミニウム Al_2O_3 は**両性酸化物**，水酸化アルミニウム $Al(OH)_3$ は**両性水酸化物**である。

Al_2O_3 + 6 HCl ⟶ 2 AlCl₃ + 3 H₂O
Al_2O_3 + 2 NaOH + 3 H₂O ⟶ 2 Na[Al(OH)₄]
$Al(OH)_3$ + 3 HCl ⟶ AlCl₃ + 3 H₂O
$Al(OH)_3$ + NaOH ⟶ Na[Al(OH)₄]

(2) 鉄やアルミニウムは濃硝酸や濃硫酸に溶けない。これは，金属の表面に安定でち密な酸化被膜ができるため，このような状態を**不動態**という。

128.

(1) 鉄は酸に溶け，水素を発生して鉄(Ⅱ)イオンになる。

Fe + H₂SO₄ ⟶ FeSO₄ + H₂
(Fe + 2 H⁺ ⟶ Fe²⁺ + H₂)

(2) 鉄(Ⅱ)イオン Fe^{2+} は**淡緑色**を示す。

(3) Fe^{2+} + 2 OH⁻ ⟶ Fe(OH)₂　**水酸化鉄(Ⅱ)**

(4),(5) 水酸化鉄(Ⅱ)は空気中の O_2 によって徐々に酸化され，**赤褐色**の水酸化鉄(Ⅲ)になる。

4 Fe(OH)₂ + 2 H₂O + O₂ ⟶ 4 Fe(OH)₃

鉄イオンの検出

	Fe^{2+}（淡緑色）	Fe^{3+}（黄褐色）
NaOH水溶液	Fe(OH)₂の緑白色沈殿	Fe(OH)₃の**赤褐色沈殿**
K₄[Fe(CN)₆]水溶液	———	**濃青色の沈殿**
K₃[Fe(CN)₆]水溶液	**濃青色の沈殿**	———
KSCN水溶液		**血赤色溶液**

129. 銅　銅(Ⅱ)イオン Cu^{2+} を含む水溶液にアンモニア水を加えていくと，はじめ青白色の ◻1◻ の沈殿が生じるが，さらにアンモニア水を加えると深青色の錯イオン ◻2◻ を生成し沈殿は溶解する。

　硫酸銅(Ⅱ)五水和物 ◻3◻ の青色結晶を加熱すると，結晶水を失って ◻4◻ 色の無水硫酸銅(Ⅱ) ◻5◻ になる。

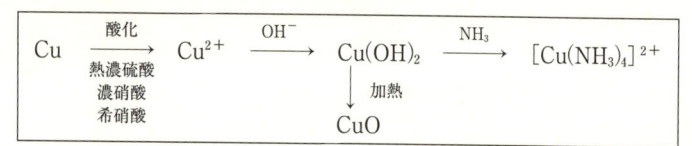

$$Cu \xrightarrow[\substack{熱濃硫酸\\濃硝酸\\希硝酸}]{酸化} Cu^{2+} \xrightarrow{OH^-} Cu(OH)_2 \xrightarrow{NH_3} [Cu(NH_3)_4]^{2+}$$
$$\downarrow 加熱$$
$$CuO$$

テトラアンミン銅(Ⅱ)イオン
$[Cu(NH_3)_4]^{2+}$ の立体構造

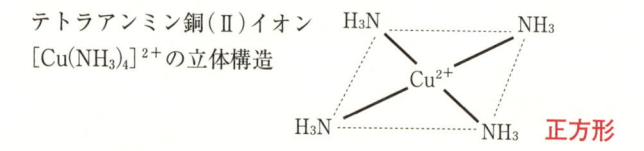

正方形

---

130. 銀　硝酸銀の水溶液にアンモニア水を加えていくと，はじめ褐色の ◻1◻ の沈殿が生じるが，さらにアンモニア水を加えると錯イオン ◻2◻ を形成して沈殿は溶解し，無色透明の水溶液になる。

$$Ag \xrightarrow{酸化} Ag^+ \xrightarrow{OH^-} Ag_2O \xrightarrow{NH_3} [Ag(NH_3)_2]^+$$

$[Ag(NH_3)_2]^+$ ジアンミン銀(Ⅰ)イオンの立体構造

$$H_3N \text{——} Ag^+ \text{——} NH_3$$　**直線形**

---

131. その他　鉄にクロムとニッケルなどを混ぜた合金は ◻1◻ といい，錆びにくい性質をもつ。航空機の構造材などに用いられるジュラルミンは ◻2◻ を主成分とする合金である。水銀は多くの金属と合金をつくり，その合金を一般に ◻3◻ という。チタンは形状記憶合金にも利用されるが，酸化チタン(Ⅳ) ◻4(化学式)◻ は紫外線のエネルギーで化学反応を起こす ◻5◻ としての性質をもっている。

19 金属元素とその化合物

129. (1) Cu^{2+} を含む水溶液にアンモニア水を加えていくと,はじめは<u>水酸化銅(Ⅱ)</u>の青白色の沈殿が生じる。

$$Cu^{2+} + 2\,OH^- \longrightarrow Cu(OH)_2$$

(2) 水酸化銅(Ⅱ)の沈殿にさらにアンモニア水を加えると,濃青色の<u>テトラアンミン銅(Ⅱ)イオン</u> $[Cu(NH_3)_4]^{2+}$ を生成し,沈殿は溶解する。

$$Cu(OH)_2 + 4\,NH_3 \longrightarrow [Cu(NH_3)_4]^{2+} + 2\,OH^-$$

(3), (4), (5) 硫酸銅(Ⅱ)五水和物 **$CuSO_4 \cdot 5\,H_2O$** の青色結晶を加熱すると,結晶水を失って,<u>白色</u>の無水硫酸銅(Ⅱ) $CuSO_4$ の粉末になる。

$$CuSO_4 \cdot 5\,H_2O \longrightarrow CuSO_4 + 5\,H_2O$$

---

130. (1) 硝酸銀の水溶液にアンモニア水を加えたとき,はじめに生じる褐色の沈殿は水酸化銀 $AgOH$ ではなく<u>酸化銀</u> Ag_2O である。イオン化傾向の小さい金属の水酸化物は脱水温度が低く,酸化物に変わりやすい。

$$2\,Ag^+ + 2\,OH^- \longrightarrow (2\,AgOH) \longrightarrow Ag_2O + H_2O$$

(2) 酸化銀 Ag_2O は,アンモニア水には錯イオンの<u>ジアンミン銀(Ⅰ)イオン</u> $[Ag(NH_3)_2]^+$ を形成して溶解する。

$$Ag_2O + 4\,NH_3 + H_2O \longrightarrow 2\,[Ag(NH_3)_2]^+ + 2\,OH^-$$

---

131. (1) ステンレス鋼

(2) アルミニウム

(3) **アマルガム**

(4), (5) <u>TiO_2</u> は紫外線を吸収し,そのエネルギーで強い酸化反応を起こす光触媒としての性質をもつ。

132。金属イオンの性質 水溶液中に存在する次の9種類のイオンがある。次の(1)〜(4)に該当するイオンをすべて選び，化学式で答えよ。

| K^+ | Ca^{2+} | Na^+ | Al^{3+} | Zn^{2+} |
| Fe^{3+} | Pb^{2+} | Cu^{2+} | Ag^+ | |

(1) 水溶液中で有色のイオン
(2) 水酸化ナトリウム水溶液を過剰に加えたとき，沈殿を生じるイオン
(3) アンモニア水を過剰に加えたとき，沈殿を生じるイオン
(4) 酸性条件で硫化水素を通じたとき，沈殿を生じるイオン

133。金属イオンの分離 A欄のそれぞれの3種類のイオンを含む水溶液から，下線をつけたイオンだけをB欄の操作を1回だけ行って沈殿させたい。(1)〜(4)の水溶液について，最も適当なものをB欄から一つずつ選び，記号で記せ。

[A欄] (1) Ag^+, Cu^{2+}, $\underline{Fe^{3+}}$　(2) $\underline{Cu^{2+}}$, Fe^{3+}, Zn^{2+}
(3) $\underline{Ba^{2+}}$, Na^+, K^+　(4) $\underline{Ag^+}$, Cu^{2+}, Fe^{3+}

[B欄] (a) 希塩酸を加える。
(b) アンモニア水を多量に加える。
(c) 水酸化ナトリウム水溶液を多量に加える。
(d) 塩酸で酸性にした後，硫化水素を通じる。
(e) 希硫酸を加える。

132. OH⁻, S²⁻で沈殿するイオン

	K⁺ Ca²⁺ Na⁺	Mg²⁺ Al³⁺ Zn²⁺ Fe³⁺ Ni²⁺ Sn²⁺ Pb²⁺ Cu²⁺ Ag⁺	
OH⁻	沈殿しない	沈殿する	
H₂S	沈殿しない	酸性では沈殿しない	液性にかかわらず沈殿する

注意・過剰の強塩基 OH⁻ で沈殿が溶解する両性元素のイオン
　　　　Al^{3+}, Zn^{2+}, Sn^{2+}, Pb^{2+}

・過剰の NH₃ 水で錯イオンを形成し沈殿が溶解するイオン
　　　　Zn^{2+}, Cu^{2+}, Ag^{+}, (Ni^{2+})

答 (1) Fe^{3+}（黄褐色）, Cu^{2+}（青色）　(2) Fe^{3+}, Cu^{2+}, Ag^{+}
　　(3) Al^{3+}, Fe^{3+}, Pb^{2+}　　　　　(4) Pb^{2+}, Cu^{2+}, Ag^{+}

133.

Cl⁻ で沈殿するイオン（Ag^{+}, Pb^{2+}）
SO₄²⁻ で沈殿するイオン（Ca^{2+}, Ba^{2+}, Pb^{2+}）

答 (1) (b)　Fe(OH)₃ が沈殿　　(2) (d)　CuS が沈殿
　　(3) (e)　BaSO₄ が沈殿　　　(4) (a)　AgCl が沈殿

アルカリ金属のように沈殿を生成しないイオンの確認は**炎色反応**で行う。

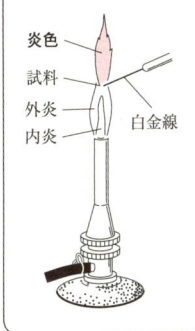

元素	炎色	
リチウム Li	赤	あっ
ナトリウム Na	黄	木
カリウム K	(赤)紫	村さん,
カルシウム Ca	橙	オレ
ストロンチウム Sr	深赤	親戚,
バリウム Ba	黄緑	君
銅 Cu	青緑	○ホ

（図：炎色、試料、外炎、内炎、白金線）

例題 69

下の図は石灰石，塩化ナトリウムおよびアンモニアを主原料として炭酸ナトリウムを工業的に製造する工程の概略を示したものである。実線は製造の工程，点線は回収の工程を表している。たとえば反応②では，飽和塩化ナトリウム水溶液にアンモニアを十分に溶かし，これに二酸化炭素を通じて溶解度の比較的小さい炭酸水素ナトリウムを沈殿させている。

(1) 図中の反応①～⑤をそれぞれ化学反応式で示せ。
(2) ①～⑤の化学反応を一つの反応式にまとめよ。

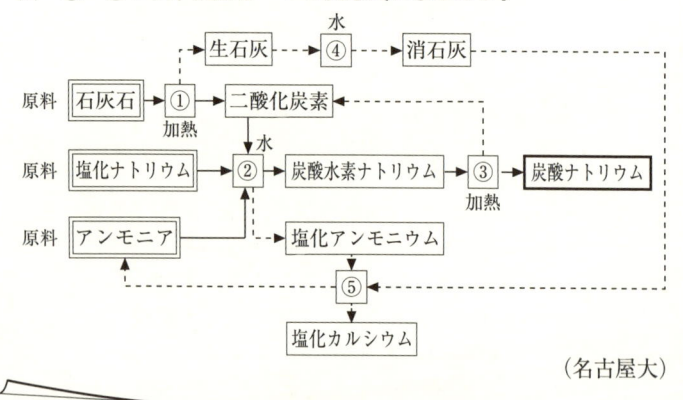

(名古屋大)

解

(1) この方法を**アンモニアソーダ法**(または**ソルベー法**)という。

① $CaCO_3 \longrightarrow CaO + CO_2$

② 飽和食塩水に NH_3 を十分溶解させた後，CO_2 を通じる。

$NaCl + H_2O + NH_3 + CO_2 \longrightarrow NaHCO_3 + NH_4Cl$

③ 生成した $NaHCO_3$ の沈殿をろ別し，これを焼く。

$2\,NaHCO_3 \longrightarrow Na_2CO_3 + H_2O + CO_2$

④ $CaO + H_2O \longrightarrow Ca(OH)_2$

⑤ $2\,NH_4Cl + Ca(OH)_2 \longrightarrow CaCl_2 + 2\,H_2O + 2\,NH_3$

(2) ①+②×2+③+④+⑤として，中間物質を消去する。

$2\,NaCl + CaCO_3 \longrightarrow Na_2CO_3 + CaCl_2$

例題 70

アルミニウムは次のようにして製造する。まず鉱石である（　a　）を処理して，純粋なアルミナ（酸化アルミニウム）をつくる。ついで氷晶石 $Na_3[AlF_6]$ を 1000℃ ぐらいに熱して融解し，これにアルミナを溶解し，鉄製の容器に内張りした炭素を陰極，炭素棒を陽極として融解塩電解を行う。

アルミニウムは（　b　）極に析出し，（　c　）極では酸素が発生する。この酸素はただちに炭素と反応して主に（　d　）となるため，陽極はしだいに消費されていく。

<u>アルミニウムは，酸の水溶液とも強塩基の水溶液とも反応して溶けるので</u>，（　e　）元素といわれる。しかし，濃硝酸や濃硫酸には表面にち密な酸化物の膜ができるので溶解しにくい。この状態を（　f　）という。

(1) 文中の空欄(a)～(f)に適する語句を記せ。
(2) 文中の下線部分に関して，アルミニウムが塩酸に溶けるときの反応，および水酸化ナトリウム水溶液に溶けるときの反応をそれぞれ化学反応式で示せ。

(同志社大)

解

(1) **ボーキサイト**から得た酸化アルミニウムをアルミナという。アルミニウムは，Al_2O_3 を氷晶石（Na_3AlF_6 とも書く）の融解液に溶解させ，融解塩電解して製造される。

$$Al_2O_3 \longrightarrow 2Al^{3+} + 3O^{2-}$$
陰極（炭素）　$Al^{3+} + 3e^- \longrightarrow Al$
陽極（炭素）　$C + O^{2-} \longrightarrow CO + 2e^-$
　　　　　　または　$C + 2O^{2-} \longrightarrow CO_2 + 4e^-$

(a) ボーキサイト　(b) 陰　(c) 陽　(d) 一酸化炭素　(e) 両性　(f) 不動態

(2) アルミニウムは**両性元素**であるので，その単体は酸の水溶液とも強塩基の水溶液とも反応して，水素が発生する。

$$2Al + 6HCl \longrightarrow 2AlCl_3 + 3H_2$$
$$2Al + 2NaOH + 6H_2O \longrightarrow 2Na[Al(OH)_4] + 3H_2$$

例題 71

　鉄は，鉄鉱石に<u>コークスと石灰石</u>を混ぜ，溶鉱炉内で還元してつくられる。溶鉱炉から得られる鉄は　a　とよばれ，炭素などの不純物を含みもろいので，転炉で処理して　b　をつくる。
　鉄の酸化物には黒色の酸化鉄(Ⅱ)FeO，赤褐色の酸化鉄(Ⅲ)　c　，黒色の四酸化三鉄　d　などがある。鉄の酸化を防ぐために鉄板を亜鉛でおおったものが　e　，スズでおおったものが　f　である。

(1) a～fに適当な語句または化学式を記せ。
(2) 文中の下線部のコークスと石灰石の役割を簡単に説明せよ。
(3) 鉄(Ⅲ)イオン Fe^{3+} の検出法を記せ。

解

(1) 溶鉱炉から得られた鉄は約4%の炭素を含み**銑鉄**といわれる。この銑鉄を転炉で炭素成分を2%以下にしたものを**鋼**という。鉄の酸化物には黒色のFeO，赤褐色のFe_2O_3，黒色のFe_3O_4などがある。また，鉄の表面を亜鉛でめっきしたものをトタン，スズでめっきしたものをブリキという。

　　　　トタン……**亜鉛めっき鋼板**
　　　　ブリキ……**スズめっき鋼板**

(a) 銑鉄　(b) 鋼　(c) Fe_2O_3　(d) Fe_3O_4　(e) トタン　(f) ブリキ

(2) コークス……<u>鉄の酸化物を還元する。</u>

$$2C + O_2 \longrightarrow 2CO$$
$$Fe_2O_3 + 3CO \longrightarrow 2Fe + 3CO_2$$

　　石灰石……<u>不純物をケイ酸塩として除く。</u>

$$CaCO_3 \longrightarrow CaO + CO_2$$
$$CaO + SiO_2 \longrightarrow CaSiO_3$$

(3) ヘキサシアニド鉄(Ⅱ)酸カリウム $K_4[Fe(CN)_6]$ 水溶液を加えると**濃青色**の沈殿を生じる。または，チオシアン酸カリウム KSCN 水溶液を加えると**血赤色**を呈する。

ここがポイント　鉄の製錬は溶鉱炉内での変化を理解しよう

例題 72

銅が希硝酸に溶けるときは無色の気体 a を，濃硝酸に溶けるときは褐色の気体 b をそれぞれ発生する。(ア)銅片に濃硫酸を加えて加熱すると，刺激臭のある無色の気体を発生しながら銅は溶ける。この溶液に水を加えてろ過したのち，濃縮すると(イ)青色の結晶が析出する。(ウ)この結晶を水に溶かしてアンモニア水を加えると青白色の沈殿が生成する。さらにアンモニア水を加えると沈殿は溶けて溶液は深青色になる。これは，硫酸銅(Ⅱ)水溶液中において銅(Ⅱ)イオンが c 個の水分子と結合して水和イオンとなっているところに，過剰のアンモニア水が加えられたことにより，水分子がアンモニア分子と置換されて d を生成したためである。

(1) 文中のa～dに適当な語句または数字を記せ。
(2) 下線(ア)を化学反応式で記せ。
(3) 下線(イ)の結晶の化学式を記せ。
(4) 下線(ウ)について
  ① 青白色の沈殿の化学式を記せ。
  ② 深青色を呈するイオンの化学式を記せ。

解

(1) 銅と硝酸との反応は，

$$3\,Cu + 8\,HNO_3(希) \longrightarrow 3\,Cu(NO_3)_2 + 4\,H_2O + 2\,NO$$
$$Cu + 4\,HNO_3(濃) \longrightarrow Cu(NO_3)_2 + 2\,H_2O + 2\,NO_2$$

また，アンモニアが多く存在すると，銅のアクア錯イオンはアンミン錯イオンに変化する。

(a) 一酸化窒素 (b) 二酸化窒素 (c) 4 (d) テトラアンミン銅(Ⅱ)イオン

(2) 銅は熱濃硫酸によって酸化される。

$$Cu + 2\,H_2SO_4 \longrightarrow CuSO_4 + 2\,H_2O + SO_2$$

(3) $CuSO_4 \cdot 5\,H_2O$

(4) ① $Cu^{2+} + 2\,OH^- \longrightarrow \underline{Cu(OH)_2}$
  ② $Cu(OH)_2 + 4\,NH_3 \longrightarrow \underline{[Cu(NH_3)_4]^{2+}} + 2\,OH^-$

ここがポイント　銅(Cu^{2+})の錯イオンは4配位で正方形構造

例題 73

銀は熱や電気をよく導き，展性や延性も大きく，酸化数 +1 の化合物を形成する。(ア)銀を濃硝酸に溶かした溶液を濃縮すると硝酸銀の無色の結晶が得られる。(イ)硝酸銀の水溶液に塩酸を加えると白色の沈殿が生じた。この白色の沈殿はアンモニア水や(ウ)チオ硫酸ナトリウム水溶液に溶解し，無色の水溶液になる。また，この白色の沈殿を日光に当てたところ(エ)黒変した。

一方，硝酸銀水溶液に銅板を入れ，変化の様子を観察した。

(1) 文中の下線部(ア)～(エ)の変化を化学反応式で記せ。
(2) 硝酸銀水溶液に銅板を入れたときに観察される変化を記せ。

解

(1) (ア) 銀は酸化力を有する濃硝酸に溶解する。

$$Ag + 2HNO_3 \longrightarrow AgNO_3 + H_2O + NO_2$$

(イ) 硝酸銀水溶液に塩酸を加えると，水に難溶の塩化銀 AgCl の白色沈殿が生じる。

$$Ag^+ + Cl^- \longrightarrow AgCl$$

(ウ) AgCl は水に溶けにくいが，アンモニア水やチオ硫酸ナトリウム水溶液には錯イオンを形成し溶解する。

$$AgCl + 2NH_3 \longrightarrow [Ag(NH_3)_2]^+ + Cl^-$$
$$AgCl + 2S_2O_3^{2-} \longrightarrow [Ag(S_2O_3)_2]^{3-} + Cl^-$$

(エ) AgCl は光が当たると分解し，銀が遊離するので，黒変する。

$$2AgCl \longrightarrow 2Ag + Cl_2$$

(2) $2Ag^+ + Cu \longrightarrow 2Ag + Cu^{2+}$

上の反応が起こるので，銅の表面は析出した銀の微粒子のため黒くなるが，長時間おくと銀樹が生成してくる。また，水溶液は溶解した Cu^{2+} のために無色から青色に変化してくる。

ここがポイント
銀(Ag^+)の錯イオンは 2 配位で直線構造

例題 74

Na^+, Al^{3+}, K^+, Ca^{2+}, Fe^{3+}, Cu^{2+}, Zn^{2+}, Ba^{2+} を含む水溶液から, 各イオンを次のように分離した。

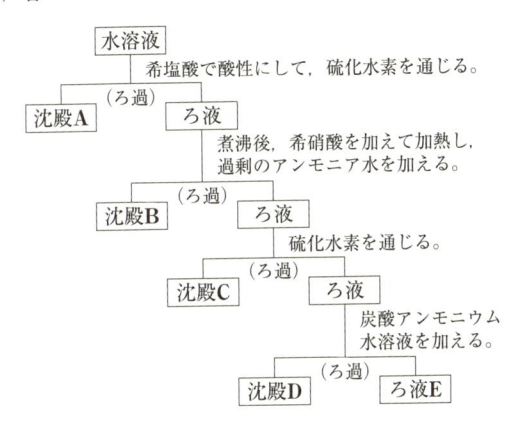

```
                    水溶液
                      │ 希塩酸で酸性にして, 硫化水素を通じる。
                 (ろ過)
           ┌──────┴──────┐
         沈殿A          ろ液
                          │ 煮沸後, 希硝酸を加えて加熱し,
                          │ 過剰のアンモニア水を加える。
                      (ろ過)
                    ┌──┴──┐
                  沈殿B    ろ液
                             │ 硫化水素を通じる。
                         (ろ過)
                       ┌──┴──┐
                     沈殿C    ろ液
                                │ 炭酸アンモニウム
                                │ 水溶液を加える。
                            (ろ過)
                          ┌──┴──┐
                        沈殿D    ろ液E
```

(1) 沈殿A～Dに含まれる化合物の化学式をすべて書け。
(2) ろ液Eに含まれる金属の陽イオンのイオン式をすべて書け。

(千葉大)

解 Na^+, Al^{3+}, K^+, Ca^{2+}, Fe^{3+}, Cu^{2+}, Zn^{2+}, Ba^{2+}

HCl, H_2S

A **CuS**　　　Na^+, Al^{3+}, K^+, Ca^{2+}, Fe^{2+}, Zn^{2+}, Ba^{2+}

HNO_3, NH_3水

B $\begin{cases} \mathbf{Al(OH)_3} \\ \mathbf{Fe(OH)_3} \end{cases}$　　　Na^+, K^+, Ca^{2+}, $[Zn(NH_3)_4]^{2+}$, Ba^{2+}

H_2S

C **ZnS**　　　Na^+, K^+, Ca^{2+}, Ba^{2+}

$(NH_4)_2CO_3$

D $\begin{cases} \mathbf{CaCO_3} \\ \mathbf{BaCO_3} \end{cases}$　　　E **Na^+, K^+**

20 脂肪族炭化水素

134. 構造式の書き方 右の図は、2-メチルブタンという有機化合物の構造である。

次の(ア)～(カ)の構造式のうち、この化合物の構造を表しているものをすべて選べ。

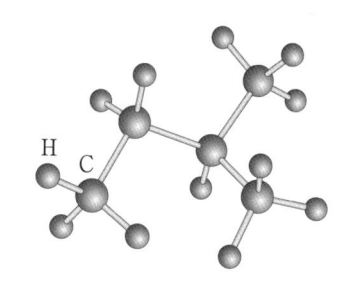

(ア) CH₃—CH₂—CH—CH₃
　　　　　　　|
　　　　　　CH₃

(イ) 　　　CH₃
　　　　　|
　　H₃C—CH—CH₂—CH₃

(ウ) 　　　　　　CH₃
　　　　　　　|
　　CH₃—CH₂—CH
　　　　　　　|
　　　　　　CH₃

(エ) 　　　　H
　　　　H-C-H
　　　H　|　H H
　　　|　|　| |
　H-C—C—C-C-H
　　　|　|　| |
　　　H　H　H H

(オ) 　CH₃
　　　|
　　　CH—CH₂
　　　|　　|
　　CH₃　CH₃

(カ) H₃C—CH—CH₃
　　　|
　　　H₃C—CH₂

---

135. アルカン メタン [1] 、エタン [2] 、[3] 、C₃H₈ などの炭化水素の分子式は一般式 [4] で表され、アルカンと総称される。アルカンから水素原子1個を除いた炭化水素基を [5] 基といい、一般に R で表される。

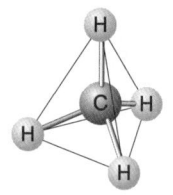

CH₄は正四面体構造をしており、その中心に炭素原子が、頂点に水素原子が位置している。

— 186 —

解答 ▼ 解説

134. 共有結合には方向性がある（24頁22参照）。C原子のまわりの4つの結合は正四面体形である。

気体や液体では，分子全体が自由に回転するだけでなく，C原子間の単結合も常に回転している。このような構造を平面的に表記するのが構造式であるから，上下左右などの区別はできない。すなわち，(ア)〜(カ)はすべて同じ構造を正しく表している。

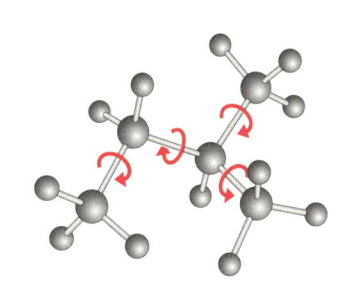

答 (ア), (イ), (ウ), (エ), (オ), (カ)

通常は，最も長い主鎖を横に並べるので，(ア)や(イ)のように書くことが多い。Hの価標（-）をすべて書いた(エ)は，見づらいので採点者には嫌われている。

$$\begin{array}{c} \text{H} \\ \text{H-C-} \\ \text{H} \end{array} \quad \text{は} \quad H_3C- \quad \text{または} \quad CH_3- \quad \text{のように書こう}$$

---

135. アルカンの一般式は C_nH_{2n+2} （$n = 1, 2, 3 \cdots$）で表される。

分子式	名称	沸点(℃)	$C_nH_{2n+1}-$	アルキル基
CH_4	メタン	-161	CH_3-	メチル基
C_2H_6	エタン	-89	C_2H_5-	エチル基
C_3H_8	プロパン	-42	C_3H_7-	プロピル基
C_4H_{10}	ブタン	-0.5	C_4H_9-	ブチル基

（-161〜-0.5：気体）

答 (1) CH_4 (2) C_2H_6 (3) プロパン (4) C_nH_{2n+2} (5) アルキル

136. **構造異性体** $n = 1 \sim 3$ のアルカンには分子構造の異なるものはないが，$n = 4$ のブタン C_4H_{10} には，炭素原子の結合のしかたの違いにより，次のように分子の構造が異なる化合物が2種類存在する。

$$CH_3-CH_2-CH_2-CH_3 \qquad CH_3-CH-CH_3$$
$$\qquad\qquad\qquad\qquad\qquad\qquad\qquad\qquad |$$
$$\qquad\qquad\qquad\qquad\qquad\qquad\qquad\qquad CH_3$$
ブタン　　　　　　　　　　　　　2-メチルプロパン

このように，分子式は同じであるが，分子の構造が異なり性質のちがう化合物どうしを構造異性体という。これを参考に，$n = 6$ のアルカンであるヘキサンの構造異性体をすべて記せ。

137. **アルカンの反応** 以下の空欄箇所をうめて，文章と化学式を完成させよ。そして，下線部を熱化学方程式で示せ。

アルカンは燃料として用いられ，多量の熱を発生して燃焼する。たとえば，(1) メタンの燃焼熱は 890 kJ/mol である。アルカンは一般的に反応しにくいが，光を当てると塩素や臭素と ２ 反応をする。

$$\boxed{CH_4} \xrightarrow[光]{Cl_2} \boxed{CH_3Cl} \xrightarrow[光]{Cl_2} \boxed{3} \xrightarrow[光]{Cl_2} \boxed{5} \xrightarrow[光]{Cl_2} \boxed{7}$$

メタン　　　　　クロロメタン　　　　(4)　　　　(6)　　　　(8)

20 脂肪族炭化水素

136. アルカンは「炭素どうしが鎖状で，すべて単結合」という構造なので，まず**水素を省略した炭素鎖だけを考える**とよい。6個の炭素でつくることのできる単結合の炭素鎖は次のように**5種類**存在する。

① C-C-C-C-C-C

② C-C(-C)-C-C-C

③ C-C-C(-C)-C-C

④ C-C(-C)(-C)-C-C

⑤ C-C(-C)-C(-C)-C

最後に，①～⑤の炭素鎖に水素を付ける。

① CH₃－CH₂－CH₂－CH₂－CH₂－CH₃
 ヘキサン

② CH₃－CH(CH₃)－CH₂－CH₂－CH₃
 2-メチルペンタン

③ CH₃－CH₂－CH(CH₃)－CH₂－CH₃
 3-メチルペンタン

④ CH₃－C(CH₃)(CH₃)－CH₂－CH₃
 2,2-ジメチルブタン

⑤ CH₃－CH(CH₃)－CH(CH₃)－CH₃
 2,3-ジメチルブタン

---

137. (1) CH_4(気) + $2O_2$(気) = CO_2(気) + $2H_2O$(液) + 890 kJ

(2) 分子中の原子が他の原子や基で置き換わる反応を**置換**反応といい，置換反応の生成物を**置換体**という。

(3)～(8)　$CH_4 + Cl_2 \longrightarrow \underset{クロロメタン}{CH_3Cl} + HCl$

$CH_3Cl + Cl_2 \longrightarrow$ (3) $\underline{CH_2Cl_2}$ + HCl　(4) <u>ジクロロメタン</u>

$CH_2Cl_2 + Cl_2 \longrightarrow$ (5) $\underline{CHCl_3}$ + HCl　(6) <u>トリクロロメタン</u>
(クロロホルム)

$CHCl_3 + Cl_2 \longrightarrow$ (7) $\underline{CCl_4}$ + HCl　(8) <u>テトラクロロメタン</u>
(四塩化炭素)

――― メタン CH_4 の置換反応 ―――
$CH_4 \xrightarrow[光]{Cl_2} CH_3Cl \xrightarrow[光]{Cl_2} CH_2Cl_2 \xrightarrow[光]{Cl_2} CHCl_3 \xrightarrow[光]{Cl_2} CCl_4$

138. **アルケン** エチレン 1 ，プロペン（プロピレン） 2 などの炭化水素は一般式 3 で表され，アルケンと総称される。アルケンは分子内に炭素原子間の二重結合を１個もつ鎖式不飽和炭化水素である。エチレン分子中の２個のＣ原子と４個のＨ原子は，常に 4 上に存在する。

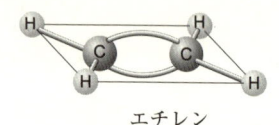

エチレン

アルケンでは二重結合で結ばれている２個の原子と，これに結合する４個の原子は同じ平面上にある。

Ｃ＝Ｃ 二重結合はそれを軸として回転できないため，＞C＝C＜ の左右のＣ原子に結合する２つの原子や基がそれぞれに異なっている場合には， 5 という立体異性体が存在する。

・・・

139. **C_4H_8の異性体** 分子の構造を推定するとき，Ｃ原子とＨ原子の個数の関係は重要な意味をもつ。たとえば，アルカンのＣ－Ｃ単結合をＣ＝Ｃ二重結合に変えると，Ｈ原子の数はアルカンに比べて 1 個減少する。

また，離れた位置にあるＣ原子どうしをつないで環状構造に変えた場合も，Ｈ原子の数はアルカンに比べて 2 個減少する。

したがって，分子式 C_4H_8 で表される異性体は全部で 3 個ある。

20 脂肪族炭化水素

138. エチレン H₂C=CH₂ (1) $\underline{C_2H_4}$ とプロペン H₂C=CH–CH₃ (2) $\underline{C_3H_6}$ のようなアルケンの一般式は，(3) $\underline{C_nH_{2n}}$ で表される。

二重結合をもつ C 原子（ ⟩C= ）の 3 方向への結合は，24 頁の **22** に示したように，平面構造をとる。その結果，エチレン分子中の 6 個の原子は，常に (4) 同一平面上に存在しており，C=C 二重結合がそれを軸として回転することはない。

次の①で，左の C 原子に結合している **a** と **b** が違うものであり，同時に，右の C 原子に結合している **x** と **y** が違うものである場合，二重結合がそれを軸として回転できないため，②のように立体的な配置の異なる異性体が存在する。

① a＼　　／x 　　　② a＼　　／y
　　C=C　　　　　　　　C=C
　 b／　　＼y 　　　　　b／　　＼x

このような立体異性性を (5) 幾何異性体という。

---

139. (1) 2　　(2) 2

(3) C₄ アルカンなら H は 10 個だが，C₄H₈ はそれよりも H 原子が 2 個少ない。したがって，C₄H₈ に考えられる構造は，C=C を 1 つもつアルケンと，環状構造を 1 つもつシクロアルカンである。

アルケンの構造は，まず，同じ炭素数のアルカンから考える。

```
                      C
                      |
C–C–C–C      C–C–C
```

次に，C–C 単結合を C=C 二重結合に変えてアルケンにする。このとき，幾何異性体の存在に注意する。

以上のことから，C₄H₈ の異性体は全部で <u>6</u> 個となる。

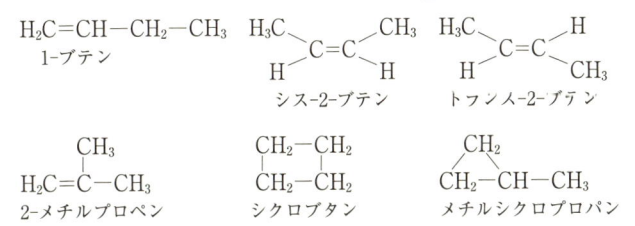

H₂C=CH–CH₂–CH₃　　H₃C＼　　／CH₃　　H₃C＼　　／H
　　1-ブテン　　　　　　　C=C　　　　　　　C=C
　　　　　　　　　　　　H／　　＼H　　　　H／　　＼CH₃
　　　　　　　　　　　シス-2-ブテン　　　トランス-2-ブテン

　　CH₃　　　　　　　CH₂–CH₂　　　　　　CH₂
　　｜　　　　　　　　｜　　｜　　　　　　／　＼
H₂C=C–CH₃　　　　CH₂–CH₂　　　　CH₂–CH–CH₃
2-メチルプロペン　　シクロブタン　　　メチルシクロプロパン

— 191 —

140. **エチレンの反応** 次の文中の空欄に適する語句を入れ，下線部を化学反応式で示せ。

(1) 臭素溶液にエチレンを通じると臭素の赤褐色は消える。ニッケル触媒のもとで，(2) エチレンは水素と反応する。また，硫酸触媒のもとで，(3) エチレンは水とも反応する。これらの反応のように，二重結合などの不飽和結合の部分に他の分子が結合する反応を __4__ という。

141. **アルキン** アセチレン __1__ やプロピン C_3H_4 のように，分子中に三重結合を1個含む鎖状炭化水素は一般式 __2__ で表されアルキンと総称する。

三重結合をしている炭素原子と，これに結合する2つの原子は __3__ 上に存在する。アルキンの三重結合は付加反応をしやすく，アセチレンにニッケルを触媒として水素を付加すると __4__ が生成し，さらに水素を付加すると __5__ となる。

アセチレン

アルキン分子では三重結合を形成する炭素原子と，これらの炭素原子に結合している2つの原子は同一直線上にある。

20 脂肪族炭化水素

140. (1) $CH_2=CH_2 + Br_2 \longrightarrow CH_2Br-CH_2Br$
　　　　　　　　　　　　　　　1,2-ジブロモエタン

(2) $CH_2=CH_2 + H_2 \xrightarrow{(Ni)} CH_3-CH_3$
　　　　　　　　　　　　　　　エタン

(3) $CH_2=CH_2 + H_2O \xrightarrow{(H_2SO_4)} \mathbf{CH_3-CH_2-OH}$
　　　　　　　　　　　　　　　エタノール

この反応のように，アルケンに水を反応させるとアルコールが生成する。

(4) (1)〜(3)の反応のように，二重結合が開いて他の原子または原子団と結合する反応を<u>付加反応</u>という。

---

141. (1), (2) アルキンは分子中に三重結合を1個含み，一般式 (2)<u>C_nH_{2n-2}</u> で表され，$n=2$ のときアセチレン(1)<u>C_2H_2</u> となる。

$$H-C\equiv C-H$$

(3) アルキンは次の4個の原子(○印)が<u>同一直線上</u>にある。

$$○-\textcircled{C}\equiv\textcircled{C}-○$$

(4), (5) アセチレンに白金またはニッケルを触媒として水素を付加させると(4)<u>エチレン</u> C_2H_4 を経て (5)<u>エタン</u> C_6H_6 になる。

$$CH\equiv CH \xrightarrow{H_2} CH_2=CH_2 \xrightarrow{H_2} CH_3-CH_3$$
アセチレン　　　　　　エチレン　　　　　　エタン

参考

> **アセチレンの製法**
> $CaC_2 + 2H_2O \longrightarrow Ca(OH)_2 + C_2H_2$

142. 炭化水素の分子式 以下の化合物 A ～ D は炭化水素である。

(ア) A 1 mol を完全燃焼すると，3 mol の CO_2 と 4 mol の H_2O が得られた。したがって，A の分子式は ▢1▢ と決まる。

(イ) ある量の B を完全燃焼すると，CO_2 と H_2O が等モル(同じ物質量)得られた。これからわかる B の組成式は ▢2▢ である。また，B の分子量が 50 以上，60 以下であれば B の分子式は ▢3▢ となる。

(ウ) ある量の C を完全燃焼すると，CO_2 と H_2O が等モル得られたが，C 1 mol の完全燃焼に要する酸素は 7.5 mol であった。したがって，C の分子式は ▢4▢ と決まる。

(エ) 分子量 162 の D に含まれる炭素原子は 88.9 %(質量%)，水素原子は 11.1 % である。すなわち，D の分子式は ▢5▢ である。

炭化水素の一般式は C_nH_m

── 炭化水素の燃焼反応 ──
$$C_nH_m + \frac{4n+m}{4} O_2 \longrightarrow n\,CO_2 + \frac{m}{2} H_2O$$

20 脂肪族炭化水素

142. 炭化水素はCとHだけでできた有機物で,一般式はC_nH_m,左頁に示した燃焼反応の一般式で考える。

(ア) C_nH_m 1 molの燃焼でCO_2が3 mol,H_2Oが4 mol生じたので,$n = 3$,$\dfrac{m}{2} = 4$ より,**A**の分子式は(1) $\underline{C_3H_8}$ と決まる。

(イ) 燃焼反応からわかることは,$n = \dfrac{m}{2}$ すなわち,$n : m = 1 : 2$ という比だけであり,**B**の組成式は(2) $\underline{CH_2}$ となる。

分子式はC_nH_{2n}であり,分子量は$(12 \times n + 1.0 \times 2n =) 14n$ となるから,$50 \leq 14n \leq 60$ より $n = 4$,すなわち**B**の分子式は(3) $\underline{C_4H_8}$ となる。

(ウ) 前問同様に $n = \dfrac{m}{2}$ であり,必要な酸素量から $\dfrac{4n + m}{4} = 7.5$,これらを連立させると,$n = 5$,$m = 10$ となる。したがって,**C**の分子式は(4) $\underline{C_5H_{10}}$ と決まる。

(エ) **D**に含まれるC原子とH原子の質量比は 88.9 : 11.1 なので,これを各原子量で割ると,物質量の比すなわち,1分子に含まれるC原子とH原子の個数の比が求められる。

$C : H = \dfrac{88.9}{12} : \dfrac{11.1}{1.0} = 7.40 : 11.1 = 1 : 1.50 = 2 : 3$

比較的簡単で誤差の少ない整数比を見つける

組成式はC_2H_3であり,分子式は$C_{2n}H_{3n}$となり,分子量より,
$2n \times 12 + 3n \times 1.0 = 162$ ∴ $n = 6$
したがって,**D**の分子式は(5) $\underline{C_{12}H_{18}}$ である。

【別解】 分子量がわかっているので,直接,分子式を求めてもよい。
Dの分子式をC_nH_mとすれば,1 mol の **D**(162 g)に含まれるC原子は $12n$ g であるから,質量%より,

$\dfrac{12n}{162} = \dfrac{88.9}{100}$ ∴ $n = \dfrac{88.9 \times 162}{12 \times 100} = 12$

誤差は気にせず,最も近い整数を答えればよい

同様に,H原子について,

$\dfrac{1.0\,m}{162} = \dfrac{11.1}{100}$ ∴ $m = \dfrac{11.1 \times 162}{1.0 \times 100} = 18$

例題 75

メタン CH_4,エタン C_2H_6,プロパン C_3H_8 などの炭化水素の分子式は一般式 ア で表され,アルカンと総称される。最も簡単なアルカンのメタンは イ 形の分子構造をしており,天然ガスの主成分であり,実験室では(a)ソーダ石灰と酢酸ナトリウムを加熱してつくられる。アルカンは燃料として利用されるが,(b)標準状態で 1.12 L のプロパンを燃焼させると 111 kJ の熱を発生する。また,アルカンは光の照射のもとで塩素や臭素と(c)置換反応をする。

(1) ア,イに適当な化学式または語句を記せ。
(2) 下線部(a)を化学反応式で記せ。
(3) 下線部(b)より,プロパンの燃焼の熱化学方程式を記せ。
(4) 下線部(c)の置換反応について例をあげて説明せよ。
(5) プロパンの塩素による二置換体 $C_3H_6Cl_2$ の構造異性体の数を求めよ。

解

(1) ア C_nH_{2n+2}

イ メタン CH_4 の立体構造は **正四面体**

(2) ソーダ石灰は NaOH と CaO の混合物である。

$$CH_3COONa + NaOH \longrightarrow CH_4 + Na_2CO_3$$

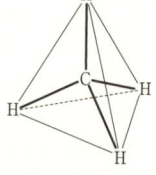

(3) 標準状態で 1.12 L の気体は 0.050 mol に相当する。

プロパン 1 mol あたりの燃焼熱は $\dfrac{111}{0.050} = 2220$ (kJ/mol)

$$C_3H_8(気) + 5\,O_2(気) = 3\,CO_2(気) + 4\,H_2O(液) + 2220\text{ kJ}$$

(4) $CH_4 + Cl_2 \longrightarrow CH_3Cl + HCl$

上のように,分子中の原子が他の原子や基で置き換わる反応を **置換反応** という。

(5)
```
Cl            Cl  Cl         Cl             Cl
|             |   |          |              |
C—C—C       C—C—C          C—C—C          C—C—C
|                                |              |
Cl                               Cl             Cl
```

4種

ここがポイント
異性体は H を省略し,炭素骨格で考えよう

例題 76

ある炭化水素を完全燃焼させたところ、二酸化炭素と水蒸気が同じ物質量生じた。また、この炭化水素(気体)の標準状態における密度は 1.88 g/L であった。

(1) この炭化水素の分子式を C_xH_y として、完全燃焼の化学反応式を示し、$x:y$ を簡単な整数で記せ。
(2) この炭化水素の分子量を整数値で求めよ。
(3) この炭化水素の分子式を求めよ。
(4) この炭化水素として考えられる構造式をすべて記せ。

解

(1) $C_xH_y + \dfrac{4x+y}{4} O_2 \longrightarrow x CO_2 + \dfrac{y}{2} H_2O$

条件より $x : \dfrac{y}{2} = 1 : 1$ よって $x : y = \underline{1 : 2}$

この炭化水素の**組成式**は $\mathbf{CH_2}$ となる。

(2) この炭化水素(気体)の分子量を M とすると、標準状態で 22.4 L (1 mol) は M g であり、密度より 1 L は 1.88 g なので、

$22.4 : 1 = M : 1.88$

$\therefore\ M = \underline{42.1}$

(3) $(CH_2)_n = 42$　　$n = 3$　　よって**分子式**は $\underline{C_3H_6}$

(4) C_3H_6 はアルカンの C_3H_8 よりも H が 2 個少ない。

　　　　　　　　　　　　↓ 炭素の結合状態の推定

C_3H_6 は分子内に **C=C** を 1 個有するか、環状構造をしている。

$$CH_2=CH-CH_3 \qquad \begin{matrix} CH_2 \\ CH_2-CH_2 \end{matrix}$$

　　プロペン　　　　　　シクロプロパン

ここがポイント

C_nH_{2n} はアルケンとシクロアルカン

例題 77

C_4H_8 の分子式を有する化合物 A, B, C がある。A はトランス型の構造で，水素を付加すると D が生じる。B に水素を付加すると 2-メチルプロパンが生じる。また，C は付加反応が起こらず，側鎖をもたない化合物である。B に硫酸を触媒として水を付加すると主に E が生じた。A〜E の構造式を記せ。

解

C_4H_8 には，アルケン 4 種とシクロアルカン 2 種の異性体が存在する。

アルケン	シクロアルカン
$CH_2=CH-CH_2-CH_3$　　$\underset{H}{\overset{CH_3}{>}}C=C\underset{CH_3}{\overset{H}{<}}$	$\begin{array}{c}CH_2-CH_2\\CH_2-CH_2\end{array}$　　$\begin{array}{c}CH_2\\CH_2-CH-CH_3\end{array}$
$\underset{H}{\overset{CH_3}{>}}C=C\underset{H}{\overset{CH_3}{<}}$　　$CH_2=\underset{CH_3}{\overset{CH_3}{C}}-CH_3$	

A はトランス型とあるので，トランス-2-ブテンであり，それに水素を付加した D はブタンである。C は側鎖をもたないシクロブタンである。

A $\underset{H}{\overset{CH_3}{>}}C=C\underset{CH_3}{\overset{H}{<}}$ $\xrightarrow{H_2}$ **D** $CH_3-CH_2-CH_2-CH_3$　　**C** $\begin{array}{c}CH_2-CH_2\\CH_2-CH_2\end{array}$

B はメチルプロペンであり，水を付加すると 2 種のアルコールを生じるが，そのうち主生成物 E は 2-メチル-2-プロパノールの方である。

B $CH_2=\underset{CH_3}{\overset{CH_3}{C}}-CH_3$ $\xrightarrow{H_2O}$ (主) **E** $CH_3-\underset{OH}{\overset{CH_3}{\underset{|}{\overset{|}{C}}}}-CH_3$　(副) $CH_3-\underset{}{\overset{CH_3}{\underset{|}{CH}}}-CH_2-OH$
2-メチル-2-プロパノール　　　　　　　　　　　2-メチル-1-プロパノール

ここがポイント

アルケンへ HX が付加するとき，H は水素の多い方の炭素に結合し，X は水素の少ない方の炭素に結合しやすい

例題 78

次の合成反応図の□に構造式,( )に名称を記せ。ただし,〔 〕は触媒を示している。

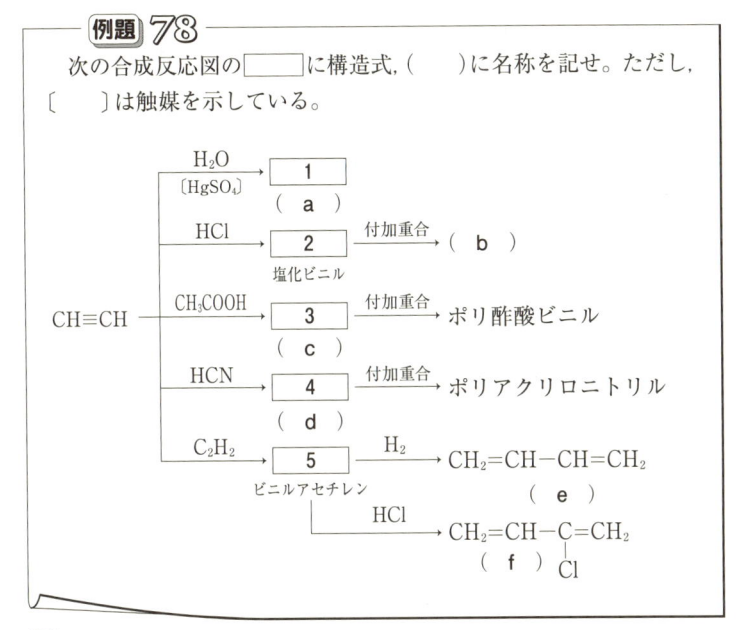

$$CH \equiv CH \begin{cases} \xrightarrow{H_2O \; [HgSO_4]} \boxed{1} \; (\text{a}) \\ \xrightarrow{HCl} \boxed{\underset{塩化ビニル}{2}} \xrightarrow{付加重合} (\text{b}) \\ \xrightarrow{CH_3COOH} \boxed{3} \; (\text{c}) \xrightarrow{付加重合} ポリ酢酸ビニル \\ \xrightarrow{HCN} \boxed{4} \; (\text{d}) \xrightarrow{付加重合} ポリアクリロニトリル \\ \xrightarrow{C_2H_2} \boxed{\underset{ビニルアセチレン}{5}} \begin{cases} \xrightarrow{H_2} CH_2=CH-CH=CH_2 \; (\text{e}) \\ \xrightarrow{HCl} CH_2=CH-\underset{Cl}{C}=CH_2 \; (\text{f}) \end{cases} \end{cases}$$

解

(1) $CH_3-\underset{\underset{O}{\|}}{C}-H$　　(2) $CH_2=CH \atop \quad | \atop \quad Cl$　　(3) $CH_2=CH \atop \quad | \atop \quad OCOCH_3$

(4) $CH_2=CH \atop \quad | \atop \quad CN$　　(5) $CH_2=CH \atop \quad | \atop \quad C\equiv CH$

(a) アセトアルデヒド　　(b) ポリ塩化ビニル　　(c) 酢酸ビニル
(d) アクリロニトリル　　(e) ブタジエン　　(f) クロロプレン

ここがポイント

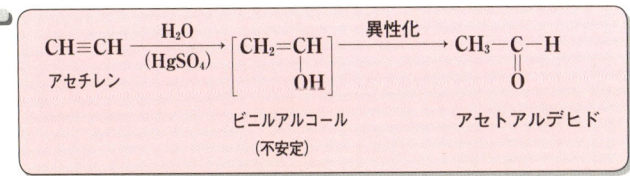

$$\underset{アセチレン}{CH\equiv CH} \xrightarrow[(HgSO_4)]{H_2O} \underset{\underset{(不安定)}{ビニルアルコール}}{\left[CH_2=CH \atop \quad | \atop \quad OH\right]} \xrightarrow{異性化} \underset{アセトアルデヒド}{CH_3-\underset{\underset{O}{\|}}{C}-H}$$

21 アルコールとその誘導体

143。アルコールの分類 炭化水素の水素原子をヒドロキシ基で置き換えた構造をもつ化合物をアルコールという。分子中に1個のヒドロキシ基をもつアルコールを ___1___ アルコール, 2個以上のヒドロキシ基をもつアルコールを ___2___ アルコールという。

また, アルコールはヒドロキシ基の結合している炭素原子に他の炭素原子が何個結合しているかによって, ___3___ アルコール, ___4___ アルコール, ___5___ アルコールに分類される。その他, 炭素数の少ないアルコールを ___6___ アルコール, 多いアルコールを ___7___ アルコールという分類もある。

144。おもなアルコール 次のアルコールの構造式を記せ。

(1) メタノール
(2) エタノール
(3) 1-プロパノール
(4) 2-プロパノール
(5) 1,2-エタンジオール (エチレングリコール)
(6) 1,2,3-プロパントリオール (グリセリン)

21 アルコールとその誘導体

解答 ▼ 解説

143. アルコールの分類には次の方法がある。
① ヒドロキシ基の数による分類
 1価アルコール ヒドロキシ基を1個もつ
 2価アルコール ヒドロキシ基を2個もつ
 3価アルコール ヒドロキシ基を3個もつ
② ヒドロキシ基の結合している炭素原子に他の炭素原子が何個結合しているかによる分類

第一級アルコール　　第二級アルコール　　　第三級アルコール

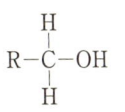

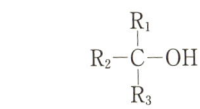

$$\begin{array}{c} H \\ R-\underset{H}{\overset{|}{C}}-OH \end{array} \qquad \begin{array}{c} R_1 \\ R_2-\underset{H}{\overset{|}{C}}-OH \end{array} \qquad \begin{array}{c} R_1 \\ R_2-\underset{R_3}{\overset{|}{C}}-OH \end{array}$$

③ 炭素数による分類
 低級アルコール 炭素数の少ないアルコール
 高級アルコール 炭素数の多いアルコール

答 (1) 1価　(2) 多価　(3) 第一級　(4) 第二級
(5) 第三級　(6) 低級　(7) 高級

---

144. (1) CH_3-OH　　(2) CH_3-CH_2-OH
(3) $CH_3-CH_2-CH_2-OH$
(4) $CH_3-\underset{OH}{\overset{|}{CH}}-CH_3$　(5) $\begin{array}{c} CH_2-OH \\ | \\ CH_2-OH \end{array}$　(6) $\begin{array}{c} CH_2-OH \\ | \\ CH-OH \\ | \\ CH_2-OH \end{array}$

上のアルコールを分類すると
 1価アルコール　(1), (2), (3), (4)
 2価アルコール　(5)
 3価アルコール　(6)
 第一級アルコール　(1), (2), (3)
 第二級アルコール　(4)

145. アルコールの製法 次の文中の下線部を，それぞれ化学反応式で示せ。

メタノールは(1)一酸化炭素と水素から合成されている。エタノールはデンプンや(2)グルコース(ブドウ糖)の発酵により生じるが，触媒を用いて(3)エチレンに水を付加しても合成される。

---

146. アルコールの物理的性質 アルコールは一般に融点，沸点が高い。これはヒドロキシ基による□1□結合のためである。また，分子量の小さいアルコールの水への溶解度は□2□い。

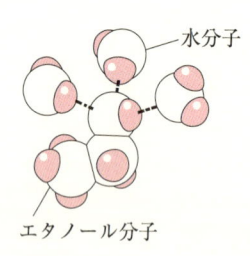

エタノール分子のOHと水分子のOHの間で水素結合するため，エタノールは水によく溶ける。

---

147. アルコールの検出 次の文中の空欄には適する語句を入れ，下線部を化学反応式で示せ。

アルコールはヒドロキシ基を有するので，(1)金属ナトリウムと反応して水素を発生する。このことはアルコールの異性体である□2□との識別に利用される。

145.
(1) メタノールは**メチルアルコール**ともいわれ，一酸化炭素と水素から合成される。

$$\underline{CO\ +\ 2H_2\ \longrightarrow\ CH_3OH}$$

(2) エタノールは**エチルアルコール**ともいわれ，糖の発酵により生じる。

$$\underline{C_6H_{12}O_6\ \longrightarrow\ 2C_2H_5OH\ +\ 2CO_2}$$
　　グルコース

(3) エタノールの工業的製法は，リン酸を触媒に用いてエチレンに水を付加させて合成されている。

$$\underline{CH_2=CH_2\ +\ H_2O\ \longrightarrow\ CH_3-CH_2-OH}$$

146.
(1) アルコールは極性の大きなヒドロキシ基をもち，分子間に**水素結合を形成する**ので，同じ分子量の炭化水素に比べると，沸点がかなり高い。 p.27 参照

(2) 分子量の**小さい**アルコールほど水への溶解性は**大きい**。これは分子量が小さい分子ほど親水基のヒドロキシ基が分子内で大きな割合を占めるからである。

参考

アルコール	分子式	分子量	沸点(℃)	溶解度(g/100g水)
メタノール	CH_3OH	32	65	∞
エタノール	C_2H_5OH	46	78	∞
1-プロパノール	C_3H_7OH	60	97	∞
1-ブタノール	C_4H_9OH	74	117	7.36
1-ペンタノール	$C_5H_{11}OH$	88	138	2.21
1-ヘキサノール	$C_6H_{13}OH$	102	158	微量

147.
(1) ヒドロキシ基のHはナトリウムの単体(金属ナトリウム)によって置換されナトリウムアルコキシドを生じる。

$$\underline{2ROH\ +\ 2Na\ \longrightarrow\ 2RONa\ +\ H_2}$$

(2) (1)の反応はアルコールと**エーテル**との識別に利用される。つまり，エーテルはヒドロキシ基をもたないのでナトリウムの単体とは反応しない。

148. アルコールの酸化

以下の空欄 1 ～ 7 には構造式を, (a)～(e)にはそれぞれ名称を入れよ.

$$CH_3-OH \xrightarrow{K_2Cr_2O_7} \boxed{1} \xrightarrow{K_2Cr_2O_7} \boxed{2}$$
メタノール　　　　　　　(a)　　　　　　　(b)

$$CH_3-CH_2-OH \xrightarrow{K_2Cr_2O_7} \boxed{3} \xrightarrow{K_2Cr_2O_7} \boxed{4}$$
エタノール　　　　　　　　(c)　　　　　　　(d)

$$CH_3-CH_2-CH_2-OH \xrightarrow{K_2Cr_2O_7} \boxed{5} \xrightarrow{K_2Cr_2O_7} \boxed{6}$$
1-プロパノール　　　　　　　プロピオンアルデヒド　　プロピオン酸

$$CH_3-\underset{\underset{OH}{|}}{CH}-CH_3 \xrightarrow{K_2Cr_2O_7} \boxed{7}$$
2-プロパノール　　　　　　(e)

〈ヨードホルム反応〉

下記の構造をもつ有機化合物に, 水酸化ナトリウム水溶液とヨウ素を加えて温めると, 特異臭をもつヨードホルム CHI_3 の黄色沈殿が生じる. この反応を**ヨードホルム反応**という

$$R-\underset{\underset{OH}{|}}{CH}-CH_3 \text{ または } R-\underset{\underset{O}{\|}}{C}-CH_3 \xrightarrow[NaOH]{I_2} R-\underset{\underset{O}{\|}}{C}-ONa + CHI_3(黄↓)$$
　　　　　　　　　　　　　　　　　　　　　　　　　　　　　　ヨードホルム

R-は炭素原子で始まる基 または 水素原子

参考 ヨードホルム反応の反応式（アセトンの場合）

$CH_3COCH_3 + 4NaOH + 3I_2 \longrightarrow CHI_3 + CH_3COONa + 3NaI + 3H_2O$

148．

メタノールの酸化

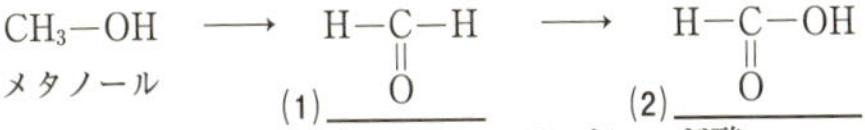

CH₃−OH ⟶ H−C(=O)−H ⟶ H−C(=O)−OH
メタノール　　　(1)_____　　(2)_____
　　　　　　　(a) ホルムアルデヒド (b) ギ酸

エタノールの酸化

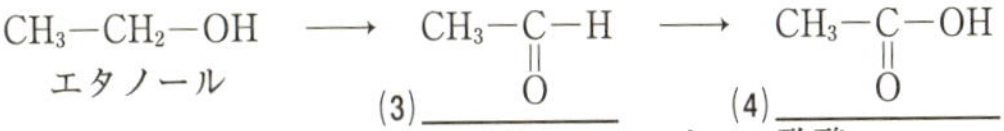

CH₃−CH₂−OH ⟶ CH₃−C(=O)−H ⟶ CH₃−C(=O)−OH
エタノール　　　(3)_____　　(4)_____
　　　　　　　(c) アセトアルデヒド (d) 酢酸

1-プロパノールの酸化

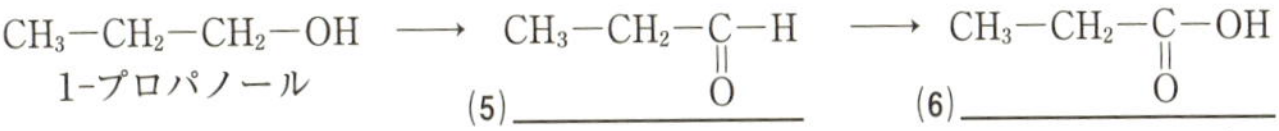

CH₃−CH₂−CH₂−OH ⟶ CH₃−CH₂−C(=O)−H ⟶ CH₃−CH₂−C(=O)−OH
1-プロパノール　　　(5)_____　　　　(6)_____
　　　　　　　　　　プロピオンアルデヒド　　プロピオン酸

2-プロパノールの酸化

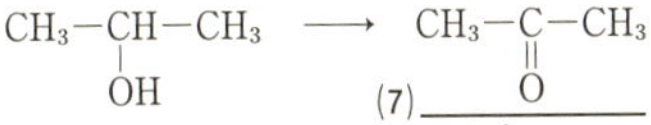

CH₃−CH(OH)−CH₃ ⟶ CH₃−C(=O)−CH₃
2-プロパノール　　　(7)_____
　　　　　　　　　(e) アセトン

アルコールの酸化

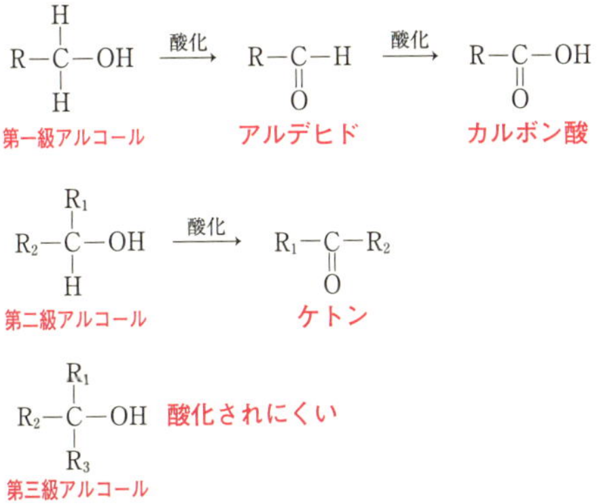

R−CH(H)(H)−OH　$\xrightarrow{酸化}$　R−C(=O)−H　$\xrightarrow{酸化}$　R−C(=O)−OH
第一級アルコール　　　　　アルデヒド　　　　　カルボン酸

R₂−C(R₁)(H)−OH　$\xrightarrow{酸化}$　R₁−C(=O)−R₂
第二級アルコール　　　　　ケトン

R₂−C(R₁)(R₃)−OH　**酸化されにくい**
第三級アルコール

149. **エタノールの脱水** エタノールと濃硫酸を約140℃に加熱すると　1　ができる。この反応のように，2つの分子の間から水のような簡単な分子がとれて結合する反応を　2　という。

また，エタノールと濃硫酸を約170℃に加熱すると　3　ができる。この反応のように，1つの分子内から水のような簡単な分子がとれる反応を　4　という。

150. **C₃H₈O の異性体** C_3H_8O の分子式をもつ化合物として考えられるすべての異性体の構造式を記せ。

〈ジエチルエーテルの合成〉

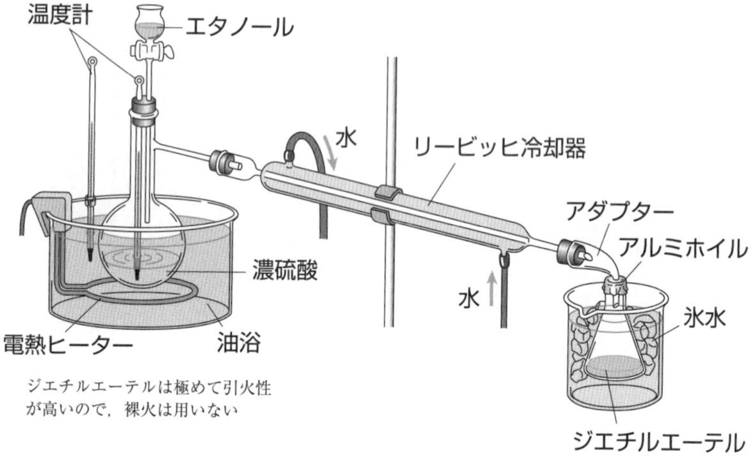

温度計／エタノール／水／リービッヒ冷却器／アダプター／アルミホイル／濃硫酸／水／氷水／電熱ヒーター／油浴／ジエチルエーテル

ジエチルエーテルは極めて引火性が高いので，裸火は用いない

21 アルコールとその誘導体

149. エタノールの脱水反応には，加熱温度によって，生成物が異なるので注意しよう。140℃ のときは**分子間で脱水**つまり (2) **縮合**が起こり(1) <u>ジエチルエーテル</u>が生成する。170℃ のときは**分子内で脱水**つまり(4) **脱離**が起こりアルケンの(3) <u>エチレン</u>が生成する。

$$2\,C_2H_5OH \xrightarrow[140℃]{(H_2SO_4)} C_2H_5-O-C_2H_5 + H_2O$$
　　　　　　　　　　　　　　ジエチルエーテル

$$C_2H_5OH \xrightarrow[170℃]{(H_2SO_4)} CH_2=CH_2 + H_2O$$
　　　　　　　　　　　　エチレン

―――― エタノールの脱水 ――――
130～140 ℃で分子間脱水……**ジエチルエーテル**の生成
160～170 ℃で分子内脱水……**エチレン**の生成

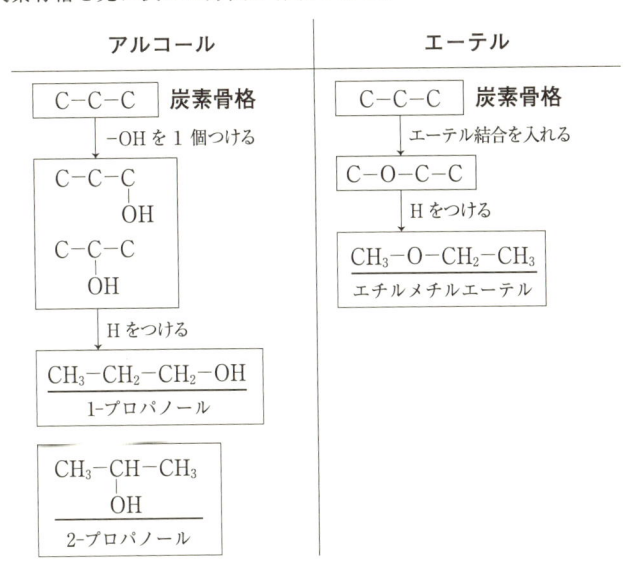

---

150. 一般式 $C_nH_{2n+2}O$ で表される化合物には飽和アルコールと飽和エーテルが存在する。アルコールやエーテルの異性体を考えるときは，炭素骨格を先に決める方法が有効である。

アルコール	エーテル
C–C–C 炭素骨格	C–C–C 炭素骨格
↓ –OH を1個つける	↓ エーテル結合を入れる
C–C–C 　　| 　　OH C–C–C 　| 　OH	C–O–C–C
↓ H をつける	↓ H をつける
$CH_3-CH_2-CH_2-OH$ 1-プロパノール	$CH_3-O-CH_2-CH_3$ エチルメチルエーテル
$CH_3-CH-CH_3$ 　　　| 　　　OH 2-プロパノール	

— 207 —

151. **アルデヒドとケトン** 分子中にアルデヒド基をもつ化合物をアルデヒド，ケトン基をもつ化合物をケトンという。代表的なアルデヒドとして ① , ② , ③ などがあり，代表的なケトンとして ④ がある。アルデヒド基(-CHO)は酸化されて ⑤ 基(⑥)に変化しやすいが，ケトン基は酸化されにくい。

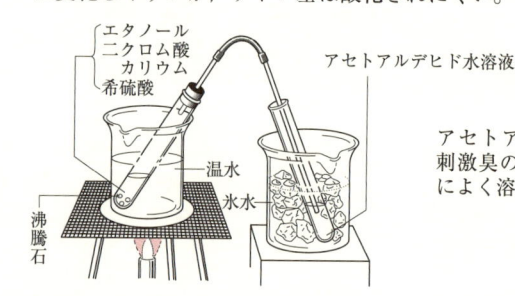

アセトアルデヒドCH_3CHOは刺激臭のある無色の液体で水によく溶ける。

152. **アルデヒドの還元性** アルデヒドは酸化されてカルボン酸になりやすいので還元性を示す。アルデヒドの還元性は ① 反応や， ② 液の還元反応によって調べることができる。

- **銀鏡反応とフェーリング液の還元反応**
  $RCHO + 2Ag^+ + 3OH^- \longrightarrow RCOO^- + 2H_2O + 2Ag(銀鏡)$
  $RCHO + 2Cu^{2+} + 5OH^- \longrightarrow RCOO^- + 3H_2O + Cu_2O(赤↓)$

153. **アセトン** 次の文中の空欄には適する語句を入れ，下線部を化学反応式で示せ。

アセトンは芳香のある揮発性の液体で水とよく混じり合う。アセトンは実験室では 2-プロパノールの酸化や，(1) 酢酸カルシウムの乾留によって得られる。工業的には，プロペンを酸化したり， ② 法でフェノールを合成するときの副産物として得られる。

21 アルコールとその誘導体

151。 代表的なアルデヒドに (1) **ホルムアルデヒド**, (2) **アセトアルデヒド**, (3) **プロピオンアルデヒド**がある。ホルムアルデヒドは気体であり，その水溶液を**ホルマリン**という。

$$\underset{\text{ホルムアルデヒド}}{H-\underset{\underset{O}{\|}}{C}-H} \qquad \underset{\text{アセトアルデヒド}}{CH_3-\underset{\underset{O}{\|}}{C}-H} \qquad \underset{\text{プロピオンアルデヒド}}{C_2H_5-\underset{\underset{O}{\|}}{C}-H}$$

代表的なケトンとして (4) **アセトン**がある。

$$\underset{\text{アセトン}}{CH_3-\underset{\underset{O}{\|}}{C}-CH_3}$$

アルデヒド基は酸化されて (5) **カルボキシ**基 (6) **-COOH**に変化する。

$$\underset{\text{アルデヒド}}{R-\underset{\underset{O}{\|}}{C}-H} \xrightarrow{\text{酸化}} \underset{\text{カルボン酸}}{R-\underset{\underset{O}{\|}}{C}-OH}$$

152。 (1) **銀鏡反応**

アンモニア性硝酸銀溶液中の $[Ag(NH_3)_2]^+$ に含まれる銀イオンが還元されて，ガラス容器の器壁に**銀鏡**が生じる反応。

(2) **フェーリング液の還元反応**

硫酸銅(Ⅱ)と酒石酸ナトリウムカリウム溶液中の錯イオンに含まれる銅(Ⅱ)イオンが還元されて，**酸化銅(Ⅰ) Cu_2O の赤色沈殿**が生成する反応。

153。 (1) アセトンの製法

$$\underset{\text{2-プロパノール}}{CH_3-\underset{\underset{OH}{|}}{CH}-CH_3} \xrightarrow{\text{酸化}} \underset{\text{アセトン}}{CH_3-\underset{\underset{O}{\|}}{C}-CH_3}$$

$$\underset{\text{酢酸カルシウム}}{(CH_3COO)_2Ca} \xrightarrow{\text{乾留}} CH_3-\underset{\underset{O}{\|}}{C}-CH_3 + CaCO_3$$

(2) アセトンは**クメン法**によるフェノール合成でも製造される。

154. オゾン分解

アルケンをオゾンで酸化した後，適当な還元剤を作用させると，二重結合が切断されて，アルデヒドやケトンを生じる。

$$\ce{>C=C<} \xrightarrow[\text{酸化}]{O_3} \xrightarrow[\text{分解}]{\text{還元剤}} \ce{>C=O + O=C<}$$

この一連の反応をオゾン分解という。

たとえば，$\begin{matrix} H \\ H \end{matrix}\!\!>\!\!C\!=\!C\!<\!\!\begin{matrix} CH_3 \\ CH_3 \end{matrix}$ をオゾン分解すると，銀鏡反応陽性の
[1] と銀鏡反応陰性の [2] を生じる。また，オゾン分解によって [2] だけを2分子生じるアルケンは [3] である。

155. 元素分析と分子式の決定

C, H, O からなる化合物 30 mg を完全燃焼させたところ，CO_2 が 66 mg, H_2O が 36 mg 生成した。

(1) 試料 30 mg 中に C 原子は何 mg 含まれるか。
(2) 試料 30 mg 中に H 原子は何 mg 含まれるか。
(3) 試料 30 mg 中に O 原子は何 mg 含まれるか。
(4) この化合物の組成式を記せ。
(5) この化合物の分子式を推定せよ。

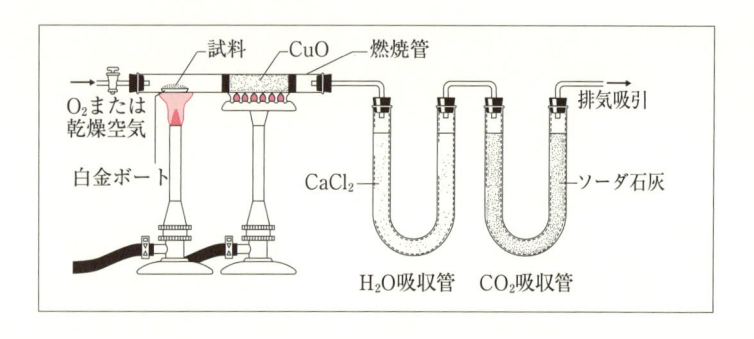

21 アルコールとその誘導体

154. 反応式に示された通りに構造式を書き直せばよい。

$$\underset{H}{\overset{H}{>}}C=C\underset{CH_3}{\overset{CH_3}{<}} \xrightarrow{O_3 分解} \underset{(1)\ H}{\overset{H}{>}}C=O \ + \ O=C\underset{CH_3}{\overset{CH_3}{<}}_{(2)}$$

オゾン分解を逆にたどれば, 元のアルケンの構造がわかる。

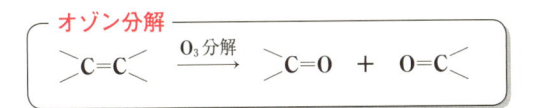

$$\underset{H_3C}{\overset{H_3C}{>}}C=O \ + \ O=C\underset{CH_3}{\overset{CH_3}{<}} \xleftarrow{O_3 分解} \underset{(3)\ H_3C}{\overset{H_3C}{>}}C=C\underset{CH_3}{\overset{CH_3}{<}}$$

--- オゾン分解 ---

$$>C=C< \xrightarrow{O_3 分解} >C=O \ + \ O=C<$$

---

155. (1) C原子: $66 \times \dfrac{C}{CO_2} = 66 \times \dfrac{12}{44} = \underline{18}$ (mg)

(2) H原子: $36 \times \dfrac{2H}{H_2O} = 36 \times \dfrac{2 \times 1.0}{18} = \underline{4.0}$ (mg)

(3) O原子: $30 - (18 + 4.0) = \underline{8.0}$ (mg)

(4) **各元素の質量を原子量で割って, 各原子の物質量の比を求める。**

$$C : H : O = \dfrac{18}{12} : \dfrac{4.0}{1.0} : \dfrac{8.0}{16} = 3 : 8 : 1$$

∴ 組成式(実験式) $\underline{C_3H_8O}$

(5) 分子式 $C_nH_mO_l$ で, n と m の関係は $m \leq 2n+2$ である。組成式が C_3H_8O なので, これを2倍以上すると, この関係を満たせない。よって, 分子式は $\underline{C_3H_8O}$ と推定される。

--- 分子中のH原子の個数 ---

分子式 $C_nH_mO_l$ または C_nH_m において
 m は偶数
 m の最大値は $2n+2$

例題 79

エタノールはエチルアルコールともよばれ，無色の液体で水に溶けやすく中性である。エタノールに関する下の反応経路図の □ に化学式，（ ）に名称を入れ，以下の問に答えよ。

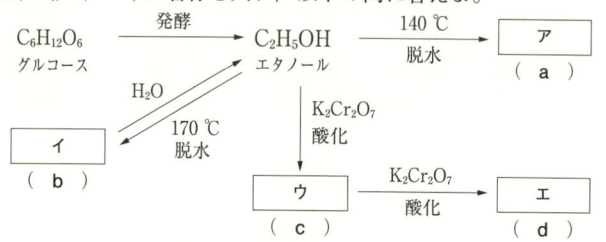

$$C_6H_{12}O_6 \xrightarrow{\text{発酵}} C_2H_5OH \xrightarrow[\text{脱水}]{140℃} \boxed{\text{ア}} \text{（a）}$$

グルコース　エタノール

$$\boxed{\text{イ}} \text{（b）} \xleftarrow[\text{脱水}]{170℃}_{H_2O} C_2H_5OH$$

$$C_2H_5OH \xrightarrow[\text{酸化}]{K_2Cr_2O_7} \boxed{\text{ウ}} \text{（c）} \xrightarrow[\text{酸化}]{K_2Cr_2O_7} \boxed{\text{エ}} \text{（d）}$$

(1) グルコースのアルコール発酵でエタノールが生じる変化を化学反応式で記せ。

(2) エタノールに金属ナトリウムを加えたときの変化を化学反応式で記せ。

(3) エタノールを含む溶液に，水酸化ナトリウム水溶液とヨウ素を加えて温めたときの変化を説明せよ。

解

ア，(a)　$C_2H_5OC_2H_5$，ジエチルエーテル

イ，(b)　$CH_2=CH_2$，エチレン

ウ，(c)　CH_3CHO，アセトアルデヒド

エ，(d)　CH_3COOH，酢酸

(1) 酵母菌の出す酵素の作用で分解される（**アルコール発酵**）。

$$C_6H_{12}O_6 \longrightarrow 2\,C_2H_5OH + 2\,CO_2$$

(2) エタノールはヒドロキシ基をもつので Na と反応する。

$$2\,C_2H_5OH + 2\,Na \longrightarrow 2\,C_2H_5ONa + H_2$$

(3) ヨードホルム CHI_3 の**黄色沈殿**が生じる。この反応を**ヨードホルム反応**という。

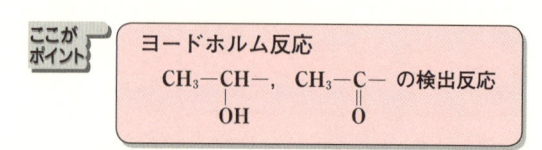

ここがポイント

ヨードホルム反応

$$CH_3-\underset{OH}{CH}-,\quad CH_3-\underset{O}{C}- \text{ の検出反応}$$

例題 80

C_3H_8O の分子式を有する化合物 A, B, C がある。これらの化合物 A, B および C について，次の実験を行った。

実験1　金属ナトリウムを加えると，A と B は激しく反応して水素を発生したが，C は反応しなかった。

実験2　A を酸化して D を得た。また，B を酸化して E を得た。D はフェーリング液を還元して赤色沈殿を生じたが，E は反応しなかった。

実験3　ヨウ素と水酸化ナトリウム水溶液を加えて熱すると，B は黄色沈殿を生じたが，A では生じなかった。

(1) A～E の構造式と名称を記せ。
(2) 実験2で生じた赤色沈殿の化学式と名称を記せ。
(3) 実験3の反応の名称を記せ。

(新潟大)

解

(1) A
$CH_3-CH_2-CH_2-OH$ 　1-プロパノール
　→（酸化）→
D
$CH_3-CH_2-\underset{\underset{O}{\|}}{C}-H$ 　プロピオンアルデヒド　←フェーリング液の還元反応陽性

B
$CH_3-\underset{OH}{CH}-CH_3$ 　2-プロパノール
　→（酸化）→
E
$CH_3-\underset{\underset{O}{\|}}{C}-CH_3$ 　アセトン　←ヨードホルム反応陽性

C
$CH_3-O-CH_2-CH_3$ 　エチルメチルエーテル　←金属ナトリウムと反応しない

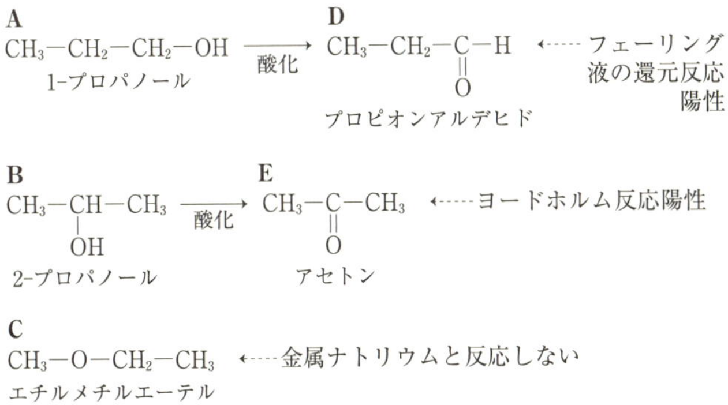

(2) Cu_2O，酸化銅(I)
(3) ヨードホルム反応

ここがポイント

アルデヒド基の検出（還元性を調べる）
　フェーリング液の還元反応
　銀鏡反応

例題 81

化合物 A〜D は分子式 $C_4H_{10}O$ の異性体である。

(1) A〜D に金属ナトリウムを加えると，A は反応しないが，B〜D は気体を発生する。A として考えられる構造をすべて記せ。

(2) B〜D を硫酸酸性 $K_2Cr_2O_7$ 水溶液と加熱すると，C と D は酸化されたが，B は変化しない。B の構造式を記せ。

(3) C を濃硫酸と加熱すると 3 種のアルケンが生じた。C として考えられる構造をすべて，立体配置の違いがわかるように記せ。

(4) D を濃硫酸と加熱するとアルケン E だけが生じた。E に水を付加すると，D とともに C が生じた。E をオゾン分解して生じる 2 つの有機化合物のうち，分子量の小さい方の名称を記せ。

解

(1) C と H の個数の関係がアルカン(C_4H_{10})と同じなので，二重結合や環をもたない。Na との反応から A はエーテル，B〜D はアルコールとわかる。

(1) CH₃−CH₂−O−CH₂−CH₃   CH₃−O−CH₂−CH₂−CH₃   CH₃−O−CH(CH₃)−CH₃

(2) B は酸化されにくいので，第三級アルコールである。

(2) (CH₃)₃C−OH

(3) C₄ アルコールを分子内脱水すると，次のようになる。

3 種類のアルケンを生じるアルコールは 2-ブタノール。分子中に不斉炭素原子(C^*)を有するので一対の鏡像異性体(光学異性体)が存在する。

(4) アルコールの分子内脱水もアルケンへの水の付加も，炭素骨格は変化しない。D は，C と同じ炭素骨格をもつので，1-ブタノールである。

C−C−C−C−OH $\xrightarrow{-H_2O}$ C−C−C=C $\xrightarrow{O_3分解}$ C−C−CH=O + H−CHO

分子量の小さい方はホルムアルデヒド

21 アルコールとその誘導体

例題 82

化合物 A について下図のような装置で元素分析を行った。

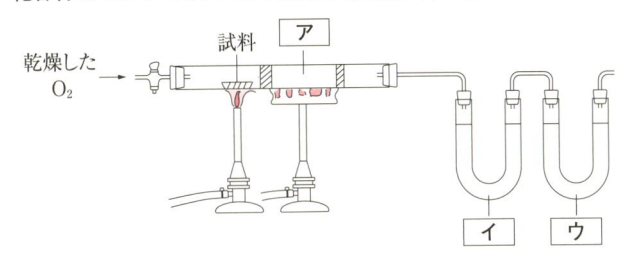

図中の ア は A を完全に燃焼させるための物質であり，イ，ウ は燃焼によって生じた水と二酸化炭素の質量をそれぞれ測定するための物質である。

この装置を用いて A 8.00 mg を完全燃焼させたところ，二酸化炭素が 15.3 mg，水が 9.36 mg 得られた。また，A の分子量は 46 であることがわかっている。原子量を H = 1.0, C = 12, O = 16 として以下の問に答えよ。

(1) ア ～ ウ に適する物質名をそれぞれ記せ。
(2) A の分子式を記せ。

解

(1) アは試料を完全燃焼させるために**酸化銅(Ⅱ)** CuO を用いる。
   イは燃焼で生じた水を吸収するために**塩化カルシウム** $CaCl_2$ を用いる。
   ウは燃焼で生じた二酸化炭素を吸収するために**ソーダ石灰**を用いる。

(2)
$C : 15.3 \times \dfrac{12}{44} \fallingdotseq 4.17$ （mg）

$H : 9.36 \times \dfrac{2 \times 1.0}{18} = 1.04$ （mg）

$O : 8.00 - (4.17 + 1.04) = 2.79$ （mg）

$C : H : O = \dfrac{4.17}{12} : \dfrac{1.04}{1.0} : \dfrac{2.79}{16}$
$= 0.347 : 1.04 : 0.174$
$= 2 : 6 : 1$

よって，A の組成式は C_2H_6O

また，A の分子量は 46 であるので，
$(C_2H_6O)_n = 46$ ∴ $n = 1$ よって A の分子式は $\underline{C_2H_6O}$

22 カルボン酸とその誘導体

156. カルボン酸の分類 分子中にカルボキシ基 –COOH をもつ化合物をカルボン酸といい、カルボキシ基を1個もつ鎖式のカルボン酸を特に脂肪酸という。次のカルボン酸を下記の分類表にしたがって分類し、化学式で記せ。

(1) ギ酸　　　　(2) 酢酸　　　　(3) プロピオン酸
(4) シュウ酸　　(5) 乳酸　　　　(6) オレイン酸
(7) ステアリン酸 (8) マレイン酸　 (9) 安息香酸
(10) フタル酸　 (11) コハク酸

		1価カルボン酸 (モノカルボン酸)	2価カルボン酸 (ジカルボン酸)
脂肪族	飽和カルボン酸		
	ヒドロキシ酸		
	不飽和カルボン酸		
芳香族カルボン酸			

カルボキシ基 $-\underset{\underset{O}{\|}}{C}-OH$　　カルボキシル基ともいう

157. カルボン酸の性質 次の文の下線(1)については会合の様子を構造式で示し、下線(2)についてはその理由を記し、下線(3)については化学反応式を記せ。

カルボキシ基は極性が強く、カルボン酸は(1)<u>2分子会合</u>しやすい。(2)<u>カルボン酸の水溶液の酸性</u>は塩酸や硫酸の酸性よりも弱いが、炭酸の酸性よりは強い。また、カルボン酸は(3)<u>水酸化ナトリウムや炭酸水素ナトリウムと反応</u>して塩を生じる。

解答 ▼ 解説

156. (1)〜(11)のカルボン酸を分類し，表に記す。

		1価カルボン酸 (モノカルボン酸)	2価カルボン酸 (ジカルボン酸)
脂肪族	**飽和カルボン酸**	(1) HCOOH ギ酸 (2) CH₃COOH 酢酸 (3) C₂H₅COOH プロピオン酸 (7) C₁₇H₃₅COOH ステアリン酸	(4) (COOH)₂ シュウ酸 (11) CH₂COOH 　　| 　　CH₂COOH　コハク酸
	ヒドロキシ酸	(5) CH₃CH(OH)COOH 乳酸	
	不飽和カルボン酸	(6) C₁₇H₃₃COOH オレイン酸	(8) マレイン酸 H－C－COOH 　‖ H－C－COOH
	芳香族カルボン酸	(9) C₆H₅COOH 安息香酸	(10) フタル酸 (o-C₆H₄(COOH)₂)

---

157. (1) カルボン酸は分子間の**水素結合**によって**2分子会合**しやすい。

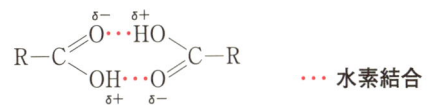

$$R-C\begin{matrix}\overset{\delta-}{O}\cdots\overset{\delta+}{HO}\\OH\cdots O\\{\scriptstyle\delta+\ \ \delta-}\end{matrix}C-R \qquad \cdots \textbf{水素結合}$$

(2) カルボン酸は水溶液中でわずかに電離して弱酸性を示す。

$$RCOOH \rightleftarrows RCOO^- + H^+$$

(3) $RCOOH + NaOH \longrightarrow RCOONa + H_2O$

　$RCOOH + NaHCO_3 \longrightarrow RCOONa + H_2O + CO_2$

158. 乳酸の立体異性体 乳酸 CH₃CH(OH)COOH の中心の炭素原子には4種の異なる原子や原子団が結合している。このような炭素原子を ___1___ 原子という。一般に，___1___ 原子をもつ分子には，空間的配置の異なる2種の化合物が存在し，これらを互いに**鏡像異性体**または ___2___ 異性体とよぶ。

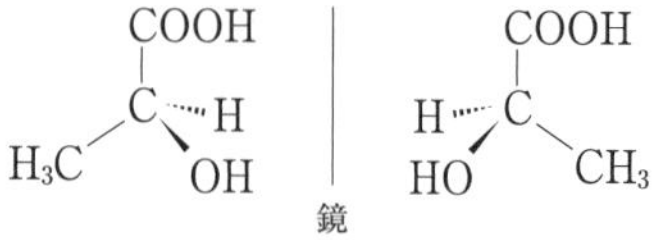

$$\begin{array}{c} \text{COOH} \\ | \\ \text{H}_3\text{C}-\text{C}\cdots\text{H} \\ | \\ \text{OH} \end{array} \bigg| \begin{array}{c} \text{COOH} \\ | \\ \text{H}\cdots\text{C}-\text{CH}_3 \\ | \\ \text{HO} \end{array}$$
鏡

不斉炭素原子は，CH₃−C*H(OH)−COOH のように，*印で示す。

---

159. ギ酸の還元性 ギ酸が還元性を有することをギ酸の構造式を用いて説明せよ。

---

160. 酸無水物 次のカルボン酸の酸無水物の構造式を記せ。

(1) 酢酸
(2) マレイン酸

参考

> フタル酸を加熱すると無水フタル酸が得られる
>
> ベンゼン環−COOH,−COOH　→(加熱)　無水フタル酸 + H₂O
>
> フタル酸　　　　　　　　　　無水フタル酸

― 218 ―

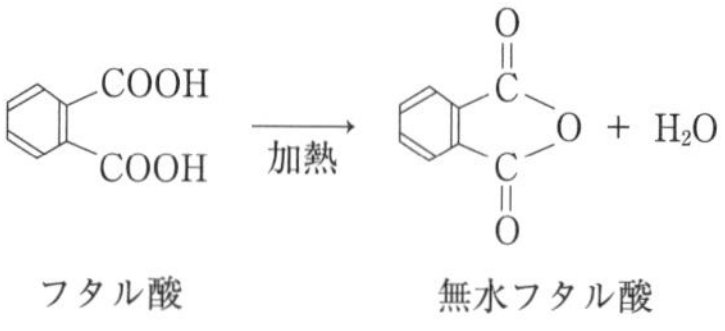

22 カルボン酸とその誘導体

158. (1) 乳酸には結合する4個の原子や原子団がすべて異なる炭素原子が存在し，このような炭素原子を<u>不斉炭素原子</u>という。

(2) 次の2種の乳酸は重ね合わせることができないので，立体異性体である。これらの異性体の化学的性質や物理的性質はよく似ているが，平面偏光に対する性質が異なるので<u>光学異性体</u>とよばれる。

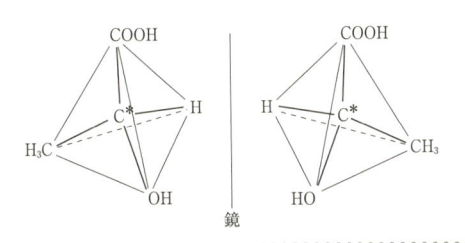

(立体構造図：鏡像関係にある2つの乳酸分子)

159. ギ酸は分子内に**アルデヒド基**を有するので還元性を示す。

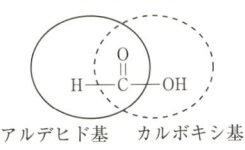

H–C(=O)–OH
アルデヒド基　カルボキシ基

160. 2個のカルボキシ基から1分子の水がとれて生じる化合物を，<u>酸無水物</u>という。

(1) 酢酸の酸無水物は**無水酢酸**である。

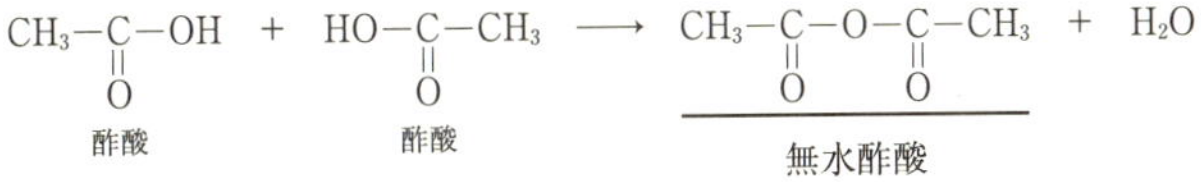

$$CH_3-\underset{\underset{O}{\|}}{C}-OH + HO-\underset{\underset{O}{\|}}{C}-CH_3 \longrightarrow CH_3-\underset{\underset{O}{\|}}{C}-O-\underset{\underset{O}{\|}}{C}-CH_3 + H_2O$$

酢酸　　　　　酢酸　　　　　　　無水酢酸

(2) ジカルボン酸のマレイン酸は加熱によって容易に酸無水物に変化する。

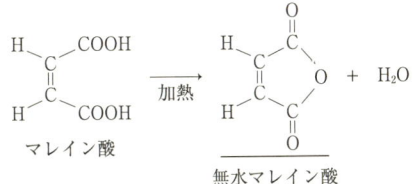

(マレイン酸 → 無水マレイン酸 + H_2O の構造式)

マレイン酸　　　　無水マレイン酸

161. エステル
カルボン酸とアルコールの分子間で水がとれて結合するとエステルとよばれる化合物が生成する。エステルが生成する反応をエステル化といい，エステル化は縮合の一種である。次のカルボン酸とアルコールで生じるエステルの構造式と名称を記せ。

(1) 酢酸とエタノール
(2) ギ酸とメタノール
(3) プロピオン酸とメタノール

エステル結合 $-\underset{\underset{O}{\|}}{C}-O-$

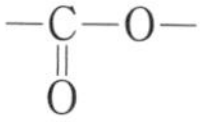

> 分子量の小さいエステルは，自然界に果実の香り成分として存在する
>
> | | | |
> |---|---|---|
> | バナナ | $CH_3COOC_5H_{11}$ | 酢酸ペンチル |
> | リンゴ | $C_3H_7COOCH_3$ | 酪酸メチル |
> | パイナップル | $C_3H_7COOC_2H_5$ | 酪酸エチル |

162. エステルの加水分解
エステルに酸の水溶液を加えて加熱すると，カルボン酸とアルコールに分解する。この反応をエステルの加水分解という。

また，エステルに水酸化ナトリウムなどの塩基を加えて加熱すると，カルボン酸の塩とアルコールに分解する。この反応をエステルのけん化という。次のエステルの加水分解および水酸化ナトリウムでのけん化をそれぞれ化学反応式で記せ。

(1) ギ酸エチル
(2) 酢酸メチル

22 カルボン酸とその誘導体

161. エステルはカルボン酸とアルコールとの混合物に濃硫酸を加えて加熱すると得られる。この反応では硫酸から生じる **H^+** が**触媒**としてはたらく。

$$\underset{\text{カルボン酸}}{R-\underset{\underset{O}{\parallel}}{C}-OH} + \underset{\text{アルコール}}{R'-OH} \underset{}{\overset{\text{酸}}{\rightleftarrows}} \underset{\text{エステル}}{R-\underset{\underset{O}{\parallel}}{C}-O-R'} + H_2O$$

(1) $CH_3-\underset{\underset{O}{\parallel}}{C}-OH + C_2H_5-OH \rightleftarrows \underset{\text{酢酸エチル}}{CH_3-\underset{\underset{O}{\parallel}}{C}-O-C_2H_5} + H_2O$

(2) $H-\underset{\underset{O}{\parallel}}{C}-OH + CH_3-OH \rightleftarrows \underset{\text{ギ酸メチル}}{H-\underset{\underset{O}{\parallel}}{C}-O-CH_3} + H_2O$

(3) $C_2H_5-\underset{\underset{O}{\parallel}}{C}-OH + CH_3-OH \rightleftarrows \underset{\text{プロピオン酸メチル}}{C_2H_5-\underset{\underset{O}{\parallel}}{C}-O-CH_3} + H_2O$

・・・

162. (1) $H-\underset{\underset{O}{\parallel}}{C}-O-C_2H_5 + H_2O \rightleftarrows H-\underset{\underset{O}{\parallel}}{C}-OH + C_2H_5-OH$

$H-\underset{\underset{O}{\parallel}}{C}-O-C_2H_5 + NaOH \longrightarrow H-\underset{\underset{O}{\parallel}}{C}-ONa + C_2H_5-OH$

(2) $CH_3-\underset{\underset{O}{\parallel}}{C}-O-CH_3 + H_2O \rightleftarrows CH_3-\underset{\underset{O}{\parallel}}{C}-OH + CH_3-OH$

$CH_3-\underset{\underset{O}{\parallel}}{C}-O-CH_3 + NaOH \longrightarrow CH_3-\underset{\underset{O}{\parallel}}{C}-ONa + CH_3-OH$

エステルの反応

酸による加水分解は可逆反応

$R-\underset{\underset{O}{\parallel}}{C}-O-R' + H_2O \underset{\text{酸}}{\rightleftarrows} R-\underset{\underset{O}{\parallel}}{C}-OH + R'-OH$

けん化は不可逆反応

$R-\underset{\underset{O}{\parallel}}{C}-O-R' + NaOH \longrightarrow R-\underset{\underset{O}{\parallel}}{C}-ONa + R'-OH$

163. 油脂 高級脂肪酸とグリセリンのエステルを[1]という。[1]は飽和脂肪酸を多く含む固体の[2]と，不飽和脂肪酸を多く含む液体の[3]に大別される。

〈油脂の分類〉

	性　質	例
脂　肪	室温で固体であり，ステアリン酸などの飽和脂肪酸を多く含む。	牛や豚の脂肪
脂肪油	室温で液体であり，リノール酸などの不飽和脂肪酸を多く含む。	大豆油，コーン油
硬化油	ニッケル触媒で，脂肪油に水素を反応させて固体にしたもの。	マーガリン

164. けん化価とヨウ素価 油脂1gをけん化するのに必要な水酸化カリウムのミリグラム数を[1]価という。[1]価の大きな油脂は，その構成脂肪酸の平均分子量が[2]い。

油脂100gに付加するヨウ素のグラム数を[3]価という。[3]価が大きい油脂は，その構成脂肪酸の不飽和度が[4]い。

165. 油脂の乾性と硬化 次の語句を説明せよ。

(1) 乾性油
(2) 硬化油

22 カルボン酸とその誘導体

163. 高級脂肪酸とグリセリンのエステルを(1) **油脂** という。

$$C_3H_5(OCOR)_3$$

油脂は常温で固体の(2) **脂肪** と，常温で液体の(3) **脂肪油** に大別される。脂肪にはステアリン酸のような飽和脂肪酸が多く含まれ，脂肪油にはリノール酸などの不飽和脂肪酸が多く含まれる。

参考　油脂を構成する主な脂肪酸

分　類	名　　称	示性式	脂肪酸分子中のC=C結合の数
飽和脂肪酸	パルミチン酸	$C_{15}H_{31}COOH$	0
	ステアリン酸	$C_{17}H_{35}COOH$	0
不飽和脂肪酸	オレイン酸	$C_{17}H_{33}COOH$	1
	リノール酸	$C_{17}H_{31}COOH$	2
	リノレン酸	$C_{17}H_{29}COOH$	3

164. けん化価……油脂 1 g をけん化するのに必要な KOH のミリグラム数を(1) **けん化価** という。けん化価が大きい油脂は，その油脂に含まれる脂肪酸の平均分子量が(2) **小さい**。

ヨウ素価……油脂 100 g に付加する I_2 のグラム数を(3) **ヨウ素価** という。ヨウ素価の大きい油脂は，二重結合を多く含み不飽和度が(4) **大きい**。

165. (1) **乾性油**……不飽和脂肪酸を多く含んでいる不飽和度の大きい脂肪油は，**空気中の酸素で酸化されて固化しやすい**。このような性質をもった脂肪油を乾性油という。

(2) **硬化油**……不飽和度の大きい脂肪油に，ニッケル触媒を用いて**水素を付加すると，不飽和度が低下して固体となる**。このようにして得られた油脂を硬化油という。

166. セッケン 油脂をけん化して得られた高級脂肪酸のナトリウム塩を一般にセッケンという。セッケンについて次の事項を説明せよ。

(1) セッケンの乳化作用
(2) セッケンの実用上の欠点

〈セッケンの洗浄作用〉

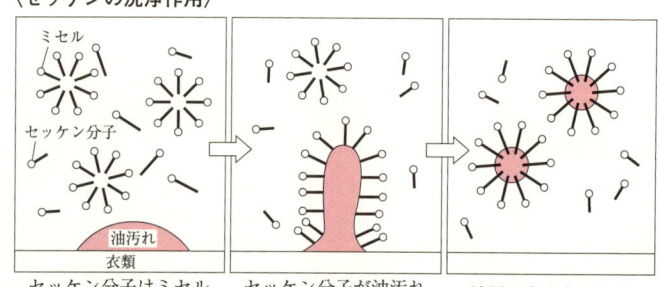

| セッケン分子はミセルとして存在 | セッケン分子が油汚れをとり囲む | 油汚れを引きはなす |

167. 合成洗剤 高級アルコールのモノ硫酸エステルのナトリウム塩（アルコール系合成洗剤）やアルキルベンゼンスルホン酸のナトリウム塩（石油系合成洗剤）は，セッケンと同じように洗浄作用があり，合成洗剤とよばれている。合成洗剤の利点を述べよ。

22 カルボン酸とその誘導体

166. 高級脂肪酸のナトリウム塩をセッケンというが，セッケンは疎水（親油）性の炭化水素基と親水性のイオンの部分が共存しているので，界面活性剤として有効である。

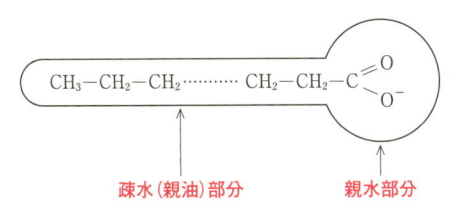

$$CH_3-CH_2-CH_2 \cdots\cdots CH_2-CH_2-C{\overset{O}{\underset{O^-}{\diagdown\!\!\!\diagup}}}$$

疎水（親油）部分　　親水部分

(1) セッケン水に油を入れて振ると，油がセッケンに取り囲まれて水中に分散し，乳濁液になる。この作用を**乳化作用**という。

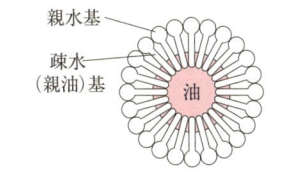

親水基
疎水（親油）基
油

(2) セッケンの**実用上の欠点**は主に次の2点である。

① 加水分解して弱塩基性を示すので，動物性繊維の洗浄に適さない。

$$RCOO^- + H_2O \rightleftarrows RCOOH + OH^-$$

② 酸性水溶液では高級脂肪酸が遊離し，硬水ではCa^{2+}やMg^{2+}と沈殿を生じるので，これらの水溶液では使用できない。

---

167. アルコール系合成洗剤や石油系合成洗剤はいずれも疎水（親油）性の炭化水素基と親水性のイオンの部分からできているので，セッケンと同じように洗浄作用をもつ。

$C_{12}H_{25}-OSO_3Na$　　$C_{12}H_{25}-\underset{}{\bigcirc}-SO_3Na$
アルコール系　　　　　　石油系

これらの合成洗剤は強酸と強塩基の塩であり，加水分解しないので，その**水溶液は中性**である。また，これらの合成洗剤は**硬水や海水でも沈殿を生じない**。

例題 83

リンゴに含まれるリンゴ酸 HOOCCH(OH)CH$_2$COOH を少量の無機酸とともに加熱すると、分子内脱水反応が起こって、同一の分子式 C$_4$H$_4$O$_4$ で表される3種の化合物 A, B, C が得られた。A, B, C のそれぞれに赤褐色の臭素水を加えると、A および B は臭素水を脱色したが、C は脱色しなかった。また、A, B, C をおだやかに加熱したところ、A は分子式 C$_4$H$_2$O$_3$ の D に変化したが、B, C は変化が見られなかった。

(1) A, B, C, D の構造式を記せ。
(2) A と B の異性体を何というか。
(3) C と D のような化合物を一般に何というか。 （弘前大）

解

(1) リンゴ酸 → ②で脱水 → C

①で脱水（マレイン酸とフマル酸を生じる）

B: フマル酸
A: マレイン酸 → 加熱 → D: 無水マレイン酸

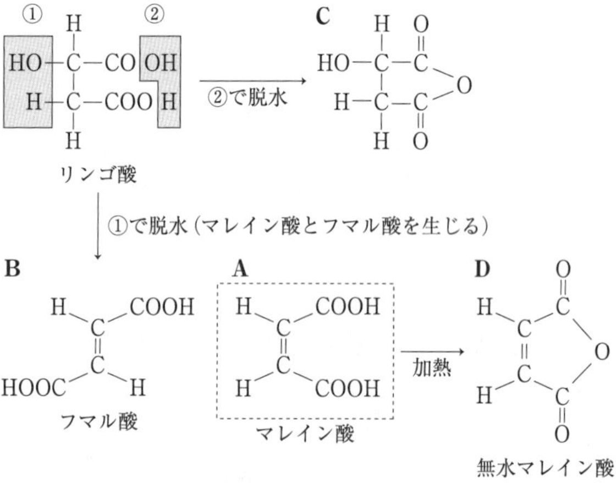

(2) 幾何異性体

(3) 酸無水物

22 カルボン酸とその誘導体

例題 84

$C_4H_8O_2$ の分子式を有するエステルには何種類の異性体が存在するか。

解

エステルの一般式は **RCOOR′** であるので，R と R′ の組み合わせを考えればよい。

RCOOR′ = $C_4H_8O_2$ より **R + R′ = C_3H_8** となる。

R	R′	
H	C_3H_7	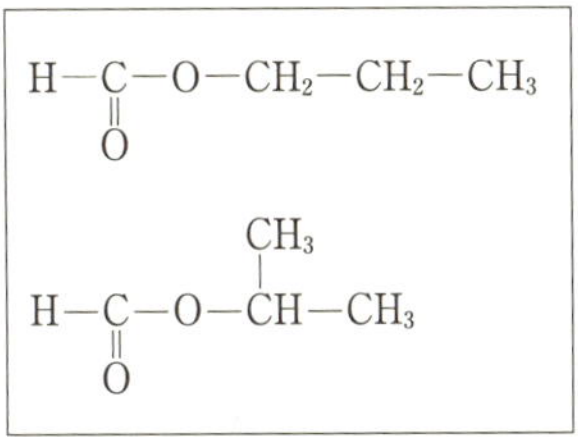 → H–C(=O)–O–CH₂–CH₂–CH₃ H–C(=O)–O–CH(CH₃)–CH₃
CH_3	C_2H_5	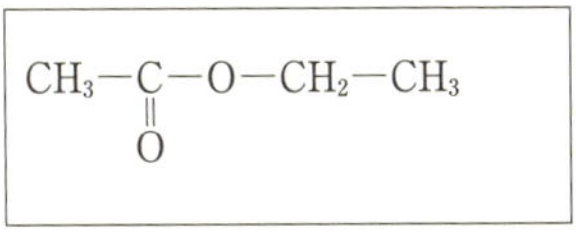 → CH₃–C(=O)–O–CH₂–CH₃
C_2H_5	CH_3	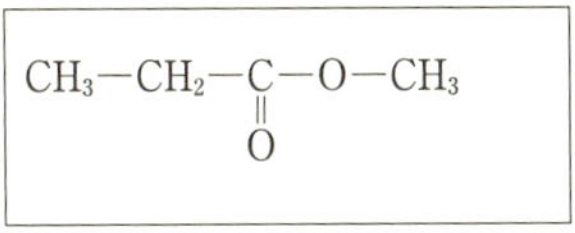 → CH₃–CH₂–C(=O)–O–CH₃
C_3H_7	H	→ カルボン酸であり，エステルではない。

以上より **4 種類**

ここがポイント

エステル RCOOR′ の構造は R と R′ を決定せよ

例題 85

$C_5H_{10}O_2$ の分子式を有するエステル A および B がある。A を加水分解したところ，還元性を有するカルボン酸 C とヨードホルム反応を示すアルコール D が得られた。また，B を加水分解したところ，A と同様にカルボン酸 C と酸化されにくいアルコール E が得られた。

(1) カルボン酸 C の名称を記せ。
(2) アルコール D, E の分子式を記せ。
(3) エステル A および B の構造式を記せ。

解

(1) このエステルを構成する可能性のあるカルボン酸のうち還元性を有するものはギ酸 HCOOH である。

(2) アルコール D, E の分子式を X とすると，加水分解の化学反応式より，

$$C_5H_{10}O_2 + H_2O \longrightarrow HCOOH + X$$

$$\therefore \quad X = C_4H_{10}O$$

(3) エステル A, B はギ酸と $C_4H_{10}O$ のアルコールとのエステルである。
　　$C_4H_{10}O$ のアルコールの異性体には次の①〜④の 4 種が存在する。

①　C—C—C—C
　　　　　　|
　　　　　OH

②　C—C—C—C
　　　　|
　　　OH

③　　　　C
　　　　　|
　　C—C—C
　　　　　|
　　　　OH

④　　　C
　　　　|
　　C—C—C
　　　　|
　　　OH

エステル A を構成するヨードホルム反応を示すアルコールは②であり，エステル B を構成する酸化されにくいアルコールは④である。

A

H—C—O—CH—CH$_2$—CH$_3$
　　‖　　　|
　　O　　CH$_3$

B

　　　　　　　　CH$_3$
　　　　　　　　|
H—C—O—C—CH$_3$
　　‖　　　|
　　O　　CH$_3$

例題 86

 油脂は脂肪酸の ア 基と イ のヒドロキシ基から水分子がとれて生じたエステルであり,水酸化カリウムの水溶液と加熱すると ウ されて,脂肪酸のカリウム塩と イ が生じる。天然の油脂を構成する脂肪酸には,炭素数が16と18のものが最も多く,16個のパルミチン酸,18個のステアリン酸の炭素鎖には二重結合がない。一方,オレイン酸,リノール酸,リノレン酸の炭素鎖には二重結合がそれぞれ1,2,3個含まれており エ 脂肪酸とよばれる。油脂100gに付加するヨウ素のグラム数をヨウ素価といい,油脂中の脂肪酸の エ 度を知る目安となる。魚油のように二重結合を多く含む油脂に,ニッケルなどの オ を加え,加熱,撹拌しながら水素を通じると二重結合の数が減り,常温でも固化しやすくなる。この反応を油脂の水素添加とよび,得られた生成物はセッケンなどの原料として用いられる カ である。

(1) 文中の空欄に適切な語句を入れよ。
(2) オレイン酸だけを含む油脂のけん化価とヨウ素価を求めよ。
　原子量は H = 1.0, C = 12, O = 16, K = 39, I = 127

(名古屋大)

解

(1) (ア) カルボキシ　(イ) グリセリン　(ウ) けん化(加水分解)
　　(エ) 不飽和　(オ) 触媒　(カ) 硬化油

(2) オレイン酸 $C_{17}H_{33}COOH$ だけの油脂は $C_3H_5(OCOC_{17}H_{33})_3$

　　　$KOH = 56$, $C_3H_5(OCOC_{17}H_{33})_3 = 884$, けん化価を S とすると,

　　　$C_3H_5(OCOC_{17}H_{33})_3 + 3\ KOH \longrightarrow$
　　　　　884 g　　　　　　3×56 g　　　　　　　　$884 : 3 \times 56 = 1000 : S$
　　　　1000 mg　　　　　　S mg　　　　　　　　　　$S = \underline{190}$

この油脂1分子に含まれる二重結合は **3個** である。

　　　$I_2 = 254$, ヨウ素価を i とすると,

　　　$C_3H_5(OCOC_{17}H_{33})_3 + 3\ I_2 \longrightarrow$
　　　　　884 g　　　　　　3×254 g　　　　　　　$884 : 3 \times 254 = 100 : i$
　　　　100 g　　　　　　　i g　　　　　　　　　　　$i = \underline{86}$

23 芳香族化合物

168. ベンゼンの構造 ベンゼンの構造式は単結合と二重結合を交互に書いて表すが,実際のベンゼン環の炭素原子の結合は単結合と二重結合の中間の状態と考えられる。このため, 1 反応よりむしろ 2 反応が起こりやすい。

ベンゼンを構成する12個の原子はすべて同一平面上にあり,炭素原子は正六角形をつくっている。

---

169. ベンゼンの反応 次の(1)〜(5)で生じる化合物の構造式と名称を記せ。

(1) ベンゼンに,鉄を触媒として,塩素を作用させる。
(2) ベンゼンに濃硫酸と濃硝酸の混合物を作用させる。
(3) ベンゼンに濃硫酸を作用させる。
(4) ベンゼンに,紫外線を照射しながら,塩素を通じる。
(5) ベンゼンに,ニッケルを触媒として,水素を通じる。

解答 ▼ 解説

168. ベンゼン C_6H_6 は6個の炭素原子が二重結合と単結合で交互にならんだ正六角形の構造式で書かれることが多い。

しかし、ベンゼンは、炭素原子間が単結合と二重結合の中間的な結合をすることで、きわめて安定な構造になっている。このため、ベンゼンでは(1) **付加反応** よりも(2) **置換反応** の方が起こりやすい。

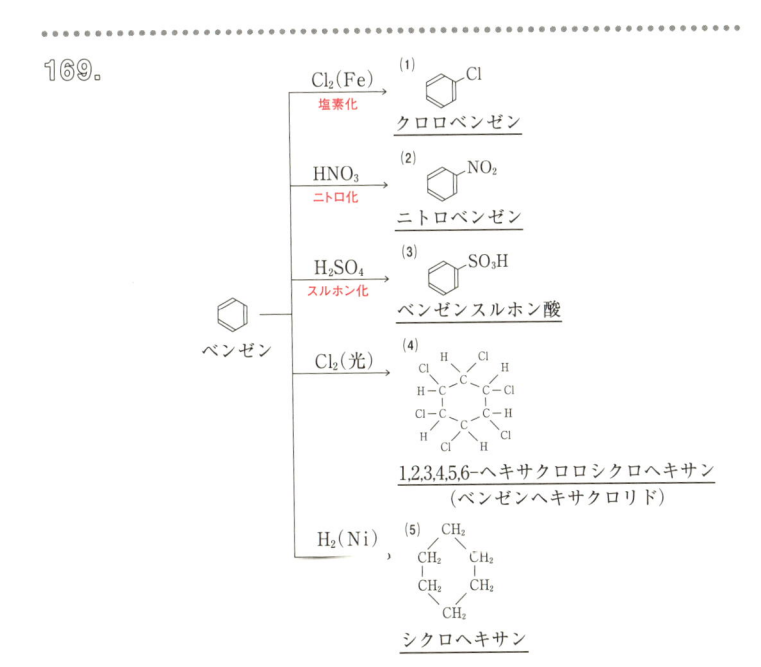

169.

ベンゼン

- $Cl_2(Fe)$ 塩素化 → (1) クロロベンゼン
- HNO_3 ニトロ化 → (2) ニトロベンゼン
- H_2SO_4 スルホン化 → (3) ベンゼンスルホン酸
- $Cl_2(光)$ → (4) 1,2,3,4,5,6-ヘキサクロロシクロヘキサン（ベンゼンヘキサクロリド）
- $H_2(Ni)$ → (5) シクロヘキサン

170. 芳香族炭化水素　次の芳香族炭化水素の構造式を記せ。

(1) トルエン　　(2) エチルベンゼン　　(3) スチレン
(4) o-キシレン　(5) ナフタレン　　　(6) クメン

171. 芳香族炭化水素の酸化　アルケンの二重結合は過マンガン酸カリウムで酸化されるが、ベンゼン環は安定な構造で酸化されにくい。

トルエンやエチルベンゼンのようにベンゼン環にアルキル基が結合しているときは、アルキル基が酸化されてカルボキシ基に変化する。次の化合物を過マンガン酸カリウムで酸化したときに生成する化合物の構造式と名称を記せ。

(1) トルエン　(2) スチレン　(3) p-キシレン

23 芳香族化合物

170.
(1) トルエン（C₆H₅-CH₃）
(2) エチルベンゼン（C₆H₅-C₂H₅）
(3) スチレン（C₆H₅-CH=CH₂）
(4) o-キシレン（ベンゼン環に隣接するCH₃が2つ）
(5) ナフタレン
(6) クメン（CH₃-CH-CH₃ がベンゼンに結合）

> **ベンゼンの二置換体は3個の異性体が存在する**
>
> オルト(o-)　　メタ(m-)　　パラ(p-)

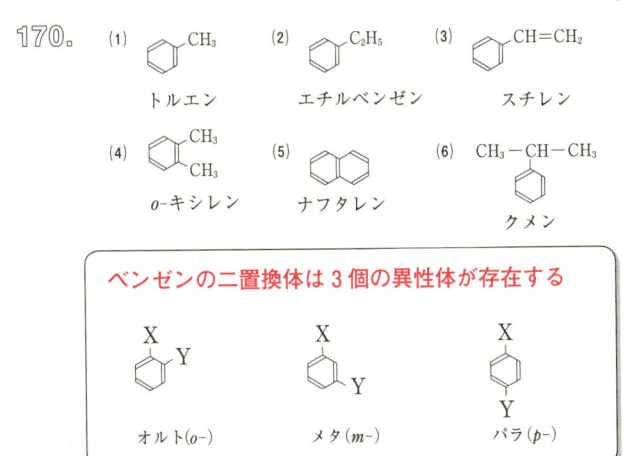

171. 側鎖酸化……芳香族カルボン酸の製法

ベンゼン環の側鎖の炭化水素基は，過マンガン酸カリウムによって根元で酸化され，カルボキシ基に変化する。

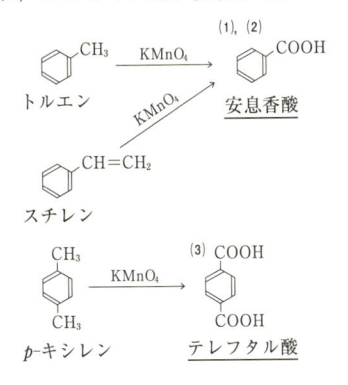

トルエン $\xrightarrow{KMnO_4}$ (1), (2) 安息香酸（C₆H₅-COOH）

スチレン $\xrightarrow{KMnO_4}$ 安息香酸

p-キシレン $\xrightarrow{KMnO_4}$ (3) テレフタル酸（p-C₆H₄(COOH)₂）

> **ベンゼン環の側鎖の炭化水素基は酸化されて，カルボキシ基に変わる**
>
> C₆H₅-R $\xrightarrow{KMnO_4}$ C₆H₅-COOH

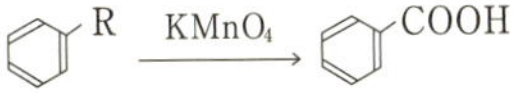

172. アニリン　以下の空欄をうめて，文章と化学式を完成させよ。

アニリンは次のように合成される。

ベンゼン $\xrightarrow{\text{HNO}_3}{\text{ニトロ化}}$ ニトロベンゼン(NO₂) $\xrightarrow{\text{Sn, HCl}}{\text{還元}}$ [1] アニリン塩酸塩 $\xrightarrow{\text{NaOH}}$ [2] (3)

アニリンはアンモニアよりも弱い[4]性を示し，空気中に放置すると褐色になり，さらし粉によって[5]色になる。

---

173. アニリンの誘導体　以下の空欄[1]～[4]には構造式を，(a)～(d)にはそれぞれ名称を入れよ。

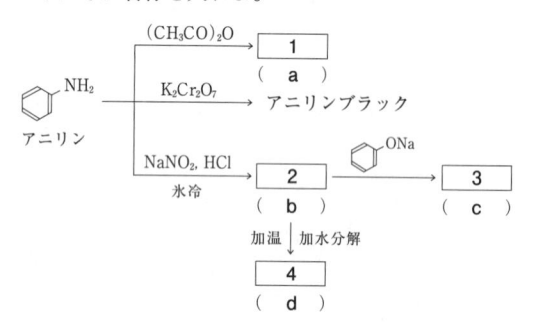

アニリン(NH₂)
- $\xrightarrow{(\text{CH}_3\text{CO})_2\text{O}}$ [1] (a)
- $\xrightarrow{\text{K}_2\text{Cr}_2\text{O}_7}$ アニリンブラック
- $\xrightarrow[\text{氷冷}]{\text{NaNO}_2, \text{HCl}}$ [2] (b) $\xrightarrow{\text{ONa(フェノキシドナトリウム)}}$ [3] (c)
  - 加温 ↓ 加水分解
  - [4] (d)

172.

ニトロベンゼン —[Sn, HCl / 還元]→ (1) アニリン塩酸塩 (NH₃Cl) —[NaOH]→ (2) アニリン (NH₂) (3)

ニトロベンゼンをスズと濃塩酸で**還元**すると，アニリン塩酸塩が得られる。

$$2\,C_6H_5NO_2 + 3\,Sn + 14\,HCl \longrightarrow 2\,C_6H_5NH_3Cl + 3\,SnCl_4 + 4\,H_2O$$

アニリン塩酸塩の水溶液に強塩基の水酸化ナトリウム水溶液を加えると，弱塩基のアニリンが遊離する。

$$C_6H_5NH_3Cl + NaOH \longrightarrow C_6H_5NH_2 + NaCl + H_2O$$

アニリンは無色の液体で，水に溶けにくく，アンモニアよりも弱い(4)**塩基性**を示し，さらし粉によって(5)**赤紫色**を呈する。

―― アニリンの検出 ――
さらし粉水溶液で赤紫色を呈する

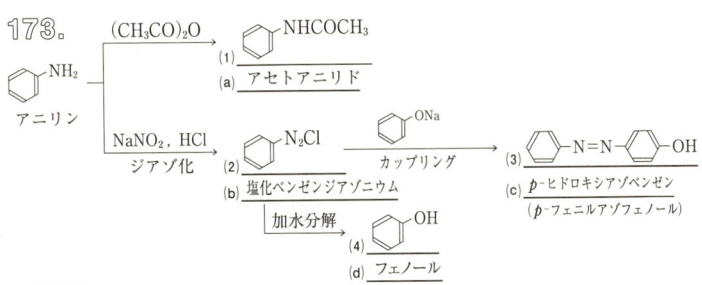

173.

アニリン (NH₂)
- —[(CH₃CO)₂O]→ (1) アセトアニリド (NHCOCH₃) (a)
- —[NaNO₂, HCl / ジアゾ化]→ (2) 塩化ベンゼンジアゾニウム (N₂Cl) (b)
  - —[C₆H₅ONa / カップリング]→ (3) *p*-ヒドロキシアゾベンゼン (C₆H₅-N=N-C₆H₄-OH) (c) (*p*-フェニルアゾフェノール)
  - —[加水分解]→ (4) フェノール (OH) (d)

参考

$$C_6H_5NH_2 + (CH_3CO)_2O \longrightarrow C_6H_5NHCOCH_3 + CH_3COOH$$

$$C_6H_5NH_2 + NaNO_2 + 2\,HCl \longrightarrow C_6H_5N_2Cl + NaCl + 2\,H_2O$$

$$C_6H_5N_2Cl + C_6H_5ONa \longrightarrow C_6H_5-N=N-C_6H_4-OH + NaCl$$

$$C_6H_5N_2Cl + H_2O \longrightarrow C_6H_5OH + N_2 + HCl$$

174. フェノール
ベンゼン環の炭素原子にヒドロキシ基が結合した構造をもつ化合物をフェノール類と総称する。そのうち最も簡単なものをフェノールという。ベンゼン環に直接結合しているヒドロキシ基すなわち □1□ は, アルキル基に結合しているヒドロキシ基すなわち □2□ と異なり, ごくわずかに電離して □3□ を示す。

・・・

175. フェノールの合成
次の4種のフェノールの製法について, 合成系路図をつくれ。

(1) クロロベンゼンからフェノールを合成する。
(2) ベンゼンスルホン酸からフェノールを合成する。
(3) クメンからフェノールを合成する。
(4) 塩化ベンゼンジアゾニウムからフェノールを得る。

〈フェノール類〉

名称	フェノール	o-クレゾール	サリチル酸	1-ナフトール	2-ナフトール
構造	○-OH	○-OH, CH₃	○-OH, COOH	○○-OH	○○-OH
融点〔℃〕	41	31	159	96	122

23 芳香族化合物

174. 主なフェノール類には次のようなものがある。

フェノール　o-クレゾール　p-クレゾール　1-ナフトール　2-ナフトール

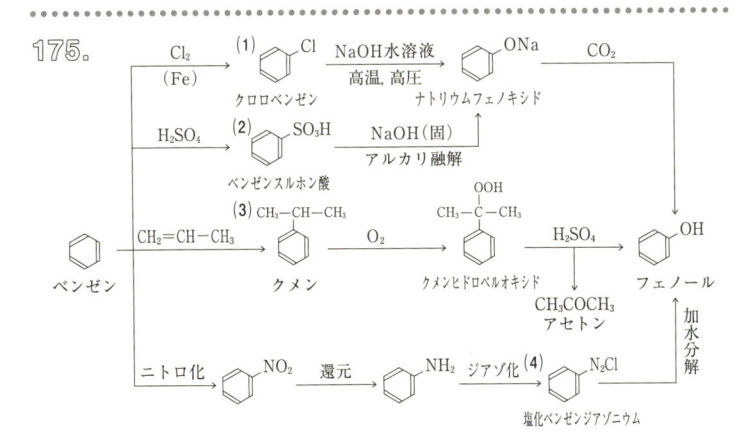

(2) アルコール性ヒドロキシ基は電離せず中性であるが，(1) **フェノール性ヒドロキシ基**はわずかに電離して(3) **弱酸性**を示す。

$$C_6H_5OH \rightleftharpoons C_6H_5O^- + H^+$$

― 酸の強さ ―
$$RCOOH > H_2O + CO_2 > C_6H_5OH$$
カルボン酸　　　炭酸　　　　フェノール

175.

ベンゼン
- + Cl₂ (Fe) → (1) クロロベンゼン → NaOH水溶液, 高温, 高圧 → ナトリウムフェノキシド → CO₂ →
- + H₂SO₄ → (2) ベンゼンスルホン酸 → NaOH(固) アルカリ融解 →
- + CH₂=CH-CH₃ → (3) クメン → O₂ → クメンヒドロペルオキシド → H₂SO₄ → フェノール + CH₃COCH₃ (アセトン)
- ニトロ化 → C₆H₅NO₂ → 還元 → C₆H₅NH₂ → ジアゾ化 → (4) 塩化ベンゼンジアゾニウム (C₆H₅N₂Cl) → 加水分解 →

フェノールは炭酸よりも弱い酸なので，ナトリウムフェノキシド水溶液にCO₂を吹き込むとフェノールが遊離する

$$C_6H_5ONa + H_2O + CO_2 \longrightarrow C_6H_5OH + NaHCO_3$$

176。**サリチル酸** サリチル酸はナトリウムフェノキシドに高温・高圧の条件下でCO_2を反応させて合成する。サリチル酸は分子内にカルボキシ基とヒドロキシ基を有するので，カルボン酸とフェノール類両方の性質をもっている。サリチル酸にメタノールを反応させると　1　が，無水酢酸を反応させると　2　が生じる。

177。**有機化合物の分離** フェノール，アニリン，ニトロベンゼンの3種類の有機化合物が溶けているエーテル溶液から，それぞれを分離する操作を記せ。

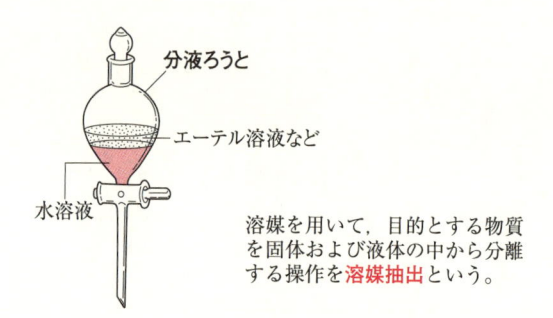

分液ろうと
エーテル溶液など
水溶液

溶媒を用いて，目的とする物質を固体および液体の中から分離する操作を**溶媒抽出**という。

176.

ナトリウムフェノキシド → サリチル酸ナトリウム → サリチル酸

サリチル酸 + CH₃OH (エステル化) → (1) サリチル酸メチル

サリチル酸 + (CH₃CO)₂O (アセチル化) → (2) アセチルサリチル酸

サリチル酸にメタノールと濃硫酸を作用させると，外用塗布薬の(1) **サリチル酸メチル**が生成する。

サリチル酸に無水酢酸を作用させると，解熱剤に用いられる(2) **アセチルサリチル酸**が得られる。

> **サリチル酸はアルコールともカルボン酸ともエステルをつくる**
>
> サリチル酸(OH, COOH) + CH₃OH ⟶ サリチル酸メチル(OH, COOCH₃) + H₂O
>
> サリチル酸(OH, COOH) + (CH₃CO)₂O ⟶ アセチルサリチル酸(OCOCH₃, COOH) + CH₃COOH

177.
有機化合物の分離の原理は**中和反応を利用して有機化合物を塩に変えて水層に移すことである。**

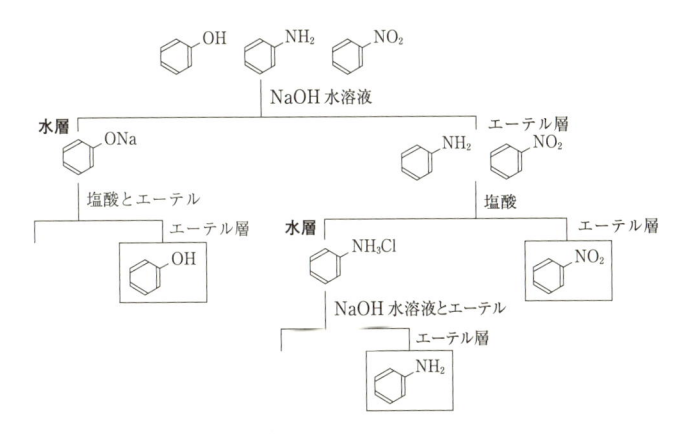

フェノール(OH), アニリン(NH₂), ニトロベンゼン(NO₂)

→ NaOH 水溶液

- 水層: フェノール(ONa)
  - 塩酸とエーテル
  - エーテル層: フェノール(OH)
- エーテル層: アニリン(NH₂), ニトロベンゼン(NO₂)
  - 塩酸
  - 水層: アニリン(NH₃Cl)
    - NaOH 水溶液とエーテル
    - エーテル層: アニリン(NH₂)
  - エーテル層: ニトロベンゼン(NO₂)

例題 87

分子式 C_8H_{10} の芳香族炭化水素 A, B, C, D がある。A を過マンガン酸カリウムで酸化したところ、分子式 $C_7H_6O_2$ で示される化合物 E が生じた。また、B, C, D を過マンガン酸カリウムで酸化したところ、いずれも分子式 $C_8H_6O_4$ で示される化合物が生じたが、C を酸化した化合物を加熱したところ、分子式 $C_8H_4O_3$ で示される化合物 F に変化した。B のベンゼン環の水素原子 1 個を臭素原子で置換した化合物は 1 種のみ存在する。

A, B, C, D, E, F の構造式を記せ。

解

芳香族化合物の置換基を見つけるには、一置換体であれば C_6H_5 を、二置換体であれば C_6H_4 を分子式から引けばよい。

$$C_8H_{10} - \underset{\text{引き算}}{C_6H_5} = C_2H_5 \longrightarrow$$

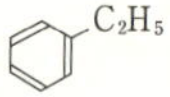

$$C_8H_{10} - \underset{\text{引き算}}{C_6H_4} = C_2H_6 \,(CH_3, CH_3) \longrightarrow$$

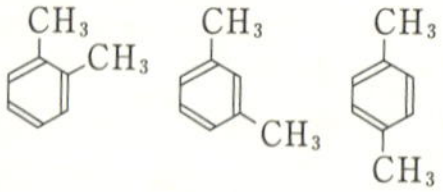

以上の化合物に側鎖酸化を適用して

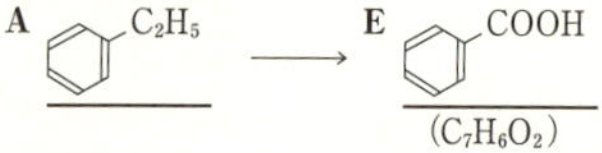

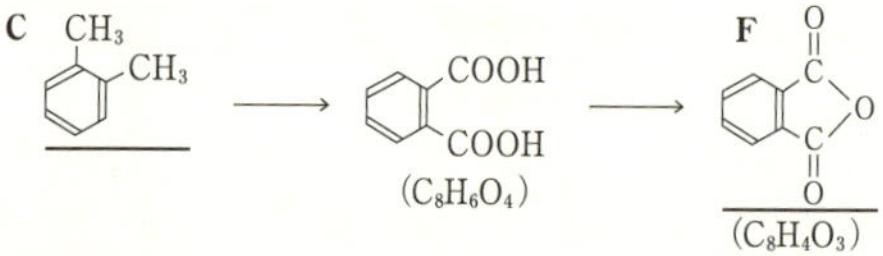

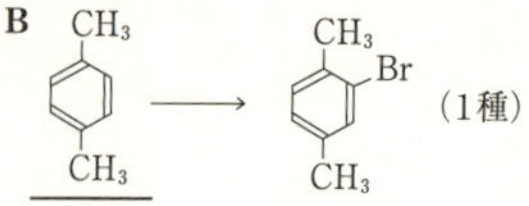

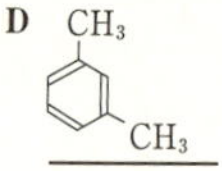

A: エチルベンゼン → E: 安息香酸 ($C_7H_6O_2$)

C: o-キシレン → フタル酸 ($C_8H_6O_4$) → F: 無水フタル酸 ($C_8H_4O_3$)

B: p-キシレン → ブロモ化生成物(1種)

D: m-キシレン

ここがポイント 芳香族化合物の構造決定は置換基を見つけよ!!

例題 88

ベンゼンを濃硝酸と濃硫酸とともに約60℃に加熱すると，油状の化合物 A が得られる。この反応は ア とよばれる。A をスズと濃塩酸とともにおだやかに加熱すると B が得られ，さらに，この (a)反応液を水酸化ナトリウムでアルカリ性にすると C が得られる。C の塩酸溶液を氷で冷却しながら亜硝酸ナトリウム水溶液を加えると D が生成する。この反応は イ とよばれる。D は不安定で，その(b)水溶液を酸性にして 50〜60℃ に加熱すると ウ が起こって E が生じ，このとき窒素が発生する。D の水溶液にナトリウムフェノキシドの水溶液を加えると エ とよばれる反応が起こり，アゾ染料の F が生じる。

(1) 空欄に適当な反応名を記せ。
(2) A，B，C，D，E，F の構造式と名称を記せ。
(3) 下線部(a), (b)を化学反応式で記せ。 (千葉大)

解

ベンゼン →(ニトロ化)→ A: ニトロベンゼン(C₆H₅NO₂) →(Sn, HCl)→ B: アニリン塩酸塩(C₆H₅NH₃Cl) →(NaOH)→ C: アニリン(C₆H₅NH₂) →(HCl, NaNO₂ ジアゾ化)→ D: 塩化ベンゼンジアゾニウム(C₆H₅N₂Cl)

D →(ナトリウムフェノキシド カップリング)→ F: p-ヒドロキシアゾベンゼン（p-フェニルアゾフェノール） C₆H₅-N=N-C₆H₄-OH

D →(加水分解)→ E: フェノール(C₆H₅OH)

(1) (ア) ニトロ化　(イ) ジアゾ化　(ウ) 加水分解　(エ) カップリング
(2) 上記
(3) (a) C₆H₅NH₃Cl + NaOH ⟶ C₆H₅NH₂ + NaCl + H₂O
　　(b) C₆H₅N₂Cl + H₂O ⟶ C₆H₅OH + N₂ + HCl

例題 89

解熱鎮痛薬の一種であるアセチルサリチル酸(アスピリン)は下記の方法によって合成される。

ベンゼン →(スルホン化, 濃 H_2SO_4)→ **A** →(アルカリ融解, NaOH)→ **B** →(H_2O, CO_2)→ **C**

B →(CO_2, 高温・高圧)→ →(H^+)→ サリチル酸 →(アセチル化, 無水酢酸)→ アスピリン

(1) 上記の反応の過程で生成される物質 **A**, **B**, **C** の構造式を記せ。
(2) サリチル酸を無水酢酸でアセチル化して、アセチルサリチル酸(アスピリン)を生成する。この反応の化学反応式を記せ。
(3) サリチル酸とメタノールの混合物に硫酸を少量加えて熱すると特有の臭いを有する化合物が生成する。この反応の化学反応式を記せ。

(近畿大)

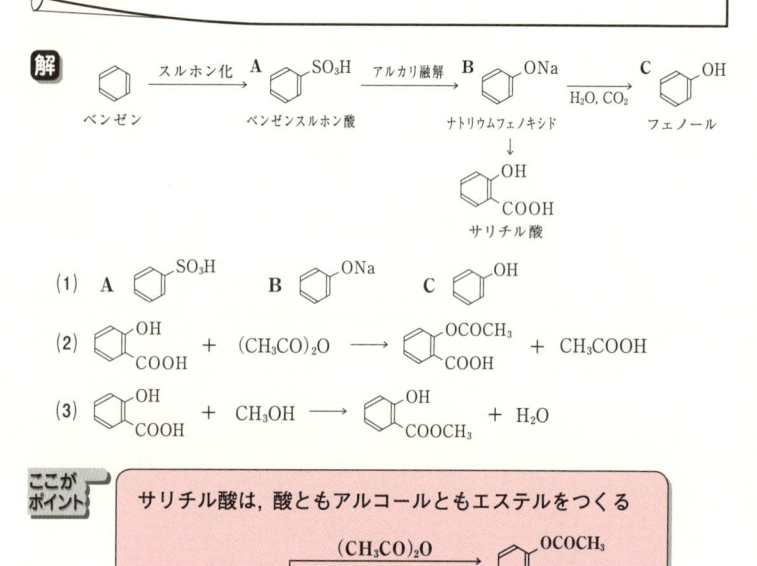

解

ベンゼン →(スルホン化)→ **A** ベンゼンスルホン酸($-SO_3H$) →(アルカリ融解)→ **B** ナトリウムフェノキシド($-ONa$) →(H_2O, CO_2)→ **C** フェノール($-OH$)

↓

サリチル酸(-OH, -COOH)

(1) **A** ベンゼン-SO_3H　**B** ベンゼン-ONa　**C** ベンゼン-OH

(2) (サリチル酸) + $(CH_3CO)_2O$ ⟶ (アセチルサリチル酸, -OCOCH$_3$, -COOH) + CH_3COOH

(3) (サリチル酸) + CH_3OH ⟶ (サリチル酸メチル, -OH, -COOCH$_3$) + H_2O

ここがポイント

サリチル酸は、酸ともアルコールともエステルをつくる

サリチル酸 ─(($CH_3CO)_2O$)→ アセチルサリチル酸(-OCOCH$_3$, -COOH)

サリチル酸 ─(CH_3OH)→ サリチル酸メチル(-OH, -COOCH$_3$)

例題 90

C_7H_8O の分子式をもつ芳香族化合物 **A**, **B**, **C** がある。**A**, **B**, **C** のそれぞれに金属ナトリウムの小片を加えると，**A**, **C** は水素を発生したが，**B** は発生しなかった。**A** を希硫酸中で過マンガン酸カリウムと反応させるとカルボン酸が得られるが，このカルボン酸はトルエンを過マンガン酸カリウムで酸化しても得られる。

(1) **A**, **B** の構造式を記せ。
(2) **C** として考えられる物質は全部で何種類存在するか。
(3) **A**, **B**, **C** のうち，塩化鉄(Ⅲ)水溶液によって呈色するものをすべて記号で記せ。
(4) **A**, **B**, **C** のうち，水酸化ナトリウム水溶液によく溶けるものをすべて記号で記せ。

解

一置換体とすると，**置換基**は $C_7H_8O - C_6H_5 = $ **CH₃O**

　　ベンジルアルコール　　　　　メチルフェニルエーテル

二置換体とすると，**置換基**は $C_7H_8O - C_6H_4 = $ CH₄O(**CH₃，OH**)

　　o-クレゾール　　m-クレゾール　　p-クレゾール

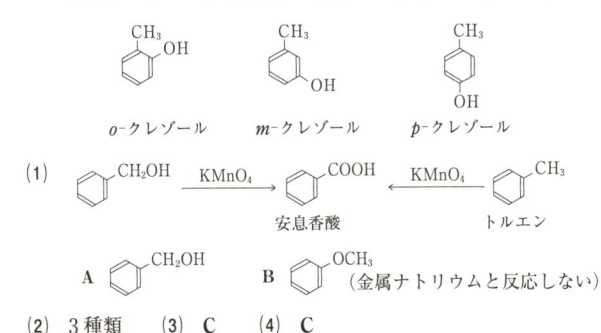

(1) ベンジルアルコール →(KMnO₄)→ 安息香酸 ←(KMnO₄)← トルエン

A ベンジルアルコール　　**B** メチルフェニルエーテル（金属ナトリウムと反応しない）

(2) 3 種類　　(3) **C**　　(4) **C**

ここがポイント
フェノール類の検出
塩化鉄(Ⅲ) $FeCl_3$ 水溶液で紫色に呈色

例題 91

4種類のベンゼン誘導体 A, B, C, D が等モルずつ入ったエーテル溶液がある。この混合物を次の(a)から(c)の操作で分離した。

操作(a) エーテル溶液に十分な水酸化ナトリウム水溶液を加えると，2成分 A, B が水層に移り，残り2成分 C, D はエーテル層に留まった。

(b) (a)の操作で得られた水層に二酸化炭素を吹き込むと，A は遊離しエーテル抽出されたが，B は水層に留まった。水層中の B は塩酸酸性としたのち，エーテル抽出により単離された。

(c) (a)の操作で得られたエーテル抽出物を塩酸酸性にすると，C はエーテル中に留まり，D は水層に移った。水層中の D は，水酸化ナトリウム水溶液を加えたのち，再びエーテル抽出により単離された。

A, B, C, D は次の化合物のうちどれに該当するか。それぞれ一つずつ選び，名称で記せ。

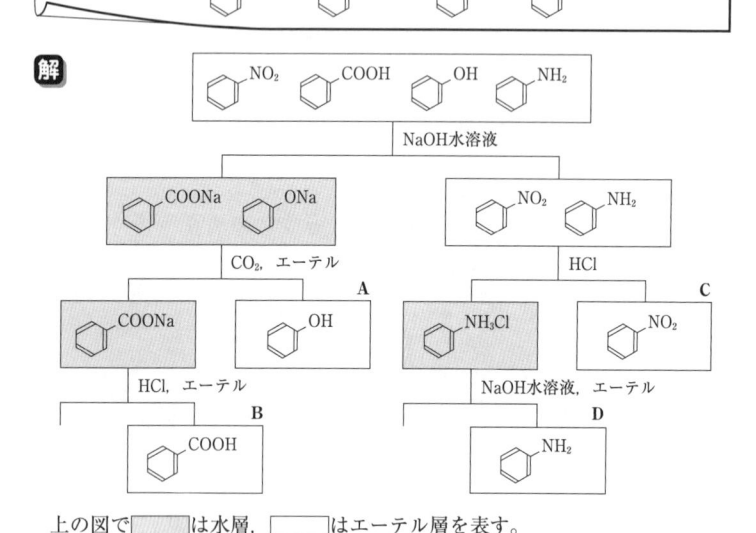

○-NO₂   ○-COOH   ○-OH   ○-NH₂

解

（分離フロー図）

上の図で ▨ は水層， □ はエーテル層を表す。

A フェノール   **B** 安息香酸   **C** ニトロベンゼン   **D** アニリン

例題 92

次の(1)〜(5)の各組に示した A, B 2種類の化合物を区別したい。区別するための適当な試薬を下から選び，そのとき観察される現象を例にならって記せ。

	A	B
(例)	CH_3-CH_3	$CH_2=CH_2$
(1)	CH_3OH	C_2H_5OH
(2)	CH_3CHO	CH_3COCH_3
(3)	⌬-OH, COOH	⌬-OCOCH_3, COOH
(4)	⌬-OH, COOH	⌬-OH, COOCH_3
(5)	⌬-NO_2	⌬-NH_2

〈試薬〉 さらし粉，臭素水，塩化鉄(Ⅲ)水溶液，アンモニア性硝酸銀水溶液，金属ナトリウム，水酸化ナトリウム，ヨウ素，炭酸水素ナトリウム

(解答例) 臭素水に通じると，B の方は赤褐色が消える。

解

(1) 水酸化ナトリウムとヨウ素を加えて温めると，B の方に黄色の沈殿が生じる。(ヨードホルム反応)

(2) アンモニア性硝酸銀水溶液を加えて温めると，A の方の試験管に銀が析出し銀鏡を生じる。(銀鏡反応)

(3) 塩化鉄(Ⅲ)水溶液を加えると，A の方が紫色に呈色する。

(4) 炭酸水素ナトリウムを加えると，A の方から気体(CO_2)が発生する。(カルボキシ基の検出)

(5) さらし粉を加えると，B の方が赤紫色に呈色する。(アニリンの検出)

24 合成高分子化合物

178. 合成高分子 付加反応や縮合反応により，小さな分子が次々に反応を繰り返してつながると，高分子化合物ができる。元の小さな分子を 1 (モノマー)といい，高分子を重合体(2)という。また，付加反応で重合体をつくる反応を 3 ，縮合反応で重合体をつくる反応を 4 という。

179. 合成高分子の熱的性質 単量体が，結合する手を2本しかもたない場合，高分子の構造は一次元の 1 をとるため，加熱すると軟らかくなる 2 樹脂となる。

これに対して，単量体の中に，結合する手を3本以上もつものが存在する場合，高分子の構造は三次元の 3 をとるため，重合後は加熱しても軟らかくなれない 4 樹脂となる。

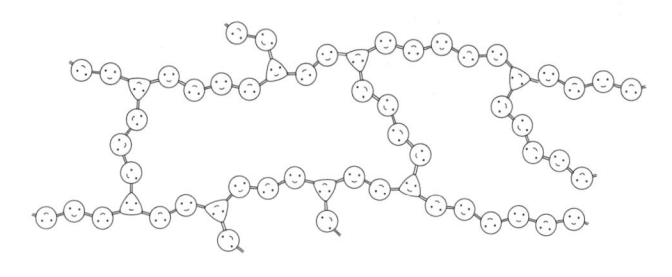

24 合成高分子化合物

解答 ▼ 解説

178.

(1) <u>単量体</u>（モノマー） —重合反応→ **重合体**(2)(ポリマー)

(3) 付加重合
(4) 縮合重合

179. 単量体は，結合する手を複数もつので，次々につながって高分子となる。単量体がもつ結合手が2本だけの場合，人が両手をつないで並ぶように，一次元の(1) **鎖状構造**となる。合成高分子は分子の大きさが一定ではない。したがって，一定の融点をもたず，加熱すると徐々に軟化していき，最後は液体となる。このような高分子を(2) **熱可塑性樹脂**という。可塑は変形可能という意味で，重合体を加熱して液体状態にし，型枠に吹き込んで成型する。

　3本以上の結合手をもつ単量体が存在すると，その部分で枝分かれができるため，三次元の(3) **網目(状)構造**となる。がんじがらめの構造で，加熱しても軟らかくはならない。そのため，型枠の中で加熱して重合反応を進め，重合と成型を同時に行う必要がある。このような高分子を(4) **熱硬化性樹脂**という。

　このように，高分子化合物の熱的性質は，単量体から予測できる。

180. 付加重合

ビニル基 $H_2C=CH-$ をもつ化合物は，付加反応をつぎつぎに繰り返すと，C 原子どうしの結合を形成して高分子になる。

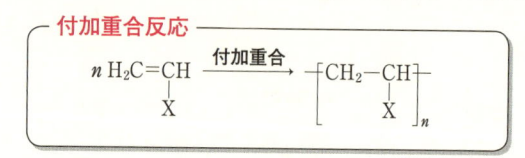

付加重合反応

$$n\ H_2C=CH-X \xrightarrow{\text{付加重合}} {-}[CH_2-CH(X)]_n{-}$$

(a) 次の高分子の(1)名称，(2)繰り返し単位による構造式を記せ。
$$-CH_2-CH_2-CH_2-CH_2-CH_2-CH_2-CH_2-CH_2-CH_2-CH_2-$$

(b) 次の高分子の名称を記せ。

(3) $-[CH_2-CH(Cl)]_n-$ (4) $-[CH_2-CH(C_6H_5)]_n-$

(c) 次の高分子の構造式を記せ。

(5) ポリプロピレン　　(6) ポリアクリロニトリル
(7) ポリ酢酸ビニル

合成高分子の学習法

単量体だけを覚えよう
高分子の構造は，単量体と反応から考えて書くのが楽しい

---

181. ブタジエンの付加重合

ブタジエン $\underset{1}{CH_2}=\underset{2}{CH}-\underset{3}{CH}=\underset{4}{CH_2}$ を1位と4位で付加重合させると，次のポリブタジエンが得られる。

$$-\underset{1}{CH_2}-\underset{2}{CH}=\underset{3}{CH}-\underset{4}{CH_2}-$$

ここで，2位の二重結合がシス形のとき，ゴム弾性を生じやすい。次のゴムの構造式を記せ。

(1) イソプレンゴム（ポリイソプレン）
(2) クロロプレンゴム（ポリクロロプレン）

24 合成高分子化合物

180. (a) メチレン基 $-CH_2-$ の連続だが，$+CH_2+_n$ のように考えると単量体が見えなくなる。高分子の構造は次のように考える。

まず，C原子どうしの結合が続いているので，重合形式は付加重合であり，単量体には C=C の形が必要である。したがって，繰り返し単位による構造式は(2) $+CH_2-CH_2+_n$，単量体は $CH_2=CH_2$ すなわちエチレンなので，名称は(1) <u>ポリエチレン</u>である。

(b) 高分子の構造式で重要なのは，重合形式を表している両端の部分 $+$ ～ $+_n$ である。

(3)と(4)は，どちらも C原子どうしの結合で重合しているから付加重合であり，単量体は $CH_2=CH$ 塩化ビニル，$CH_2=CH$ スチレンと考えられる。
          | |
          Cl

したがって，(3) <u>ポリ塩化ビニル</u>，(4) <u>ポリスチレン</u>

(c) プロピレンはプロペンの慣用名であり，酢酸ビニルは酢酸のビニルエステルである。

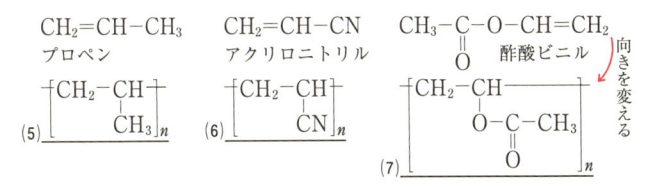

$CH_2=CH-CH_3$ $CH_2=CH-CN$ $CH_3-\underset{\underset{O}{\|}}{C}-O-CH=CH_2$
プロペン   アクリロニトリル   酢酸ビニル)向きを変える

(5) $+CH_2-\underset{CH_3}{CH}+_n$ (6) $+CH_2-\underset{CN}{CH}+_n$ (7) $+CH_2-\underset{\underset{\underset{O}{\|}}{O-C-CH_3}}{CH}+_n$

---

181. **参考** 二重結合は C=C のように，通常の結合 — と付加などの反応性が高い結合 — からなる。ブタジエン C=C-C=C では — をつくる電子・が各C原子に1個ずつ C-C-C-C のように存在する。付加重合が両端で C-C-C-C のように起こると，・は中間に2個 -C-C-C- のように残るため，二重結合の位置は -C-C=C-C- となる。

(1) $n\,CH_2=CH-\underset{CH_3}{C}=CH_2 \xrightarrow{付加重合} {\large [}\underset{H}{\overset{CH_2}{\diagdown}}C=C\underset{CH_3}{\overset{CH_2}{\diagup}}{\large]}_n$

(2) $n\,CH_2=CH-\underset{Cl}{C}=CH_2 \xrightarrow{付加重合} {\large [}\underset{H}{\overset{CH_2}{\diagdown}}C=C\underset{Cl}{\overset{CH_2}{\diagup}}{\large]}_n$

— 249 —

182. 重合度
高分子の分子中に含まれている繰り返し単位の数 n を**重合度**という。（合成高分子の大きさは一定ではないので，平均値で表す。）

(1) 重合度 $2.0×10^3$ のポリエチレンの分子量を記せ。

(2) 分子量 $5.0×10^4$ のポリプロピレンの重合度を記せ。

> **付加重合では，高分子の末端を問わない**
>
> 合成に用いる重合開始剤などで異なるから

---

183. 縮合重合（ポリエステル）
$-OH$ を2つもつジオールと $-COOH$ を2つもつジカルボン酸を次々に脱水縮合すると，エステル結合でつながったポリエステルが生成する。

エステル結合による縮合重合反応

$$n\,HO-\bigcirc-OH + n\,HO-\underset{O}{C}-\Box-\underset{O}{C}-OH$$

$$\xrightarrow{縮合重合} \left[O-\bigcirc-O-\underset{O}{C}-\Box-\underset{O}{C}\right]_n + 2n\,H_2O$$

末端も書けば，$H\left[O-\cdots-\underset{O}{C}\right]_n OH + (2n-1)\,H_2O$

(1) 代表的なポリエステルはエチレングリコールとテレフタル酸から合成される。このポリエステルの構造式と名称を記せ。

> ヒント　エチレングリコール　$HO-CH_2-CH_2-OH$
> 　　　　テレフタル酸　$HOOC-\bigcirc-COOH$

(2) (1)の分子量が $4.8×10^4$ であるとき，重合度と1分子に含まれるエステル結合の数を記せ。

(3) ヒドロキシ酸からもポリエステルが合成できる。ポリ乳酸の構造式を記せ。

> ヒント　乳酸　$HO-\underset{CH_3}{CH}-\underset{O}{C}-OH$

24 合成高分子化合物

182. (1) $-\text{CH}_2-\text{CH}_2\text{]}_n$ の繰り返し単位の式量は 28 であり，それが n 個つながっているので，

分子量 $= 28 \times n = 28 \times 2.0 \times 10^3 = \underline{5.6 \times 10^4}$

(2) $\begin{array}{c}-\text{CH}_2-\text{CH}-\\ \phantom{-\text{CH}_2-}\text{CH}_3\end{array}\text{]}_n$ の繰り返し単位の式量は 42 であるから，

分子量 $= 42 \times n = 5.0 \times 10^4$ ∴ $n = 1.19 \times 10^3 ≒ \underline{1.2 \times 10^3}$

・・

183. (1) 繰り返し単位の両端 ▭〜▭ でエステル結合ができる。

$\text{[}-\text{O}-\text{CH}_2-\text{CH}_2-\text{O}-\text{C}-\bigcirc-\text{C}-\text{]}_n$ または $\text{[}-\text{C}-\bigcirc-\text{C}-\text{O}-\text{CH}_2-\text{CH}_2-\text{O}-\text{]}_n$

このポリエステルは<u>ポリエチレンテレフタラート</u>(略称PET)という。

(2) 繰り返し単位の式量は192なので，

分子量 $= 192 \times n = 4.8 \times 10^4$ ∴ **重合度** $n = \underline{2.5 \times 10^2}$

1つの繰り返し単位にはエステル結合が2個含まれているから，

$\text{[}-\text{O}-\text{CH}_2-\text{CH}_2-\text{O}-\text{C}-\bigcirc-\text{C}-\text{]}_n$ エステル結合の数 $= 2n = \underline{5.0 \times 10^2}$

(3) $-\text{OH}$ と $-\text{COOH}$ の間で次々に脱水縮合を繰り返すと，次のようなポリエステルとなる。

$\begin{array}{c}\text{[}-\text{O}-\text{CH}-\text{C}-\text{]}_n\\ \phantom{\text{[}-\text{O}-}\text{CH}_3\text{O}\end{array}$

参考

上のPETで，高分子の末端を無視すると分子量は $192n$ となる。しかし，$\text{H}-\text{[}\cdots\text{]}_n\text{OH}$ のように末端を考慮した場合には，分子量は $192n + 18$ となる。分子量が数万のように大きな場合，数万に対して 18 は有効数字として無視できるから，末端も無視して重合度や結合数を計算できる。

分子量が特に小さい場合は，末端を無視できないので注意する。

— 251 —

184. 縮合重合（ポリアミド）

$-NH_2$ を2つもつジアミンと $-COOH$ を2つもつジカルボン酸を次々に脱水縮合すると，アミド結合でつながったポリアミド（ナイロン）が生成する。

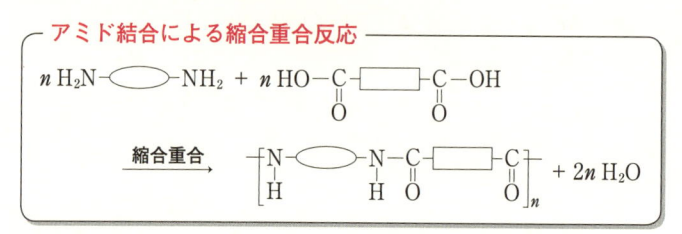

アミド結合による縮合重合反応

$$n\,H_2N-\boxed{}-NH_2 + n\,HO-\underset{O}{C}-\boxed{}-\underset{O}{C}-OH$$

$$\xrightarrow{縮合重合} \left[\underset{H}{N}-\boxed{}-\underset{H}{N}-\underset{O}{C}-\boxed{}-\underset{O}{C} \right]_n + 2n\,H_2O$$

(1) ナイロン66を合成する単量体の構造式と名称を記せ。

(2) ナイロン66の構造式を記せ。

(3) ナイロン6は，アミノカプロン酸 $H_2N(CH_2)_5COOH$ の環状アミドである（ε-）カプロラクタムを，**開環重合**して合成される。
　　（ε-）カプロラクタムとナイロン6の構造式を記せ。

---

185. ホルムアルデヒド $H_2C=O$ の反応 （付加縮合）

$$H_2C=O \xrightarrow[付加]{\boxed{}-H} \boxed{}-CH_2-OH \xrightarrow[縮合]{H-\boxed{}} \boxed{}-CH_2-\boxed{} + H_2O$$

フェノールのオルト位，パラ位のHとの反応で**フェノール樹脂**を，尿素の $-NH_2$ との反応で**尿素樹脂**を合成する。また，ポリビニルアルコールの $-OH$ との反応（アセタール化）は**ビニロン**の合成に利用する。

フェノール　　　　　　尿素　　　　　　ポリビニルアルコール

問 フェノール分子3個とホルムアルデヒド分子5個を用いて，フェノール樹脂の構造の一部を記せ。また，この樹脂は熱可塑性か熱硬化性かを答えよ。

24 合成高分子化合物

184. (1) ナイロンxy(x,y-ナイロン)のxはジアミンの炭素数を，yはジカルボン酸の炭素数を表す。炭素数6のジアミンの構造は$\underline{H_2N-(CH_2)_6-NH_2}$であり，その名称は<u>ヘキサメチレンジアミン</u>である。また，炭素数6のジカルボン酸は<u>アジピン酸</u>で，その構造は$\underline{HOOC-(CH_2)_4-COOH}$である。

(2) $-NH_2$ と $-COOH$ の脱水縮合でアミド結合をつくればよい。

$$\left[\begin{array}{c} N-(CH_2)_6-N-C-(CH_2)_4-C \\ | \quad\quad\quad\quad | \quad \| \quad\quad\quad\quad \| \\ H \quad\quad\quad\quad H \quad O \quad\quad\quad\quad O \end{array}\right]_n$$

(3) ナイロンx(x-ナイロン)のxは，アミノ基をもつカルボン酸の炭素数である。

$$n\,H_2C \begin{array}{c} CH_2-CH_2-N-H \\ CH_2-CH_2-C=O \end{array} \xrightarrow{開環重合} \left[\begin{array}{c} N-(CH_2)_5-C \\ | \quad\quad\quad\quad \| \\ H \quad\quad\quad\quad O \end{array}\right]_n$$

合成高分子

単量体とその反応を知っていれば
高分子の構造はらくらく書けるのだ！

---

185. まず，2個の $-CH_2-$ を用いて，フェノール分子3個を，オルトでもパラでも好きな位置でつなぐ。次に，3個の $-CH_2-$ をフェノールのオルトまたはパラの位置につけて，構造がさらに広がっていることを示す。以上を考慮して自由に書けばよい。

（構造式例　環状も可　…などなど，すべて正解）

ホルムアルデヒドの結合手は2本だが，フェノールの結合手が3本あり，網目状構造となるため，<u>熱硬化性樹脂</u>である。

例題93

問1 次の(1)～(3)は何重合で合成されるか。
(1)ポリスチレン　(2)ポリエチレンテレフタラート　(3)ナイロン6

問2 分子量の等しいナイロン6とナイロン66がある。ナイロン6の重合度はナイロン66の重合度の何倍か。（末端は無視せよ）

問3 ポリ酢酸ビニルを水酸化ナトリウム水溶液で ① すると，高分子 ② が得られる。② は構造Aをもち，そのヒドロキシ基をホルムアルデヒドと反応させるとAは構造Bに変化する。

(i) 空欄に適する語を記せ。

(ii) 酸素原子を2個含む形で，構造Aと構造Bを記せ。

(iii) 質量500gの ② に含まれるヒドロキシ基の30％を構造Bに変換すると，質量は何gになるか。

(iv) ② を部分的に構造Bに変換した合成繊維は何か。

(岐阜大)

解

問1 (1) 付加重合　(2) 縮合重合　(3) 開環重合

問2

$$\text{-[N-(CH}_2)_5\text{-C-]}_n \quad \text{分子量 } 113n$$
$$\text{-[N-(CH}_2)_6\text{-N-C-(CH}_2)_4\text{-C-]}_{n'} \quad \text{分子量 } 226n'$$

$113n = 226n'$ より，$\dfrac{n}{n'} = \dfrac{226}{113} = \underline{2.0}$（倍）

問3 (i) ① けん化　② ポリビニルアルコール

(ii)

```
-CH2-CH-CH2-CH-
     |       |
     OCOCH3  OCOCH3
```
ポリ酢酸ビニル

↓ けん化

A: -CH2-CH-CH2-CH-
          | |
          OH   OH

　アセタール化（252頁 185参照）→

B: -CH2-CH-CH2-CH-
          | |
          O——CH2——O

(iii) Aの式量は88，Bの式量はそれよりも12大きい。

$$\text{求める質量} = 500 \times \dfrac{88 + 12 \times \dfrac{30}{100}}{88} = \underline{520} \text{ (g)}$$

(iv) ビニロン

例題 94

スチレンを付加重合する際に，少量の p-ジビニルベンゼンを混ぜて 1 重合すると， 2 構造をもつ重合体 A が得られる。これを濃硫酸で 3 化すると 4 イオン交換樹脂 B となる。

(i) 空欄に適する語を記せ。

(ii) スチレン 4 分子と p-ジビニルベンゼン 1 分子からなる重合体 A の部分構造を記せ。

(iii) 食塩水に対する樹脂 B のイオン交換を，化学反応式で記せ。

(iv) スチレン：p-ジビニルベンゼン＝ 8：1 のモル比で 100 g の重合体 A を得た。スチレン 1 分子あたり 1 個の 3 化で合成した樹脂 B をすべてカラムに詰めて充分に食塩水を通じた。流出液の中和に必要な NaOH は何 mol か。　　　　（早稲田大）

解

(i) 複数の単量体を混合した重合は (1) **共重合**という。p-ジビニルベンゼンは，名称から，ベンゼンのパラ位に 2 個のビニル基が結合した構造とわかる。

スチレン　分子量 104
p-ジビニルベンゼン　分子量 130

付加重合において，スチレンの結合手は 2 本であるが，ビニル基を 2 つもつ p-ジビニルベンゼンの結合手は 4 本である。したがって，重合体 A の構造は (2) **網目**または**架橋**構造となる。

A はベンゼン環をもち，濃硫酸を作用させると (3) **スルホン化**が起こるので，樹脂 B は (4) **陽イオン交換樹脂**である。

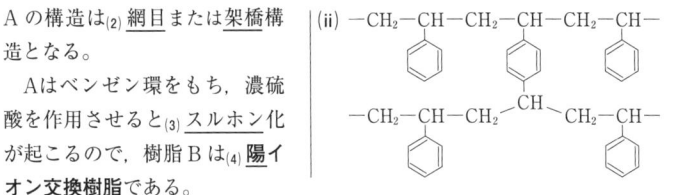

(iii) 樹脂の本体は R で表し，イオン交換基を示性式で示す。

R–SO$_3$H + NaCl ⟶ R–SO$_3$Na + HCl

(iv) 重合体 A（104×8＋130＝）962 g あたり 8 mol のスチレンが含まれる。スチレンと等モルのスルホ基が導入され，それと等モルの HCl が流出するので，

$$100 \times \frac{8}{962} = \underline{0.83} \text{ (mol)}$$

25 糖・アミノ酸・タンパク質

186。グルコースの構造 グルコース(ブドウ糖)は甘味のある白い粉末で,その分子 ($C_6H_{12}O_6$) は α 形の六員環構造をとっている。
α-グルコースの構造を記せ。

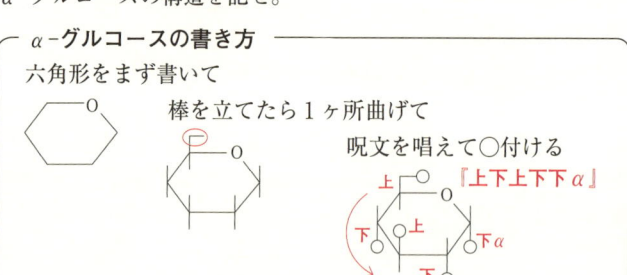

- **α-グルコースの書き方**

  六角形をまず書いて

  棒を立てたら1ヶ所曲げて

  呪文を唱えて○付ける 『上下上下下α』

  ○は OH,折れ曲がり点は C,棒の先端は H,手前の線は太くする

187。グルコースと立体異性体 六員環構造をとる α-グルコースには [1] 個の不斉炭素原子があるので,−OH が上下どちらに付くかの違いによる立体異性体(光学異性体)が [2] 種類も存在する。それらのうちの1つが α-グルコースであり,もう1つが β-グルコースである。残りの異性体は別の糖である。

次の①〜⑥のうち,β-グルコースは [3] である。

ヒント βの呪文は『上下上下上β』

解答 ▼ 解説

186. α-グルコースの実際の形は右図のようになっている。しかし、書きにくく、見づらいので、次の(a)〜(c)のような書き方をする。指定が無いときは、(a)または(b)で記せばよい。

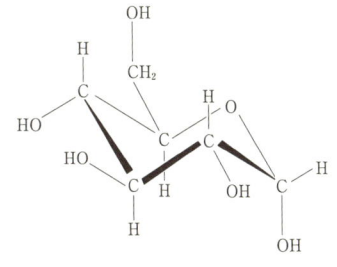

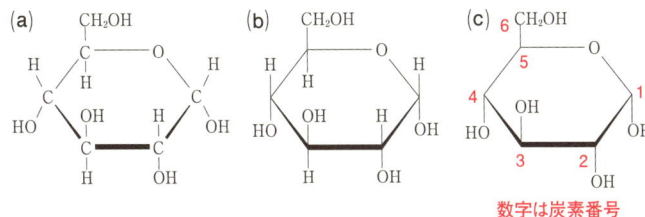

187.

環状構造の不斉炭素原子の判別法

まず、右の構造で×と△が同じなら Ⓒ は不斉炭素ではないが、異なっている場合は、左右に調査員を派遣する。

1つ目の原子とそれに結合する基を報告させ、それが異なっていれば Ⓒ は不斉炭素であり、同じであれば次の2つ目に進ませる。このとき、上とか下の立体配置の違いは無視する。

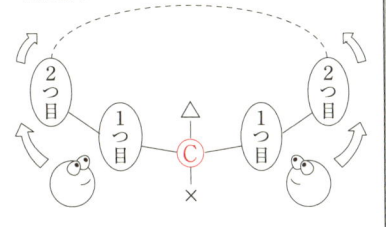

順に1つずつ進ませて、二人が出会うまでに一度でも異なる報告があれば Ⓒ は不斉炭素であり、同じ報告のまま二人が出会えば不斉炭素ではない。

前問の(c)に示した炭素番号で、1〜5位の炭素すなわち (1) <u>5</u> 個の不斉炭素原子があるため、立体異性体は $2^5 =$ (2) <u>32</u> 種類もある。α形とβ形は、1位のOHの上下で決まる。β-グルコースは (3) <u>④</u> である。

188。グルコースの水溶液中での平衡　水溶液中のグルコースは，α形とβ形の環状構造が，鎖状構造をはさんで平衡状態で共存する。次の環状・鎖状の構造変化を参考に，グルコースの平衡を構造式で記せ。

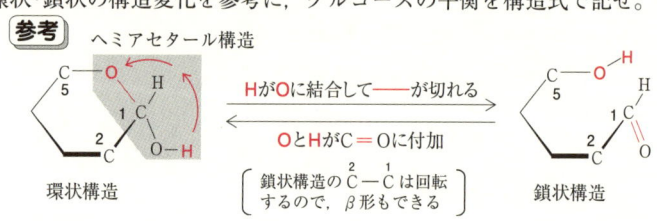

参考　ヘミアセタール構造

HがOに結合して──が切れる
⇌
OとHがC＝Oに付加

環状構造　　　　　　　鎖状構造

〔鎖状構造の $\overset{2}{C}-\overset{1}{C}$ は回転するので，β形もできる〕

189。グリコシド結合　糖の1位の炭素の −OH が他の糖の −OH と脱水縮合して生じたエーテル結合をグリコシド結合という。

2個のα-グルコースが1位と4位の −OH で脱水縮合（α-1,4-グリコシド結合）するとマルトースに，2個のβ-グルコースがβ-1,4-グリコシド結合するとセロビオースになる。マルトースとセロビオースの構造を記せ。

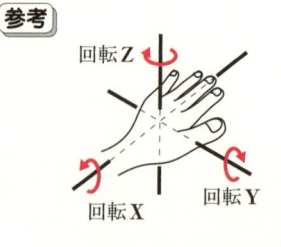

参考

回転Z

左手を眺めてみよう
図のように，3つの軸で
それぞれ180°回転すると
どのようになるだろう
（左手で鉛筆もつ人は右手で考えてね）

回転X　　回転Y

	元の形	回転X	回転Y	回転Z
	上 奥 左 右 手前 下			
手前と奥		同じ	逆転	逆転
右と左		逆転	同じ	逆転
上と下		逆転	逆転	同じ

上下の変化は，指を曲げるとわかりやすいよ

25 糖・アミノ酸・タンパク質

188.

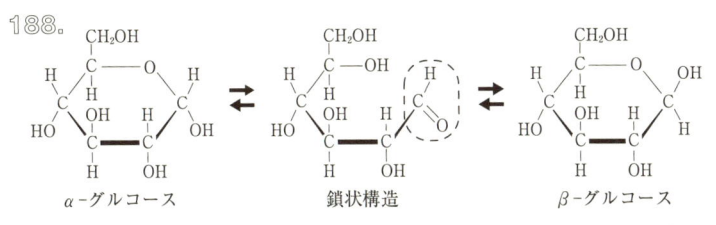

α-グルコース ⇄ 鎖状構造 ⇄ β-グルコース

グルコースはこのように，鎖状構造では1位のCがアルデヒド基になるので，**還元性を示す**。

---

189. α-グルコースを2個並べると，右のようになるので，1位と4位のヒドロキシ基の部分で脱水縮合させればよい。

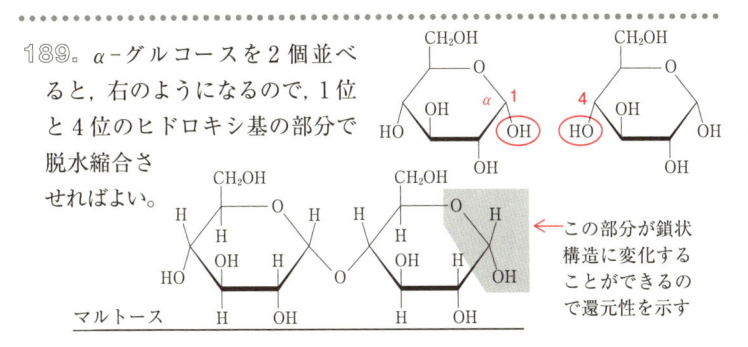

マルトース

← この部分が鎖状構造に変化することができるので還元性を示す

β-グルコースを並べると，縮合させるヒドロキシ基の位置がずれてしまう。そこで，左右は同じまま，上下が逆転するように，次の②に対して左頁の回転Yを行って②'とする。

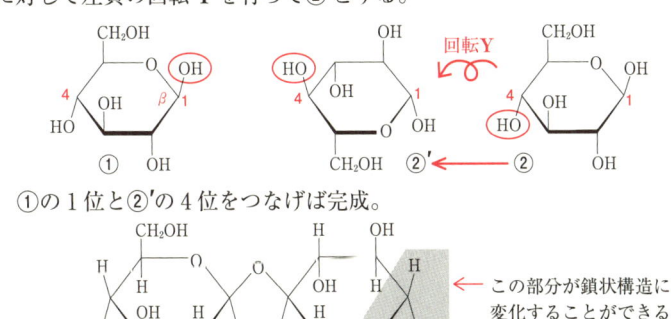

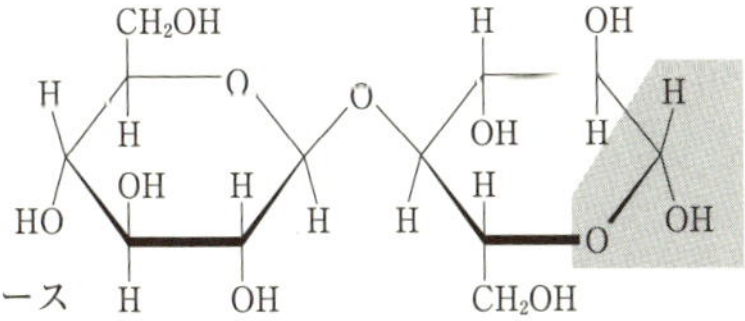

① ②' ← ② 回転Y

①の1位と②'の4位をつなげば完成。

セロビオース

← この部分が鎖状構造に変化することができるので還元性を示す

— 259 —

190. **単糖類** ____1____（ブドウ糖），____2____（果糖），ガラクトースは炭素数6の単糖（____3____）で，分子式は____4____である。いずれも水溶液中で鎖状構造をとれるので____5____を示す。

191. **二糖類** 単糖類が2分子結合すると二糖類になる。マルトース（麦芽糖），セロビオース，スクロース（ショ糖），ラクトース（乳糖）について，
(1) それぞれ，加水分解酵素と加水分解生成物を記せ。
(2) これらのうち，還元性を示さないのはどれか。

> 糖の名称の接尾語は「オース」
> その糖の加水分解酵素の接尾語は「アーゼ」

192. **多糖類** 多数の α-グルコースが α-1,4-グリコシド結合してできたデンプンを____1____という。____1____が α-1,6-グリコシド結合によって枝分かれした構造をもつデンプンを____2____という。デンプンは酵素____3____により，短く切断されたデンプンの混合物である____4____を経て，二糖類の____5____にまで加水分解される。____2____よりも分枝が多く，動物体内に貯えられるデンプンは____6____という。

植物の細胞壁をつくる____7____は，多数の β-グルコースが β-1,4-グリコシド結合してできた高分子である。酵素____8____により加水分解されて，二糖類の____9____になる。

デンプンと____7____は，希硫酸中で加熱すると，どちらも同じ____10____にまで加水分解される。分解前は α 形と β 形の違いがあっても，分解後は α 形，鎖状，β 形が____11____状態で混合した，全く同じ溶液になる。

25 糖・アミノ酸・タンパク質

190. (1) グルコース，(2) フルクトース，ガラクトースは(3) 六炭糖（ヘキソース）で，分子式は(4) $C_6H_{12}O_6$ である。いずれも(5) 還元性を示す。
フルクトースは2位の -OH によって鎖状構造に変化する。

参考

（構造式図：フルクトースの環状構造と鎖状構造の平衡、還元性を示す部分）

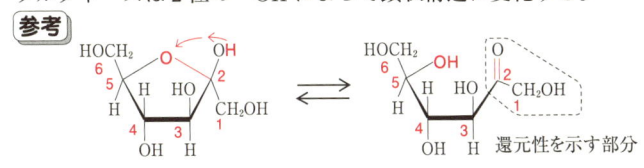

191.

(1)

二糖類	加水分解酵素	生じる単糖類
マルトース	マルターゼ	グルコースのみ
セロビオース	セロビアーゼ	グルコースのみ
スクロース	インベルターゼ	グルコースとフルクトース
ラクトース	ラクターゼ	グルコースとガラクトース

(2) スクロース　グルコースとフルクトースが，それぞれ鎖状構造をとるために必要なヒドロキシ基どうしで結合しているため，スクロースは鎖状構造をとれず，還元性を示さない。

---

192. (1) アミロース　(2) アミロペクチン　(3) アミラーゼ
(4) デキストリン　(5) マルトース　(6) グリコーゲン　(7) セルロース
(8) セルラーゼ　(9) セロビオース　(10) グルコース　(11) 平衡

ヨウ素デンプン反応

デンプンの分子はらせん構造をとっている。デンプンの水溶液にヨウ素溶液を加えると，ヨウ素分子がらせん構造の中に整列して**青紫色**を呈する。また，これを加熱するとヨウ素分子がらせんからぬけ出して色が消えるが，冷やすと再び呈色する。

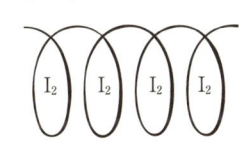

（らせん構造中に I_2 が並ぶ図）

— 261 —

193. α-アミノ酸
タンパク質をつくる α-アミノ酸は次のような構造をしている。

$$H_2N-\underset{R}{CH}-COOH$$

←不斉炭素原子

(1) グリシンとアラニンの構造式を記せ。
(2) 次のアミノ酸を，Rの部分の特徴で分類せよ。
  グルタミン酸，リシン，フェニルアラニン，
  チロシン，システイン，メチオニン

194. アミノ酸の電離

アミノ酸の電離の状態は水溶液の液性で異なる。

$$\boxed{(1)} \underset{OH^-}{\overset{H^+}{\rightleftharpoons}} H_3N^+-\underset{R}{\overset{H}{C}}-COO^- \underset{H^+}{\overset{OH^-}{\rightleftharpoons}} \boxed{(2)}$$

（陽イオン）　　　　（双性イオン）　　　　（陰イオン）
酸性水溶液　　　　中性水溶液　　　　塩基性水溶液

アミノ酸の総電荷が0になるpHの値を $\boxed{3}$ という。

195. ペプチド
アミノ酸の $-NH_2$ と $-COOH$ の脱水縮合で生じたアミド結合を特に $\boxed{1}$ といい，この結合をもつ物質を $\boxed{2}$ という。さらに分子量の大きな高分子になったのが $\boxed{3}$ である。

グリシン1分子とアラニン1分子からなるジペプチドの構造式は $\boxed{4}$ であり，これらの立体異性体は全部で $\boxed{5}$ 種類ある。

$$H_2N-\underset{\underset{N末端}{R_1}}{CH}-\underset{O}{C}-NH-\underset{R_2}{CH}-\underset{O}{C}-NH-\underset{R_3}{CH}-\underset{O}{C}-\cdots-NH-\underset{\underset{C末端}{R_n}}{CH}-COOH$$

ペプチド結合

25 糖・アミノ酸・タンパク質

193. (1) グリシンはRが−H，アラニンはRが−CH₃

グリシン　H₂N−CH₂−COOH　　　　アラニン　H₂N−CH−COOH
　　　　　　　　　　　　　　　　　　　　　　　　　|
　　　　　　　　　　　　　　　　　　　　　　　　　CH₃

α−アミノ酸のうち，**グリシンだけは不斉炭素原子をもたない。**

(2)
Rに−COOHをもつ**酸性アミノ酸**	グルタミン酸
Rに−NH₂をもつ**塩基性アミノ酸**	リシン
Rにベンゼン環を含むアミノ酸	フェニルアラニン，チロシン
RにS原子を含むアミノ酸	システイン，メチオニン

194. アミノ酸は塩基性のアミノ基と酸性のカルボキシ基を分子中に有し，アミノ酸の結晶中ではカルボキシ基からアミノ基へ水素イオンが移った**双性イオン（両性イオン）**の構造をとっている。アミノ酸水溶液のpHを変化させると，アミノ酸の電離は次のように変化する。

$$H_3N^+-\underset{R}{\underset{|}{\overset{H}{\overset{|}{C}}}}-COOH \underset{OH^-}{\overset{H^+}{\rightleftharpoons}} H_3N^+-\underset{R}{\underset{|}{\overset{H}{\overset{|}{C}}}}-COO^- \underset{H^+}{\overset{OH^-}{\rightleftharpoons}} H_2N-\underset{R}{\underset{|}{\overset{H}{\overset{|}{C}}}}-COO^-$$

(1)＿＿＿＿　　　　　　　　　　　　　　　　　　　　　　　(2)＿＿＿＿
（陽イオン）　　　　　　　（双性イオン）　　　　　　　（陰イオン）
酸性水溶液　　　　　　　**中性水溶液**　　　　　　　**塩基性水溶液**

アミノ酸水溶液において正負の電荷が等しくなるとき，つまり総電荷が0になるときのpHを，そのアミノ酸の(3) **等電点**という。

195. (1) **ペプチド結合**　(2) **ペプチド**　(3) **タンパク質**

(4) ペプチド結合は左右対称ではないので，右のように2つの構造異性体が存在する。

H₂N−CH₂−C−NH−CH−C−OH
　　　　　‖　　　|　‖
　　　　　O　　CH₃ O

H₂N−CH−C−NH−CH₂−C−OH
　　　|　‖　　　　　‖
　　CH₃ O　　　　　O

(5) アラニンには不斉炭素原子が存在するので，(4)の構造異性体それぞれについて，一対の光学異性体が存在する。したがって，考えられる立体異性体は全部で4種類になる。

196. タンパク質の呈色反応

タンパク質はペプチド結合やアミノ酸の構造が原因でいろいろな呈色反応を行う。次の(1)～(4)の呈色反応の色とその原因，そして単独のアミノ酸での呈色の有無を簡単に記せ。

(1) ビウレット反応
(2) キサントプロテイン反応
(3) 硫黄の反応
(4) ニンヒドリン反応

197. タンパク質の立体構造と変性

タンパク質を構成するアミノ酸の配列を一次構造といい，ペプチド結合間の［ 1 ］結合によって生じたらせん形の［ 2 ］や波板状の［ 3 ］を二次構造，さらにS原子間の［ 4 ］結合やイオン結合などによって，タンパク質は高次の立体構造を保っている。タンパク質を［ 5 ］したり，［ 6 ］イオン，酸，塩基などを加えると，二次構造以降の高次構造が壊れ，元に戻らなくなる。これをタンパク質の［ 7 ］という。

198. 酵素

酵素は，生体内の反応を促進する触媒としてはたらく［ 1 ］である。一つの酵素は特定の反応物に対してのみはたらき，これを［ 2 ］という。触媒作用が最大になる環境条件として［ 3 ］や［ 4 ］がある。この条件を大きく外れると，酵素は［ 1 ］であるため，［ 5 ］して触媒作用を失う。これを酵素の［ 6 ］という。

食物の消化は加水分解であり，脂質(油脂)には［ 7 ］が，タンパク質には［ 8 ］，［ 9 ］が，ペプチドには［ 10 ］が消化酵素としてはたらく。

25 糖・アミノ酸・タンパク質

196. 単に「タンパク質」といわれたら，あらゆるアミノ酸を含むと考える。したがって，タンパク質は以下のすべての反応を示す。

(1) **ビウレット反応**（NaOH，CuSO$_4$）**赤紫色**
連続するペプチド結合で呈色するので，アミノ酸を3個以上含むペプチドが呈色する。したがって，単独のアミノ酸では呈色しない。

(2) **キサントプロテイン反応**（濃硝酸）**黄色**
ベンゼン環のニトロ化で呈色するので，ベンゼン環をもつアミノ酸は単独でも呈色する。

(3) **硫黄の反応**（NaOH，酢酸鉛(Ⅱ)）**黒色**
PbSの沈殿色なので，Sを含むアミノ酸は単独でも呈色する。

(4) **ニンヒドリン反応**（ニンヒドリン）**紫色**
アミノ酸の $-NH_2$ で呈色するので，すべてのアミノ酸が単独でも呈色する。

---

197. (1) 水素 (2) α-ヘリックス (3) β-シート (4) ジスルフィド
(5) 加熱 (6) 重金属 (7) **変性**（加熱による変性を**熱変性**という）

α-ヘリックス　　　β-シート　　　ジスルフィド結合

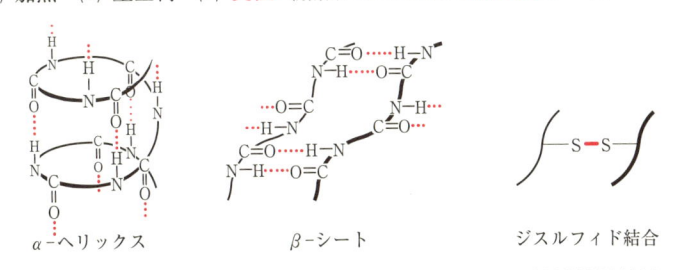

198. 酵素は触媒としてはたらく(1)<u>タンパク質</u>である。一つの酵素の触媒作用は特定の反応（反応特異性）に関して，特定の反応物（基質）に対してのみ示され，これを(2)<u>基質特異性</u>という。大きな作用を示す条件として(3),(4)<u>最適温度，最適pH</u>があり，条件から大きく外れると，酵素はタンパク質であるため，(5)<u>変性</u>して(6)<u>失活</u>する。
脂質には(7)<u>リパーゼ</u>が，タンパク質には(8),(9)<u>ペプシン，トリプシン</u>が，ペプチドには(10)<u>ペプチダーゼ</u>が，それぞれ消化酵素となる。

例題 95

植物は二酸化炭素と水から光合成によってグルコースを合成する。グルコースはデンプンとなったり、細胞壁をつくるAとなる。デンプンには、80℃の湯に可溶のBと不溶のCがある。

(1) 下線部の反応を一つの化学反応式で記せ。
(2) A～Cの名称を記し、その構造を次から選べ。

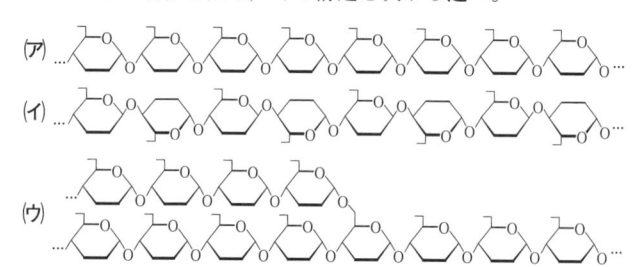

(ア) …

(イ) …

(ウ) …

(3) グルコースは酵母によるアルコール発酵でエタノールと二酸化炭素に変化する。これを化学反応式で記せ。
(4) デンプン 1.0×10^3 g を加水分解してグルコースとし、これをアルコール発酵すると、何gのエタノールが得られるか。

解

(1) $6 CO_2 + 6 H_2O \longrightarrow C_6H_{12}O_6 + 6 O_2$

(2) A　セルロース, (イ)　… β形の1,4-グリコシド結合
　　B　アミロース, (ア)　… α形の1,4-グリコシド結合
　　C　アミロペクチン, (ウ)　… α形の1,6-グリコシド結合で分枝

(3) $C_6H_{12}O_6 \longrightarrow 2 C_2H_5OH + 2 CO_2$

(4) デンプンは、グルコース1分子あたり1個の H_2O がとれてできているから、分子式は $(C_6H_{10}O_5)_n$, 分子量は $162n$。デンプン1 mol からは n mol のグルコースができる。

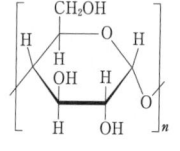

$(C_6H_{10}O_5)_n + n H_2O \longrightarrow n C_6H_{12}O_6$

また、グルコースの2倍の物質量のエタノール(分子量46)ができるから、

$$\frac{1.0 \times 10^3}{162n} \times n \times 2 \times 46 \fallingdotseq \underline{5.7 \times 10^2} \text{ (g)}$$

例題 96

スクロース（ショ糖）は非 ア 糖であり，加水分解して得られるグルコースとフルクトースの等量混合物を イ という。スクロースは，α-グルコースとβ-フルクトースが結合した構造をもつ。

β-フルクトース ／ A B C スクロース

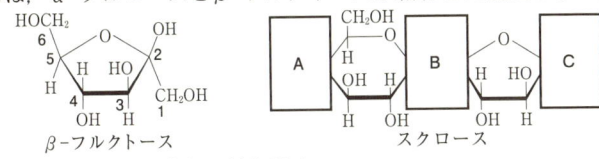

(1) 空欄ア，イに適する語を記せ。
(2) スクロースの構造式の空欄 A～C に適する構造を記せ。
(3) トレハロースはα-グルコース2分子からなる非 ア 糖である。トレハロースの構造式を記せ。　　　　　　　（京都大　改）

解

(1) スクロースは還元性を示さない(ア)**非還元糖**である。スクロースの加水分解はショ糖の転化ともいい，転化(invert)する酵素をインベルターゼ，生じるグルコースとフルクトースの等モル混合物を(イ)**転化糖**という。

(2) 還元性を示さないのは，どちらの単糖も鎖状構造をとれないからである。鎖状構造をとるのに必要となるOHは，グルコースは1位，フルクトースは2位である。まず，この2つのOHを隣り合わせにするため，下図②の右上のOHが左下に位置するように回転 X (258頁) を行い，②′とする。

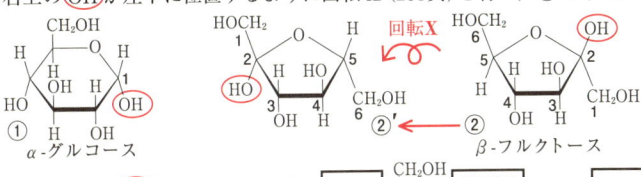

①と②′のOHを脱水縮合で結合させるとスクロースが完成する。

(3) 非還元糖であるので，2つのα-グルコースが1位のヒドロキシ基どうしで結合しているとわかる。2つ並べて，右側のグルコースに対して回転 Z を行うと，1位どうしの結合が書ける。

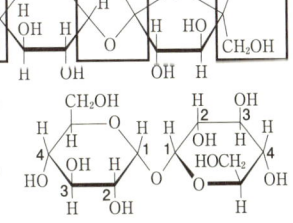

例題 97

セルロースは、β-グルコース1分子あたり ① 個の H_2O がとれて縮合重合した高分子で、分子式は $[C_6H_{10}O_5]_n$ である。また、グルコース1分子あたり ② 個のヒドロキシ基をもつので、示性式は ③ となる。以下は、このヒドロキシ基の反応である。

セルロースに濃硫酸と濃硝酸を作用すると、硝酸分子($HO-NO_2$)との間の脱水縮合で ④ 化され、トリニトロセルロース ⑤示性式 を生じる。セルロースを無水酢酸で ⑥ 化し、エステル結合の一部を加水分解して得たジアセチルセルロース ⑦示性式 を紡糸すると、半合成繊維の ⑧ となる。一方、セルロースをそのまま適当な方法で溶解して紡糸した再生繊維は ⑨ という。

問 下線部の反応をおだやかに行い、20gのセルロースから30gの生成物を得た。セルロースの −OH の何%(整数)が反応したか。

解

グルコース $C_6H_{12}O_6$ 1分子あたり (1)**1** 個の H_2O がとれて分子式は $[C_6H_{10}O_5]_n$ となる。これには右のように (2)**3** 個の −OH があるので示性式は (3)$[C_6H_7O_2(OH)_3]_n$

ここがポイント

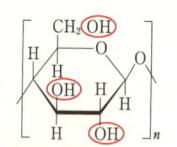

$$R-OH + HO-\boxed{オキソ酸} \longrightarrow R-O-\boxed{} + H_2O$$
エステル

オキソ酸：硝酸 $HO-NO_2$, 硫酸 $HO-SO_3H$, カルボン酸 $HO-COR'$ など

硝酸での (4)エステル化は、$R-OH + HO-NO_2 \longrightarrow R-ONO_2 + H_2O$
(分子量 M)　　　　　　　　　(分子量 $M+45$)

したがって、トリニトロセルロースは (5)$[C_6H_7O_2(ONO_2)_3]_n$

(6)アセチル化は、$R-OH + (CH_3CO)_2O \longrightarrow R-OCOCH_3 + CH_3COOH$
アセチル化2つという名称なので示性式は (7)$[C_6H_7O_2(OH)(OCOCH_3)_2]_n$
これを紡糸したのが (8)アセテートで、再生繊維は (9)レーヨンという。

問 生成物を $[C_6H_7O_2(OH)_{3-x}(ONO_2)_x]_n$ ([ ]内式量 $162+45x$) とすれば、

$$162n : (162+45x)n = 20 : 30 \quad \text{より}, \quad x = 1.8$$

3個の −OH のうち、平均1.8個がエステル化したので、

$$\frac{1.8}{3} \times 100 = \underline{60} \text{ (%)}$$

25 糖・アミノ酸・タンパク質

例題 98

アミノ酸（α-アミノ酸）は，タンパク質を構成する基本単位分子で，その一般式は ア [構造式] で表され，アミノ酸の種類によってR基が異なる。この中で最も簡単な構造をもつRがHの イ [化合物名] を除けば，すべて不斉炭素原子をもつので ウ [語句] 異性体が存在する。アミノ酸は，分子内に弱塩基性の エ [語句] 基と弱酸性の オ [語句] 基をもつ化合物であるから，その水溶液は，酸としても塩基としても作用する。このような性質をもつものを両性電解質という。アミノ酸の分子は，一般的に(A)酸性溶液中では陽イオンに，(B)中性溶液中では両性イオン（双性イオン）に，および(C)アルカリ性溶液中では陰イオンになり，それぞれ異なったイオンの構造をとっている。アミノ酸にはいくつかの反応がある。たとえば，無水酢酸との反応では エ 基が カ [語句] 化され，アルコールとの反応では オ 基が キ [語句] 化される。アミノ酸の呈色反応には，ニンヒドリン反応や ク [語句] 反応があり， ク 反応は，チロシンのようなベンゼン環をもつアミノ酸に特有な反応で，ベンゼン環の ケ [語句] 化によって起こる。

(1) ア ～ ケ を，[ ]内の指示にしたがって記せ。
(2) 文中の下線部(A)，(B)，および(C)での各イオンの構造式を，α-アミノ酸の一般式をもとに記せ。

（鹿児島大）

解

(1) アミノ酸のアミノ基は無水酢酸で**アセチル化**，カルボキシ基はアルコールで**エステル化**をうける。

(ア) H$_2$N−CH(R)−COOH　　(イ) グリシン　　(ウ) 光学（鏡像）　　(エ) アミノ

(オ) カルボキシ　　(カ) アセチル　　(キ) エステル

(ク) キサントプロテイン　　(ケ) ニトロ

(2) (A) H$_3$N$^+$−CH(R)−COOH　(B) H$_3$N$^+$−CH(R)−COO$^-$　(C) H$_2$N−CH(R)−COO$^-$

例題 99

5個のアミノ酸からなるペンタペプチドXがある。

(N末端) H₂N−①−②−③−④−⑤−COOH (C末端)

①〜⑤は次のうちのいずれかであり、以下の(i)〜(v)がわかっている。

アラニン(Ala), グリシン(Gly), グルタミン酸(Glu),
システイン(Cys), チロシン(Tyr), リシン(Lys)

(i) N末端のアミノ酸は不斉炭素原子をもたない。

(ii) C末端のアミノ酸は酸性アミノ酸である。

(iii) 塩基性アミノ酸のカルボキシ基側のペプチド結合を加水分解する酵素を作用させ、ビウレット反応陰性のペプチドYと陽性のペプチドZを得た。

(iv) 中性で電気泳動すると、Yは陽極側へ、Zは陰極側へ移動した。

(v) YとZのうち、濃硝酸と加熱するとZだけが黄色に呈色し、NaOHで分解、中和後、酢酸鉛(II)を加えるとYだけが黒色を呈した。

ペプチドXの構造を、上に示した略号を用いて記せ。

解

(i)より①はGly、(ii)より⑤はGluである。

(iii) ペプチドはアミノ酸を2個以上含むから、②または③が塩基性アミノ酸(Lys)。ビウレット反応より、Yは○−○、Zは○−○−○。

> **ここがポイント** ビウレット反応を示すのはアミノ酸3個以上のペプチド
> 中性では −NH₂ も −COOH もすべてイオンになっている

(iv) Xの左側のペプチドはLysを含み、右側のペプチドはGluを含む。

左側 H₃N⁺—COO⁻ 全体の電荷は +1 ··· 陰極側へ電気泳動 ··· Z
　　 H₃N⁺　　　　 したがって、Zは Gly−②−Lys

右側 H₃N⁺—COO⁻ 全体の電荷は −1 ··· 陽極側へ電気泳動 ··· Y
　　　　　　COO⁻ したがって、Yは ④−Glu

(v) キサントプロテイン反応を示すZにはTyrが含まれ、硫黄の反応を示すYにはCysが含まれる。

以上より、Xは H₂N−Gly−Tyr−Lys−Cys−Glu−COOH

例題 100

4種類の物質 A, B, C, D がある。これらはスクロース，ラクトース，デンプン，グルタミン酸，血清アルブミンのうちのいずれかであることがわかっている。これらを特定するために実験を行い，次の結果を得た。

実験1　ニンヒドリン溶液と加熱すると A, B は青紫色を呈した。
実験2　希水酸化ナトリウム水溶液に溶解し少量の硫酸銅(Ⅱ)溶液を加えると A は赤紫色を呈した。
実験3　ヨウ素ヨウ化カリウム溶液を加えると C は青紫色になった。
実験4　銀鏡反応を示したのは D であった。

(1) A, B, C, D の物質名を記せ。
(2) D を希塩酸と加熱して生成する2種類の化合物の名称を記せ。

(名古屋大)

解

(1) 文中の5種類の物質は次のように分類することができる。

　　　二糖類………スクロース，ラクトース
　　　多糖類………デンプン
　　　アミノ酸……グルタミン酸
　　　タンパク質……血清アルブミン

実験1は**ニンヒドリン反応**で，この反応が起こるのはアミノ酸のグルタミン酸とタンパク質の血清アルブミンである。

実験2は**ビウレット反応**で，この反応が起こるのはタンパク質の血清アルブミンである。

実験3は**ヨウ素デンプン反応**で，この反応が起こるのはデンプンである。

実験4の**銀鏡反応**は還元性物質の検出反応で，この反応が起こるのは還元糖のラクトースである。

以上より，A は血清アルブミン，B はグルタミン酸，C はデンプン，D はラクトースと決定できる。

(2) ラクトースを加水分解するとグルコースとガラクトースが生じる。

蒸留装置

- 温度計
- リービッヒ冷却器
- 冷却水
- アダプター

加熱方法，液量，温度計の位置，冷却水を流す方向などに注意しよう。

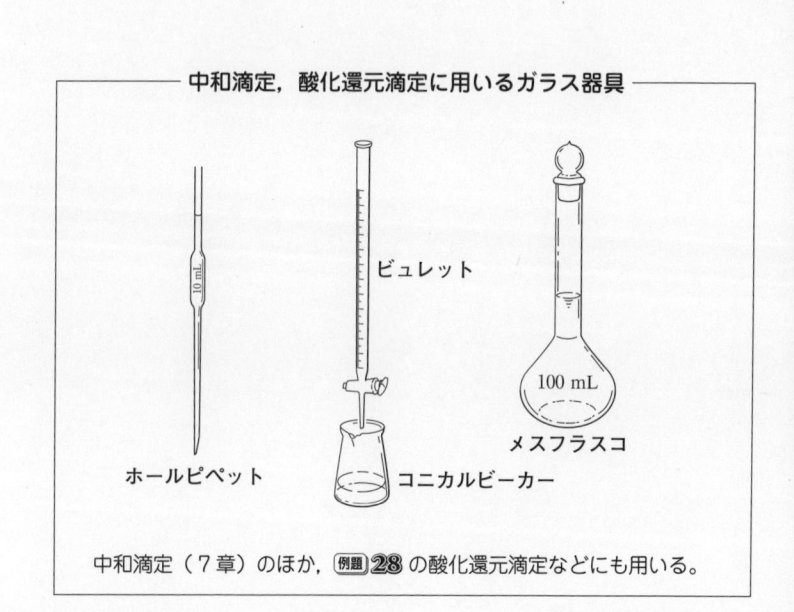

中和滴定，酸化還元滴定に用いるガラス器具

- ホールピペット
- ビュレット
- コニカルビーカー
- メスフラスコ（100 mL）

中和滴定（7章）のほか，**例題 28** の酸化還元滴定などにも用いる。